Lang Kurt

Thaller

Satelliten im Erdorbit

Georg Erwin Thaller

Satelliten im Erdorbit

Nachrichten, Fernsehen und Telefonate aus dem Weltall

Mit 100 Abbildungen und 72 Tabellen

Die Deutsche Bibliothek – CIP-Einheitsaufnahme

Thaller, Georg Erwin:
Satelliten im Erdorbit : Nachrichten, Fernsehen und Telefonate aus
dem Weltall ; mit 72 Tabellen / Georg Erwin Thaller. – Poing : Franzis, 1999
ISBN 3-7723-4493-3

Satz: Fotosatz Pfeifer, 82166 Gräfelfing
Druck: Freiburger Graphische Betriebe
Printed in Germany - Imprimé en Allemagne.

ISBN 3-7723-4493-3

Vorwort

Es gibt Entwicklungen, die mit Gewalt über die Menschheit hereinbrechen, das Publikum überraschen, uns vor neue Tatsachen stellen und von einem Tag zum anderen unser Weltbild verändern. Der Abwurf der Atombombe über Hiroschima und der Start von Sputnik am 4. Oktober 1957 sind Beispiele für solche Ereignisse.

Weiterhin gibt es Handlungsstränge, wo die Veränderungen eher unspektakulär sind. Solche Ereignisse machen keine Schlagzeilen, sie finden sich als Notiz mit fünf Zeilen in den seriösen Tageszeitungen. Dennoch: Wenn man sich solchen Gebieten eines Tages wieder zuwendet, stellt man staunend fest, daß aus dem häßlichen Entlein ein schöner Schwan geworden ist, daß bedeutende Fortschritte gemacht wurden. Die unbemannte Raumfahrt und die Erschließung des erdnahen Raums gehört zu jenen Gebieten, in denen — unbemerkt vom Interesse einer breiten Öffentlichkeit — in den letzten Jahren große Fortschritte erzielt wurden.

Dieses Buch wurde aus zwei Gründen geschrieben: Zum einen haben wir mit einigen Projekten im erdnahen Weltall, dem Erdorbit, inzwischen die Gewinnschwelle erreicht. Das ist um so erstaunlicher, weil wir es gewohnt sind, daß derartige Projekte ihr Budget überschreiten und ihre Terminpläne nicht einhalten. Denken wir nur an die Verzögerungen beim Bau der Internationalen Raumstation. Der zweite Grund liegt darin, daß im deutschen Sprachraum kein Buch vorlag, das sich dieses Themas im Zusammenhang annahm. Kommunikations- und Nachrichtensatelliten, direkt strahlende Fernsehsatelliten, Aufklärer und die Satelliten des Global Positioning Systems beruhen aber weitgehend auf der gleichen Technik. Was sie unterscheidet, ist ihre Nutzlast. Wer sich mit dem Thema ernsthaft beschäftigt, wird bald feststellen: Es gibt mehr Gemeinsamkeiten als Unterschiede.

Dieses Buch wendet sich an Ingenieure und Techniker, die mit Weltraum-Technologie in irgendeiner Form zu tun haben. Weil diese neue Technologie im Grunde viele Bereiche umfaßt, von der Mechanik über die Elektrik bis hin zur Elektronik und Software, sind viele einzelne Disziplinen angesprochen. Der Text kann auch dazu dienen, einem Manager oder Projektleiter rasch einen Überblick über das Gebiet zu geben. Der wirtschaftliche Aspekt wird nie aus dem Auge verloren, und deshalb fühlen sich von dem Werk möglicherweise auch Kaufleute angesprochen, die für derartige Systeme Kalkulationen durchführen, Kredite geben oder Versicherungen anbieten müssen. Es wendet sich nicht zuletzt an Studenten der Hochschulen und Fachhochschulen des Landes, die sich mit dieser neuen Technologie beschäftigen wollen.

Lassen Sie mich den Inhalt kurz vorstellen. Im ersten Teil werden die Ereignisse behandelt, die zu den ersten Nachrichtensatelliten führten. Im zweiten Teil gehe ich auf die notwendigen Grundlagen ein, ohne die die folgenden Ausführungen nicht verständlich wären. Keplers Gesetze, die Grundlagen der *Himmelsmechanik,* werden vorgestellt. Auf die einzelnen Bahnen im erdnahen Raum wird ausführlich eingegangen, vor allem der kommerziell sehr begehrenswerte geostationäre Orbit. Die am häufigsten benutzten Frequenzbänder werden diskutiert, angefangen vom L-Band bis hin zum K_a-Band. Die Übertragungsverfahren dürfen natürlich nicht fehlen: Frequency Division Multiple Access ist ebenso ein Thema wie Code Division Multiple Access, das sich inzwischen zu einem begehrten Verfahren entwickelt hat. Satelliten brauchen Trägersysteme, und deswegen werden die Raketen beleuchtet, von der Delta bis hin zu Sea Launch, einem völlig neuen Ansatz. Normen und Standards schließen diesen Teil ab: JPEG, MPEG und DVB sind Grundlagen, die noch Jahrzehnte gültig sein werden.

Im dritten Teil geht es um direkt strahlende Fernsehsatelliten. Hier ist ASTRA und EUTELSAT zu nennen, aber auch so manches Entwicklungsland taucht hier auf. Zwar wird das große Geschäft mit Fernsehprogrammen gemacht, aber die Technologie bietet auch andere Möglichkeiten: Fort- und Weiterbildung mit nicht-öffentlichen Programmen ist ein Thema, das gerade für global ausgerichtete Konzerne und größere Firmen an Bedeutung gewinnt. Schließlich sollten wir den Rundfunk nicht vergessen: Mit der neuartigen Satellitentechnologie eröffnen sich ganz neue Möglichkeiten, um das alte Dampfradio aus seinem Dornröschenschlaf zu reißen.

Im vierten Teil werden ausführlich jene Kommunikationssatelliten behandelt, die eine Revolution im Bereich der Nachrichtenübermittlung einleiteten. INTELSAT ist hier die Organisation, die unter amerikanischer Führung die Entwicklung vorangetrieben hat. Es dürfen allerdings auch Pioniere des neuen Markts wie PanAmSat nicht fehlen, die gegen die etablierte Konkurrenz der Marktwirtschaft zum Erfolg verhalfen. Nicht nur der Westen hat die neue Technologie genutzt. Intersputnik ist unter russischer Leitung die Organisation im Ostblock, die für die Übermittlung von Nachrichten und Fernsehbeiträgen sorgt.

Wer nach dem großen kommerziellen Erfolg im Bereich der Satelliten fragt, den würde ich auf das Global Positioning System (GPS) verweisen. GPS ist eine Entwicklung des amerikanischen Pentagon, aber es hat inzwischen im kommerziellen Bereich tiefe Wurzeln geschlagen. Empfänger sind für unter hundert Dollar erhältlich, und bald werden solche Geräte auf breiter Front in unsere Autos einziehen. Damit ist es möglich, sich von dem Gerät zum Ziel führen zu lassen, geleitet durch Anzeigen auf einem Display oder durch Kommandos einer synthetischen Stimme. Themen bei GPS werden sein: Anfänge, Satellitenkonstellation, Frequenzbereiche, militärische und zivile Nutzung, Empfänger, Positionsbestimmung, Genauigkeit der Positionsbestimmung, Differential GPS und zukünftige Entwicklungen.

Im siebten Teil wenden wir uns Wettersatelliten zu, während im achten Teil die Spionage mittels Satelliten ein Thema ist. Vieles muß in diesem Teil geheim bleiben, doch ein Blick in die Welt der *schwarzen Programme* muß erlaubt sein. Wir befassen uns mit Aufklärung aus dem All, Photographie und CCDs, Satelliten vom Typ CORONA und KEYHOLE, Radarsatelliten und Spähern, deren Energieversorgung auf Atomreaktoren beruht. Auch in diesem Teil darf zum besseren Verständnis ein Blick auf die Grundlagen der Technologie nicht fehlen.

Im letzten Teil wird die Frage gestellt, in welche Richtung sich diese Technologie entwickeln wird. Der Anhang enthält den Index, ein Verzeichnis der Akronyme, ein Glossar mit den wichtigsten Fachausdrücken und Tabellen zu den populärsten Fernsehprogrammen, die in Europa mittels Satellitenfernsehen zu empfangen sind.

Der Text deckt damit für den technisch interessierten Leser ein weites Feld neuer Technologie ab, das unser aller Leben in der ein oder anderen Weise beeinflussen wird. Es enthält Dutzende von Grafiken und Tabellen und ist damit leicht lesbar. Möge es auf eine geneigte und wißbegierige Leserschaft stoßen.

Nürnberg, im Mai 1999 Georg Erwin Thaller

Acknowledgements

Ich möchte allen danken, die meine Karriere als Autor von Fachbüchern in den vergangenen Jahren gefördert haben, sei es nun vor oder hinter den Kulissen. Das Entstehen eines Buches, von den ersten vagen Ideen bis zum fertigen Buch, ist ein langer und zuweilen dornenvoller Weg. Es ist aber auch eine intellektuelle Herausforderung, die eigenen Gedanken, Erfahrungen und Konzepte in Buchform zu gießen, so daß die gesamte Fachwelt davon profitieren kann.

In erster Linie wäre hier natürlich meine Familie zu nennen, bei der meine Arbeit an dem Buch sich gewiß zuweilen in geistiger Abwesenheit äußerte. Auch aus der Arbeit in verschiedenen Betrieben der deutschen Industrie, zuerst in der Entwicklung, dann im Test und in der Qualitätssicherung, habe ich Nutzen gezogen. Schließlich habe ich von meinem langjährigen USA-Aufenthalt eine Fülle von Ideen und Konzepten mitgebracht, die im Laufe der Jahre umgesetzt und genutzt wurden.

Nicht zuletzt danke ich allen Mitstreitern, Kollegen und Mitarbeitern, die meinen Lebensweg über kürzere oder längere Strecken begleitet haben.

Nürnberg, im Mai 1999 Georg Erwin Thaller

Inhalt

1 Die Ära der Satelliten

Before many can know something, one must know it.
(Henrik Ibsen).

In diesem Jahrhundert hat die industrielle Revolution ihren Höhepunkt erreicht, die Versorgung mit Gütern in den Industrieländern der westlichen Welt geht ihren Sättigungspunkt entgegen. Was wird auf die industrielle Revolution folgen?

Wir sprechen inzwischen vom Informationszeitalter, und in diesem Zusammenhang spielt Kommunikation eine wesentliche Rolle. Satelliten aller Art werden im Informationszeitalter dafür sorgen, daß Daten, Informationen, Bilder, Zahlen, Fakten, Filme und Reportagen jederzeit überall verfügbar sind. Blicken wir kurz zurück auf die Entstehung dieser modernen Technologie.

Der Wunsch, zu den Sternen zu reisen, begann in dem Augenblick, als die Menschen im Altertum erkannten, daß unter den Sternen am Nachthimmel Planeten waren, Welten wie unsere eigene. Sehr nahe, ja fast greifbar, war der Mond, unser Begleiter seit Urzeiten. Kein Wunder, daß bereits zweihundert Jahre vor Christi Geburt der griechische Dichter Lucian eine satirische Komödie über eine Reise zum Mond verfasste.

Die Erkundung des Weltraums ließ jedoch auf sich warten, weil lange Zeit keine geeigneten Instrumente zur Himmelsbeobachtung zur Verfügung standen. Das änderte sich erst, als Galileo im siebzehnten Jahrhundert ein Teleskop erfand, mit dessen Hilfe er Himmelskörper genauer studieren konnte. Galileo entdeckte die Jupitermonde, Pünktchen im Vergleich zu der riesigen Masse des Planeten. Johannes Kepler ging einen Schritt weiter und stellte eine Reihe von Gesetzen auf, nach denen sich die Planeten im Sonnensystem bewegen. Weil auch künstliche Satelliten Keplers Gesetzen gehorchen, werden wir uns später damit auseinandersetzen müssen.

Auch Kopernikus und Isaac Newton trugen dazu bei, unser Wissen über die Planeten und ihre Monde zu vervollständigen. Über die Raumfahrt in Form einer technischen Disziplin machten sich zunächst der Russe Tsiolkovsky, der Amerikaner Goddard und nicht zuletzt der Deutsche Hermann Oberth Gedanken. Allerdings war die Technik Anfang unseres Jahrhunderts noch nicht so weit. Wie so oft im Laufe der Geschichte spielt auch im Bereich der Raumfahrt der Krieg eine wichtige Rolle. Die Flugdynamik von Raketen wurde eingehend studiert, geeignete Treibstoffe wurden entwickelt. Waffen wie die deutsche V-2-Rakete konnten zwar im Zweiten Weltkrieg das Kriegsglück nicht mehr wenden, aber die Gruppe von deutschen Wissenschaftlern in Pennemünde unter der Leitung Wernher von Brauns war 1945 in der Entwicklung so weit fortgeschritten wie keine andere Nation auf unserem Planeten.

Nach Kriegsende wurden diese Wissenschaftler in alle Winde zerstreut. Ein Teil ging nach Rußland, eine kleine Gruppe nach England, während Wernher von Braun mit hundertfünfzig seiner Leute in die USA emigrierte. Dort begann zunächst eine lange Zeit des Wartens. Erst als das amerikanische Raketenprogramm, das unter der Leitung der US AIR FORCE stand, scheiterte, bekamen die deutschen Wissenschaftler in Huntsville ihre Chance.

Diese Entwicklungen mündeten letztlich in das Apollo-Programm und den Flug auf den Mond. Nun mag es zwar durchaus wünschenswert und in großem Maße publikumswirksam sein, einen Amerikaner auf die Oberfläche unseres Trabanten zu bringen. Es ist aber keineswegs ein wirtschaftlich erstrebenswertes Unterfangen. Mit Mondflügen wird kein Geld verdient, und es ist oft darüber gestritten worden, ob die Mission nicht mit einem Roboter sehr viel billiger und effizienter hätte erledigt werden können.

Während die NASA, ESA und andere Weltraumorganisationen noch lange den Steuerzahler finanziell belasten werden, hat sich im Windschatten ihrer Programme eine Industrie etabliert, die trotz Investitionen in Milliardenhöhe bereits an der Grenze der Wirtschaftlichkeit steht. Betreiber von direkt strahlenden Fernsehsatelliten machen bereits Gewinn, und auch Telefongesellschaften wie IRIDIUM werden innerhalb weniger Jahre ihre gewaltigen Investitionen wieder hereinholen. Daß im erdnahen Orbit Geld zu verdienen ist, beweist allein schon die Tatsache, daß weitere Telefongesellschaften dem Beispiel von IRIDIUM folgen.

Die ursprüngliche Idee für Kommunikationssatelliten kam aus einer Quelle, wo man sie nicht unbedingt suchen würde: Von einem *Science Fiction Writer.*

1.1 Es begann mit Science Fiction

Der britische Autor Arthur C. Clarke, der später so bekannte Geschichten wie *2001: Eine Odyssee im Weltraum* schuf, veröffentlichte im Jahr 1945 in der

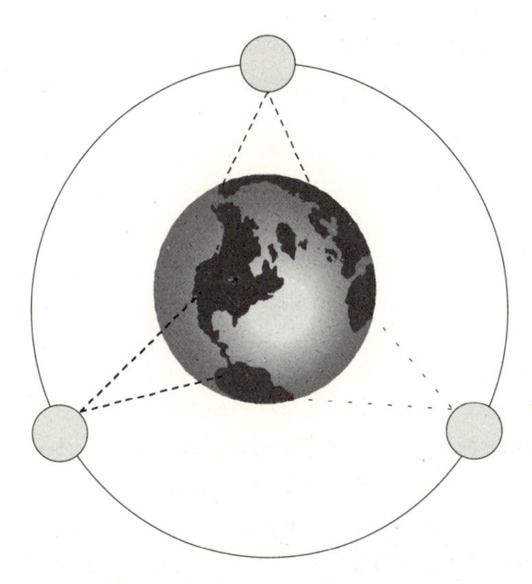

Abb. 1.1: Clarke's Idee zu Kommunikationssatelliten

Zeitschrift *Wireless World* einen Artikel mit dem Titel 'Extra Terrestrial Relays'. Der Grundgedanke von Clarke bestand darin, mittels Kommunikationssatelliten Radio- und Fernsehsignale zu übermitteln, und zwar auf dem gesamten Globus. Dies ist in *Abb. 1.1* dargestellt.

Arthur C. Clarke meinte, man könne von einem starken Sender auf der Erde aus Signale senden, diese Wellen würden an den polierten Oberflächen von Metallkugeln im Erdorbit reflektiert, und die zurückkommenden Wellen könnten von Empfängern auf der Erde empfangen, verstärkt und ausgewertet werden. Drei derartiger Satelliten in einem geeigneten Orbit würden genügen, um alle Nachrichten weltweit übertragen zu können. Diese Idee erwies sich allerdings Jahrzehnte später insofern als nicht durchführbar, weil die reflektierte Energie viel zu schwach war. Man verwarf daraufhin Clarkes Idee eines passiven Satelliten und setzte lieber auf aktive Satelliten. Das sind Satelliten, die eine Energieversorgung besitzen und mit Empfangs- und Sendeantennen ausgerüstet sind.

Trotz der Änderungen im Detail bleibt festzuhalten: Die ursprüngliche Idee für Kommunikationssatelliten kommt aus dem Bereich *Science Fiction*.

1.2 Ein Paukenschlag: Sputnik

Während Wernher von Braun und seine Gruppe deutscher Wissenschaftler in Huntsville, Alabama, und in Florida ihre Versuche vorantrieben, war die

Sowjetunion nicht untätig geblieben. Am 4. Oktober 1957 eröffnete sie mit dem Start von Sputnik 1 das Raumfahrtzeitalter.

Um die Wirkung von Sputnik, des ersten künstlichen Erdtrabanten, auf die Gesellschaft und die Weltöffentlichkeit richtig beurteilen zu können, muß man dieses Ereignis im Licht der damaligen Zeit betrachten. Die kapitalistische Weltordnung, verkörpert durch die USA, stand mit dem Kommunismus in scharfem Wettbewerb. Nikita Chruschtschow hatte auf dem 20. Parteitag der Kommunistischen Partei im Jahr 1956 angekündigt, daß nun die Phase der 'friedlichen Koexistenz' mit den kapitalistischen Staaten beginne. Nach Lenins Doktrin bedeutete das, daß die sozialistischen Staaten unüberwindbar und unbesiegbar waren, daß die letzte Phase in der Überwindung des kapitalistischen Systems angebrochen sei. Zeigen sollte sich diese Überlegenheit des Kommunismus vor allem in den Staaten der dritten Welt: Die Sowjetunion würde sie durch Hilfsprogramme in ihrem Kampf gegen fremde Vorherrschaft und gegen Unterdrückung durch die Kolonialmächte mit allen Mitteln unterstützen.

Obwohl uns diese Sicht der Dinge im Rückblick fremd erscheinen mag, so wurde der Start von Sputnik doch von vielen Zeitgenossen als Beweis für die Überlegenheit des kommunistischen Systems verstanden. Sputnik 1 brauchte 96 Minuten, um unseren Globus einmal zu umrunden. Seine Nutzlast bestand im wesentlichen aus einem kleinen Radiosender, der unermüdlich seine kurze Botschaft abstrahlte. Bereits einen Monat später folgte Sputnik 2. Dieser Satellit hatte einen Hund namens Laika an Bord.

Ein erster Versuch der USA, es dem Erzfeind gleich zu tun, scheiterte am 6. Dezember 1957. Die politischen Debatten in den Vereinigten Staaten führten dazu, daß im Jahr 1958 eine zivile Behörde gegründet wurde, die für die bemannte und unbemannte Raumfahrt der USA zuständig sein sollte: Die National Aeronautics and Space Administration (NASA).

Inzwischen haben mehr als fünfzehn Nationen über fünftausend Satelliten gestartet. Darunter befinden sich Flugkörper mit ein paar Kilogramm Gewicht und einem einzigen Radiosender, aber auch Satelliten in der Größe eines Wohnzimmers, die mehrere Tonnen wiegen und selbst von den triebstärksten Raketen nur mit Mühe in den Erdorbit befördert werden können. Diese künstlichen Erdtrabanten dienen der Navigation, der Erdbeobachtung, der Spionage, der Überwachung der Einhaltung internationaler Abkommen und nicht zuletzt der Kommunikation von Menschen auf allen Kontinenten unseres Mutterplaneten.

1.3 Erste Nachrichtensatelliten

Um einen Mechanismus für die Abwicklung des internationalen Funkverkehrs und des Datenaustauschs zu schaffen, wurde im Jahr 1964 INTELSAT gegründet. Das Akronym steht für *International Telecommunications Satellites.* Die Mitglieder dieser internationalen Organisation sind die nationalen Post- oder Telekommunikationsbehörden der jeweiligen Staaten. Während die Satelliten der Organisation allen Mitgliedern gehören, verbleiben die Kommunikationseinrichtungen auf dem Territorium des jeweiligen Staates im Besitz der zuständigen Postbehörde.

Im März 1964 schloss INTELSAT mit der amerikanischen Firma Hughes einen Vertrag über die Fertigung von zwei Kommunikationssatelliten ab. Es sollte das C-Band des Frequenzspektrums benutzt werden. Der erste dieser beiden Satelliten, *Early Bird*, wurde im Frühjahr 1965 in seine Umlaufbahn geschossen. Early Bird konnte für volle sechs Jahre benutzt werden, weit länger als seine veranschlagte Lebensdauer von zwei Jahren.

Wie schnell die technische Entwicklung voran schritt, zeigt allein schon die Tatsache, daß der zweite von Hughes gebaute Satellit nie in einen Erdorbit geschossen wurde. Er wurde noch auf der Erde von neuerer Technologie überholt und kann heute im Raumfahrtmuseum in Washington besichtigt werden.

Auf Early Bird, der später in INTELSAT I umbenannt wurde, folgten in rascher Folge weitere Kommunikationssatelliten von INTELSAT. Wie schnell die Leistung dieser Satelliten zur Vermittlung transatlantischer Ferngespräche stieg, zeigt *Abb. 1.2*.

Die Satelliten von INTELSAT wurden von der amerikanischen Weltraumbehörde NASA gestartet, und im Laufe der Jahre wurden beachtenswerte Fortschritte erzielt. Bei INTELSAT IV drohte fast das Frequenzspektrum auszugehen, so sehr war die Zahl der Benutzer am Boden gestiegen. Fünfzig Bodenstationen schienen die Systemdesign zu sprengen. Doch es fand sich schließlich eine innovative technische Lösung.

In *Tabelle 1.1* sind die wesentlichen technischen Daten dieser ersten Kommunikationssatelliten aufgeführt.

Mit der Übertragung von Telefongesprächen begann das Zeitalter der Kommunikationssatelliten. Hinzu gekommen ist die Übertragung von Daten und Fernsehbildern, so daß wir inzwischen fast in Echtzeit auf CNN verfolgen können, wie amerikanische Cruise Missiles Ziele in Damaskus ansteuern.

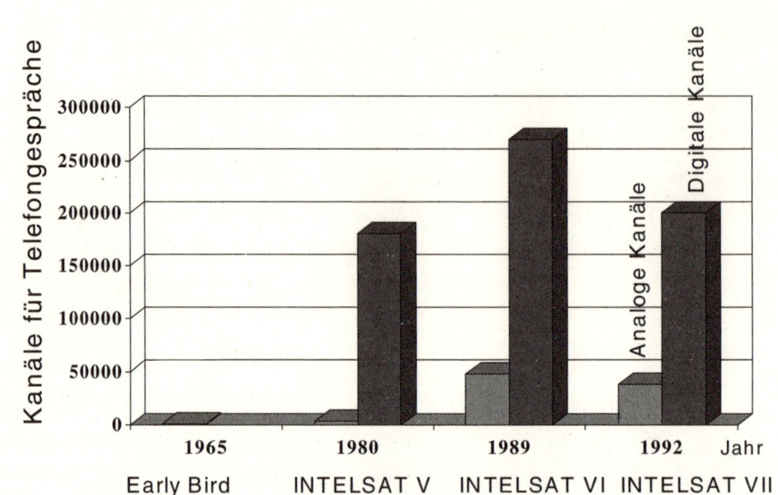

Abb. 1.2: Anstieg der Leistung von Kommunikationssatelliten [2]

Tabelle 1.1: Eigenschaften von Kommunikationssatelliten [1]

	Early Bird	**INTELSAT V**	**INTELSAT VI**	**INTELSAT VII**
Start	1965	1980	1989	1992
Masse in Kilogramm	38,5	900	1 870	1 425
Leistung [W]	40	1 200	2 200	3 900
Zahl der Transponder	2	30	48	36
Bandwith [Mhz]	50	2 160	3 030	2 300
Telefonkanäle, analog	480	3 300	48 000	38 000
Telefonkanäle, digital	-	180 000	270 000	200 000

Direkt strahlende Fernsehsatelliten bieten dem Fernsehzuschauer eine kaum noch überblickbare Programmvielfalt an, die Erreichbarkeit unter nur *einer* Telefonnummer auf dem gesamten Globus für den viel reisenden Manager ist inzwischen Realität geworden, und auch im Bereich der Navigation ist mit dem Global Positioning System (GPS) eine Revolution eingeläutet worden. Mit allen diesen technischen Neuerungen werden wir uns im Detail beschäftigen.

2 Technische Grundlagen

While science has made giant strides in communication in recent years, there's still a lot to be said for paying attention. (Franklin P. Jones).

Bevor wir uns den Satelliten und ihrer Technologie zuwenden können, müssen wir uns mit ein paar Gesetzen der Himmelsmechanik vertraut machen. Obwohl künstliche Satelliten, wie sie inzwischen zu Tausenden die Erde umkreisen, viel kleiner sind als natürliche Trabanten wie der Mond, so gehorchen sie doch den gleichen Gesetzen wie natürliche Himmelskörper. Insofern gelten auch für künstliche Satelliten die Gesetze, die Pioniere wie Galileo, Kopernikus, Newton und Kepler vor Jahrhunderten gefunden haben. Der Unterschied zwischen der Internationalen Raumstation und dem Mond ist nicht qualitativer, sondern rein quantitativer Natur.

2.1 Bahnen

An erster Stelle wäre hier Johannes Kepler zu nennen. Er fand im sechzehnten Jahrhundert heraus, welche Gesetze für die Bahnen von Planeten gelten. Isaac Newton bestätigte zwei Generationen später in England Keplers Arbeiten auf Grundlage der Mechanik. Er stellte auch die Gravitationstheorie auf.

Grundsätzlich ist die Entscheidung zwischen Planet und Trabant nicht zwingend. Man kann allerdings davon ausgehen, daß der Körper mit der größeren Masse der Planet sein wird, der kleinere hingegen der Mond, Trabant oder Satellit. Keplers erstes Gesetz besagt, daß die Bahn eines Satelliten um seinen Planeten die Form einer Ellipse haben wird. Dies ist in *Abb. 2.1* dargestellt.

Der Punkt, um den sich ein System aus zwei Körpern dreht, also ihr gemeinsamer Mittelpunkt, liegt stets auf der Verbindungslinie zwischen dem Zentrum der Masse der beiden Körper. Weil im obigen Fall die Masse des Satelliten gegenüber der Masse der Erde verschwindend gering sein wird, fällt der gemeinsame Mittelpunkt für dieses System mit dem Mittelpunkt der Erde zusammen.

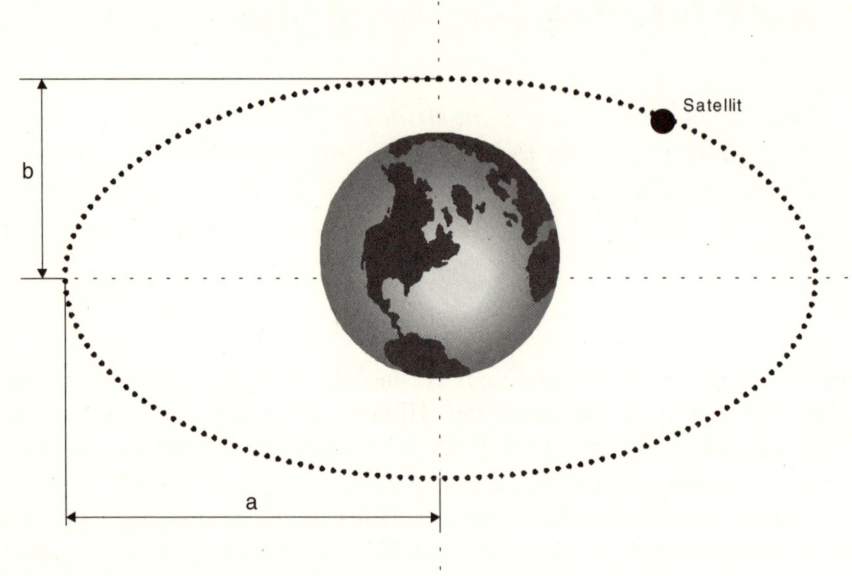

Abb. 2.1: Keplers erstes Gesetz [1]

Wenn man den halben Durchmesser an der Breitseite der Ellipse mit *a* (große Bahnachse) und an der Schmalseite mit *b* (kleine Bahnachse) bezeichnet, dann läßt sich die Exzentrität *e* der Kurve wie folgt bestimmen.

$$e = \frac{\sqrt{a^2 - b^2}}{a} \qquad [2.1]$$

Die Exzentrität bestimmt die Form der Bahn eines Satelliten. Der Wert liegt immer zwischen Null und Eins. Falls er Null wird, handelt es sich um eine kreisförmige Bahn. Keplers 2. Gesetz besagt, daß ein Satellit in einem gegebenen Zeitintervall gleich große Flächen, bezogen auf das Zentrum seiner Bahn, überstreichen wird. Diese Aussage läßt sich am besten mit Hilfe einer Graphik verstehen (siehe *Abb. 2.2*).

Keplers drittes Gesetz besagt, daß sich die Quadrate der Umlaufzeiten zweier Planeten verhalten wie die Kuben ihrer großen Bahnachsen. In mathematischer Notation läßt sich diese Beziehung so darstellen.

$$a^3 = \frac{\mu}{n^2} \qquad [2.2]$$

wobei

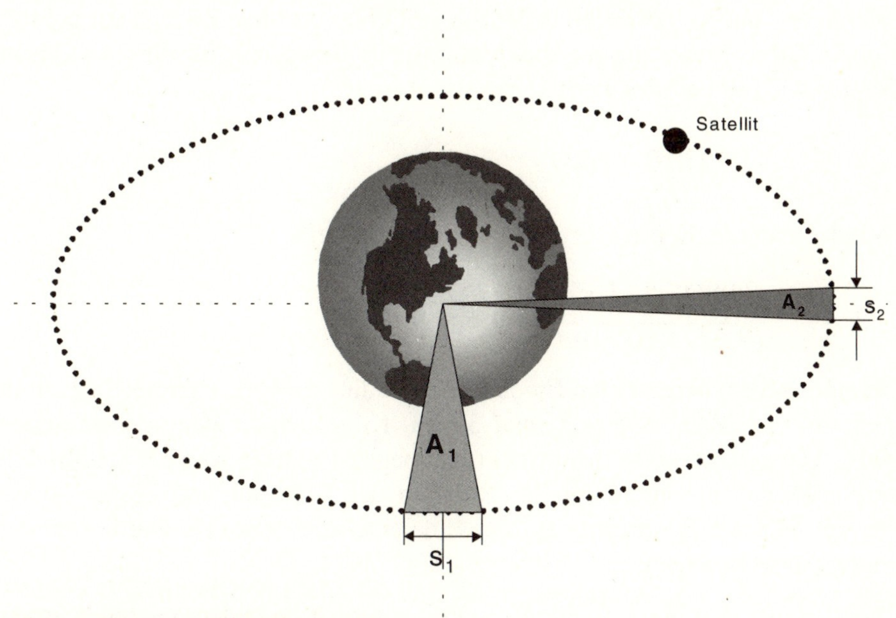

Abb. 2.2: Keplers zweites Gesetz [1]

a: Große Bahnachse
µ: Geozentrische Konstante der Gravitation
n: Durchschnittliche Bewegung des Satelliten in Radien pro Sekunde

Für die Konstante µ gilt:

$\mu = 3{,}986005 \times 10^{14}\ m^3/s^2$

Die Gleichung 2.2 gilt nur dann exakt, wenn die Erde eine perfekte Kugel darstellen würde. Das ist allerdings nicht der Fall, und für sehr präzise Berechnungen müssen daher Korrekturen berücksichtigt werden. Es kommt hinzu, daß sich Satelliten unter Umständen auch in unmittelbarer Nähe der Erde bewegen. In solchen Fällen sind auch die Auswirkungen der äußeren Schichten der Atmosphäre auf die Bahn des Satelliten zu berücksichtigen.

Wenn man die Bewegung des Satelliten n in Radien pro Sekunde ausdrückt, dann kann man ein Bahnintervall oder eine Bahnperiode P in Sekunden durch die folgende Gleichung darstellen.

$$P = \frac{2\pi}{n} \qquad [2.3]$$

Die Bedeutung von Keplers drittem Gesetz liegt darin, daß damit der Zusammenhang zwischen Bewegung und Bahnperiode festgelegt wird. Ein sehr wichtiger – und kommerziell bedeutsamer Orbit – ist ohne Zweifel der geostationäre Orbit. Man kann die durchschnittliche Bewegung für diesen Orbit in Radien wie folgt ausdrücken:

$$n = \frac{2\pi}{1\,d} = 7{,}272 \times 10^{-5} \; rad/s$$

Wendet man nun Keplers drittes Gesetz an, dann gilt:

$$a = \frac{\mu}{n^2} = \frac{3{,}986005 \times 10 \; m^3 s^{-2}}{(7{,}272 \times 10^{-5} \, rad/s)^2} = 42241 \, km$$

Wenn man vom berechneten Ergebnis den Radius der Erde subtrahiert, kommt man auf eine Bahnhöhe von rund 36 000 Kilometer für den geostationären Orbit. Der geostationäre Orbit ist ein sehr begehrter Orbit, weil ein Satellit sich dort praktisch synchron mit der Rotation der Erde um ihre eigene Achse bewegt. Für den Beobachter auf der Erde erscheint es so, als würde sich der Satellit nicht bewegen.

Damit eignet sich der geostationäre Orbit natürlich besonders für direkt strahlende Fernsehsatelliten. Er ist aber auch geeignet für einen Satelliten von INTELSAT, der Telefongespräche zwischen den USA und Europa übertragen soll. Ein solcher Satellit würde eine Position über dem südlichen Atlantik einnehmen.

Kommen wir noch zu den zwei Begriffen *Apogee* und *Perigee*. Im deutschen Sprachraum sind dafür die Worte Apogäum und Perigäum gebräuchlich. Apogee bezeichnet dabei den erdfernsten Punkt der Bahn eines Satelliten, Perigee den erdnähesten Punkt. Dies ist in *Abb. 2.3* dargestellt.

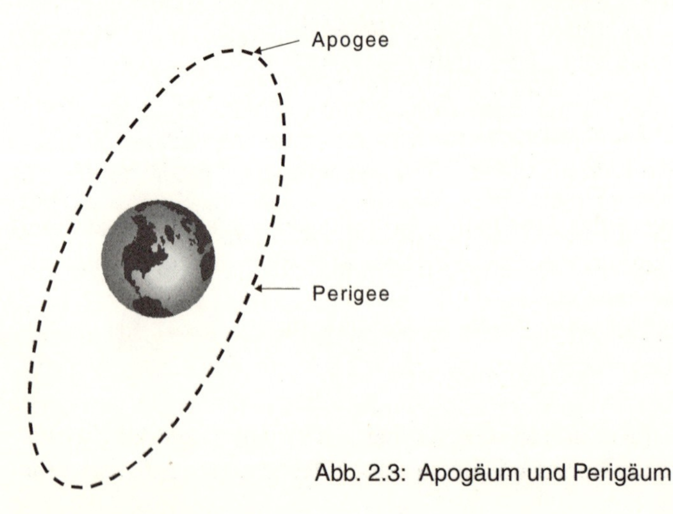

Abb. 2.3: Apogäum und Perigäum

Man kann Apogee und Perigee eines Satelliten mit den folgenden beiden Gleichungen berechnen:

$$r_a = a\,(1+e) \qquad [2.4]$$

$$r_p = a\,(1-e) \qquad [2.5]$$

wobei

r_a, r_p: Apogee bzw. Perigee
a: Große Bahnachse
e: Exzentrität der Bahn

Während der geostationäre Orbit (GEO) allein durch physikalische Gesetze eine bestimmte Bahnhöhe erzwingt, also ein Satellit in diesem Orbit sich immer in einer Höhe von 36 000 Kilometern über der Erdoberfläche bewegen muß, sind die Grenzen für Satelliten im erdnahen Orbit (LEO) oder Medium Earth Orbit (MEO) nicht so exakt zu bestimmen. *Abb. 2.4* zeigt diese drei Konstellationen.

Für die Bahnen von Satelliten hat es sich eingebürgert, sie entweder als GEO, LEO oder MEO zu kennzeichnen. Diese Klassifizierung erlaubt eine rasche Orientierung in Bezug auf die Bahndaten. Für die Entfernungen gelten die Werte in *Tabelle 2.1*.

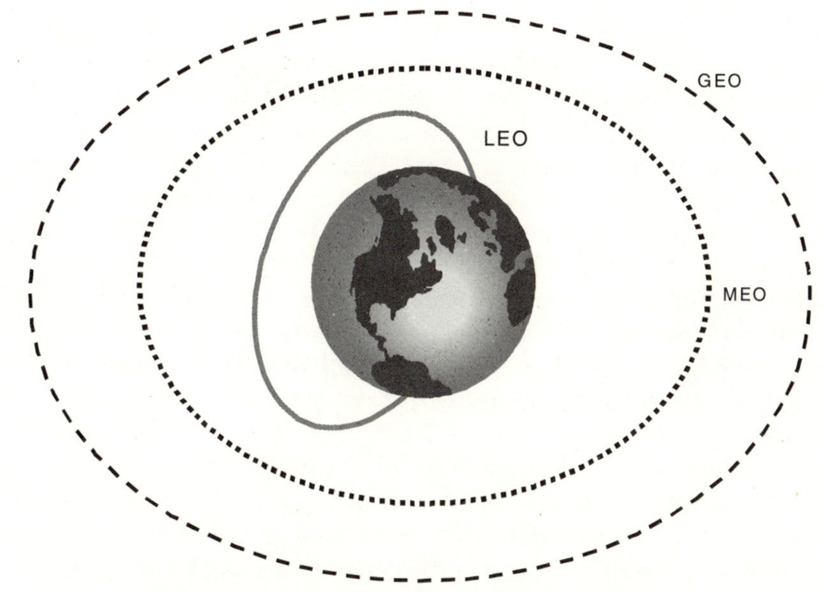

Abb. 2.4: Orbits für Satelliten im erdnahen Raum [2]

Tabelle 2.1: Kennzahlen zu den Orbits

Bahn	Entfernung von der Erdoberfläche [km]
Low Earth Orbit (LEO)	500 – 1 000
Medium Earth Orbit (MEO)	5 000 – 12 000
Geostationary Orbit (GEO)	36 000

Leider weist die Erde keine exakte Kugelgestalt auf, und deshalb gelten die vorher besprochenen Gesetze nur mit Einschränkungen. Hinzu kommt, daß sich bestimmte Satelliten auf Bahnen bewegen werden, die die äußeren Schichten der Erdatmosphäre streifen. Diese Verhältnisse müssen dann bei der Bahnberechnung berücksichtigt werden.

2.1.1 Bahnstörungen

Wir haben bisher die Bahn eines Satelliten so betrachtet, als würden Keplers Gesetze von den Bewegungen der Planeten voll zutreffen. Man spricht in diesem Fall von einem Kepler-Orbit. In der Praxis wirken allerdings eine Reihe von Kräften auf einen Satelliten ein, die wir bisher noch nicht untersucht haben. Dazu gehören:

- Gravitation der Sonne
- Gravitation des Mondes
- Abweichung der Form der Erde von der idealen Kugelform
- Störungen und Bahnbeeinflussungen durch die äußeren Schichten der Erdatmosphäre

Die Gravitationskräfte von Sonne und Mond haben wenig Einfluß auf Satelliten in einem Orbit, der nahe bei der Erde liegt (LEO). Hingegen ist dieser Einfluß bei Satelliten in geostationären Bahnen nicht zu vernachlässigen. Umgekehrt werden solche Satelliten in einer Entfernung von 36 000 Kilometer von der Atmosphäre nicht mehr beeinflußt, Satelliten in einer Höhe von unter tausend Metern aber sehr wohl.

Wenden wir uns zuerst der Abweichung zu, die aus der nicht-idealen Form der Erde entsteht. Unser Mutterplanet ist an den Polen abgeflacht, während er am Äquator dicker ist als man das zunächst erwartet. Wir gehen für die Berechnung der Bewegung eines Satelliten zunächst von der idealen Kugelgestalt der Erde aus. Dafür gilt die folgende Gleichung:

$$n_0 = \sqrt{\frac{\mu}{a^3}} \quad [2.6]$$

wobei

n_0: Bewegung der Erde
μ: Geozentrische Konstante der Gravitation
a: Große Bahnachse

Wenn wir nun die unvollkommene Gestalt der Erde, also eines Geoids, ins Kalkül ziehen, dann ergibt sich für die Bewegung des Satelliten die folgende Formel:

$$n = n_0 \left[1 + \frac{K_1 \left(1 - 1{,}5 \sin^2 i\right)}{a^2 \left(1 - e^2\right)^{1{,}5}} \right] \quad [2.7]$$

In der Gleichung stellt i die Bahnneigung dar, also den Winkel zwischen der Bahn des Satelliten und einer Ebene, die durch den Äquator verläuft. Bei K_1 handelt es sich um eine Konstante mit dem Wert 66 063,1704 km². Die anderen Größen sind bereits behandelt worden. Für die durchschnittliche Bewegung des Satelliten gilt:

$$n = \frac{2\pi}{P} \quad [2.8]$$

wobei

P: Bahnperiode

Wenn die Bewegung eines Satelliten bekannt ist, dann läßt sich Gleichung 2.7 so umgestalten, daß die große Bahnachse a ermittelt werden kann. Man muß allerdings im Auge behalten, daß n_0 ebenfalls von a abhängt. Es gilt:

$$n - \sqrt{\frac{\mu}{a^3}} \left[1 + \frac{K_1 \left(1 - 1{,}5 \sin^2 \ i\right)}{a^2 \left(1 - e^2\right)^{1{,}5}} \right] = 0 \quad [2.9]$$

Lassen Sie uns nun an einem Beispiel untersuchen, wie stark sich die Abweichung durch die nicht-ideale Gestalt der Erde auswirken wird. Ein Satellit bewegt sich auf einer Bahn, die auf der Ebene des Äquators liegt. Seine Bahnneigung gegenüber dem Äquator beträgt damit 0 Grad. Die Umlaufdauer beträgt zwölf Stunden, die Exzentrität wird mit 0,002 angegeben und der Radius der Erde am Äquator beträgt 6 378,1414 Kilometer. Damit ergibt sich:

$$n = \frac{2\pi}{P} = \frac{2 \times 3{,}14}{12} = 0{,}523$$

$$a = \left(\frac{\mu}{n}\right)^{\frac{1}{3}} = \left(\frac{3{,}986005 \times 10^{14}}{0{,}523^2}\right)^{\frac{1}{3}} = 26\,597\ km$$

Dabei handelt es sich um die große Bahnachse eines Orbits, für den Keplers Gesetze voll zutreffen. Rechnet man hingegen mit Gleichung 2.9, dann ergibt sich a gleich 26 598,6 Kilometer. Es handelt sich also im Endeffekt um eine Abweichung von 1,6 Kilometer.

Die Erdatmosphäre wirkt sich vor allem auf Satelliten aus, die sich auf Bahnen bis zu einer Höhe von tausend Kilometern über der Erdoberfläche bewegen. Am stärksten ist der Effekt bei einer elliptischen Bahn natürlich da, wo sich der Satellit auf dem tiefsten Punkt seiner Umlaufbahn (Perigee) befindet. Der Kontakt mit der Erdatmosphäre wirkt sich dahin aus, daß der Satellit den vorher erreichten Höhepunkt seiner Bahn (Apogee) nicht mehr voll erreicht. Das Ergebnis ist auch, daß sowohl die Bahnachse als auch die Exzentrität reduziert werden. Andere Bahnparameter, darunter der tiefste Punkt der Bahn (Perigee), werden kaum beeinflußt.

In der Praxis werden die Auswirkungen der Erdatmosphäre auf Satellitenbahnen im voraus berechnet und sind in Bulletins enthalten, die zum Beispiel von der NASA herausgegeben werden.

2.1.2 Der Kalender

Zeit und Raum hängen untrennbar zusammen, und deswegen spielt bei der Bahnberechnung von Satelliten auch die Zeit eine nicht zu unterschätzende Rolle. Seit dem Altertum zählt man in Tagen, also die Zeit, die die Erde für eine Umdrehung um ihre eigene Achse braucht. Für größere Zeiträume nimmt man das Jahr. Dafür werden 365,2422 Tage angesetzt.

Weil das eine krumme Zahl ist, war es notwendig, Schalttage einzuschieben. Den ersten Versuch in dieser Richtung unternahm Gajus Julius Cäsar. Er bestimmte, daß jedesmal ein Schalttag eingeführt wird, wenn die Jahreszahl ohne Rest durch vier teilbar ist. Damit ergab sich alle vier Jahre ein Schaltjahr.

So ganz stimmte der Julianische Kalender allerdings nicht mit dem Sonnenjahr überein, und so hatte sich bis zum Mittelalter eine Diskrepanz von mehr als einer Woche [3] ergeben. Papst Gregor XIII verfügte daraufhin, daß die

Tage vom 5. bis 14. Oktober 1582 ausfallen sollten, um den Kalender und das Sonnenjahr wieder in Einklang zu bringen. Die Regel zur Ermittlung von Schaltjahren wurde ergänzt, und der Gregorianische Kalender bildet bis in die Gegenwart die Grundlage unserer Zeitrechnung.

Für genaue Berechnungen der Zeit verwendet man sowohl auf der Erde als auch in Satelliten einen Zeitstandard, der sich Universal Time Coordinated (UTC) nennt. UTC wird mit Hilfe von Atomuhren ermittelt und basiert auf einem durchschnittlichen Solartag. UTC stimmt mit der Greenwich Mean Time (GMT) oder Zulu (Z) Time überein, wie sie zum Beispiel im Bereich des Flugverkehrs benutzt wird.

So bequem unser Gregorianischer Kalender im Alltag auch sein mag, es ist ausgesprochen umständlich, die Differenz zwischen zwei beliebigen Tagen auszurechnen, wenn diese Tage ein paar Monate – oder gar Jahre – auseinander liegen. Die Chance ist relativ groß, daß man sich bei all den unterschiedlich langen Monaten sowie Schaltjahren mindestens einmal verrechnen würde. Einen Ausweg bietet hier der Julianische Kalender. Dabei handelt es sich um eine lineare Zeitskala, die am 1. Januar 4713 vor Christ Geburt um 12 Uhr Mittags beginnt. Den Julianstag kann man mit geeigneten Kalenderroutinen in der Programmiersprache C [3] berechnen, oder man kann sich der Hilfe von Tabellen bedienen. In *Tabelle 2.2* sind derartige Werte für die letzten Jahre unseres Jahrhunderts aufgelistet.

Tabelle 2.2: Julianstage im Gregorianischen Kalender

Jahr im Gregorianischen Kalender	**Julianstag 2 400 000 +**
1995	49 717,5
1996	50 082,5
1997	50 448,5
1998	50 813,5
1999	51 178,5
2000	51 543,5

Die oben angegebenen Julianstage gelten genau genommen immer für Januar 0,0 UT. Zweckmäßig ist es auch, eine Tabelle für den letzten Tag jedes Monats im Julianischen Kalender zu besitzen, und zwar jeweils für normale und Schaltjahre. Eine solche Aufstellung findet sich in *Tabelle 2.3*.

Tabelle 2.3: Monatsende im Julianischen Kalender [1]

Datum	**Wert im Julianischen Kalender**	
Jeweils letzter Tag im Monat ...	Normales Jahr	Schaltjahr
Januar	31,5	31,5
Februar	59,5	60,5
März	90,5	91,5
April	120,5	121,5
Mai	151,5	152,5
Juni	181,5	182,5
Juli	121,5	213,5
August	243,5	244,5
September	273,5	274,5
Oktober	304,5	305,5
November	334,5	335,5
Dezember	365,5	366,5

Man kann den Julianstag für jedes Datum ermitteln, indem man die folgende Gleichung anwendet.

$$JD = JD_{0.0} + DAY_{Nr} + UT_{Day} \qquad [2.10]$$

Der Julianstag ergibt sich also aus dem Wert für das Startjahr, dem Jahrestag im laufenden Jahr und der zugehörigen Zeit. Lassen Sie uns das an einem Beispiel erörtern: Was ist der Julianstag für den 11. Oktober 1986 um 3 Uhr?

Jahr 1986	2 400 000 + 46 430,5
30. September (kein Schaltjahr)	273,5
Tage im Oktober	11
UT 0300	3/24 = 0,125
Summe Julianstag	2 446 715,125

Mögen sich diese Berechnungen zunächst auch etwas exotisch anmuten, so hat sich die Methode bei der Berechnung von Differenzen über lange Zeiträume doch bewährt.

Eine weitere Zeitskala, die der Erwähnung bedarf, ist *Sidereal Time*. Dabei handelt es sich um die Messung der Zeit in Bezug auf Fixsterne. Eine Umrundung der Erde um unser Muttergestirn, die Sonne, entspricht nicht genau einem Jahr in Bezug auf die Fixsterne. Die Umrechnungsfaktoren können aus *Tabelle 2.4* entnommen werden.

Tabelle 2.4: Umrechnung in Sidereal Days [1]

1 Mean Solar Day	= 1,0027379093 mean sidereal days
	= 24 Stunden, 3 Min., 56 Sekunden sidereal time
	= 86636,55536 mean sidereal seconds
1 Mean sidereal Day	= 0,9972695664 mean solar days
	= 23 Stunden 56 Min. 4 Sekunden 0,09054 mean solar time
	= 86164,09054 mean solar seconds

Weil die exakte Einhaltung der vorher berechneten Bahn bei einem Satelliten für seine Funktion sehr wichtig ist, müssen Berechnungen zur Zeit und Position mit der größten Sorgfalt und unter Berücksichtigung der notwendigen Korrekturen durchgeführt werden. Ist das nicht der Fall, kann es durchaus vorkommen, daß der Satellit nicht für die gesamte Lebensdauer zur Verfügung steht.

2.1.3 Geostationärer Orbit und Einschuß in die Bahn

Wie beim Bergsteigen ist es auch beim Start eines Satelliten in den erdnahen Orbit nicht möglich, in einem einzigen Schritt die gewünschte Bahn und die richtige Position zu erreichen. Vielmehr wird das Ziel in Etappen erreicht, und zwischen dem Start der Trägerrakete und dem Erreichen der endgültigen Position können Tage und Wochen vergehen.

Besonders gut läßt sich das Verfahren mit einem Satelliten demonstrieren, der in eine geostationäre Umlaufbahn gebracht werden soll. Bei einem derartigen Satelliten sind eine Reihe von Umlaufbahnen notwendig, die als Treppenstufen dienen, bevor die endgültige Position in 36 000 Kilometer Höhe erreicht werden kann. Dieser Prozeß ist in *Abb. 2.5* dargestellt.

Ganz generell ist eine Startrampe auf der Erde um so besser geeignet, je näher sie am Äquator liegt. Die Erde gibt einer Rakete mehr von ihrer eigenen Geschwindigkeit mit, wenn sie in der Nähe des Äquators gestartet wird. Anders gesagt: Je näher die Position am Äquator liegt, desto mehr Masse darf der Satellit haben, desto größer darf die Nutzlast sein.

In einem typischen Fall verläßt die Trägerrakete die Startrampe und liefert den Satelliten in einer Höhe zwischen 150 und 300 Kilometer ab. Dort folgt der Satellit zunächst einer kreisförmigen Bahn, die als Parkposition dient. In einem zweiten Schritt wird dann die dritte und letzte Raketenstufe gezündet, und damit kommt der Satellit in den Geosynchronous Transfer Orbit (GTO).

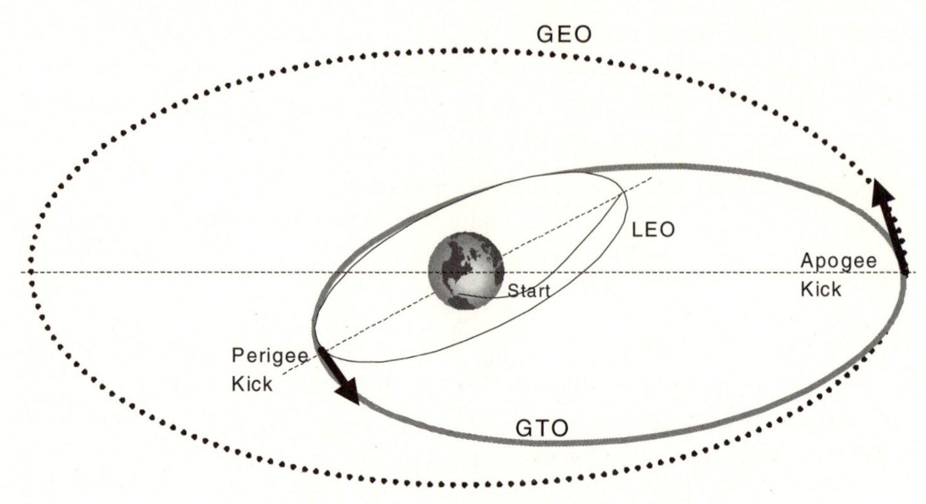

Abb. 2.5: Einschuß in geostationären Orbit [2]

Auch dies ist nur ein Zwischenschritt, allerdings liegt der erdfernste Punkt des GTO bereits auf oder nahe beim Geostationären Orbit. Im letzten Schritt wird erneut ein Raketenmotor gezündet, und der Satellit schwenkt auf dem Apogee des GTO in seinen endgültigen Orbit ein.

Der Geosynchronous Transfer Orbit ist eine elliptische Bahn, deren Umlauf typischerweise sechzehn Stunden lang dauert. Alle Manöver werden in dieser Zeit von einem Kontrollzentrum am Boden ausgelöst.

Grundsätzlich gibt es zwei Strategien, um vom GTO zum geostationären Orbit mit einer Umlaufzeit von exakt vierundzwanzig Stunden zu kommen. Bei der ersten Strategie wird die letzte Raketenstufe des Trägersystems benutzt, um die notwendige Geschwindigkeit und den Schub zu erreichen. Während sich der Satellit in dieser Bahn befindet, können auch kleine Fehler in der Position ausgeglichen werden, die durch die beiden ersten Stufen der Trägerrakete verursacht wurden.

Die zweite Strategie besteht darin, den Raketenmotor des Satelliten zu benutzen. In diesem Fall muß der Satellit mehr Treibstoff mitführen. Der Raketenmotor wird dabei mehrfach gezündet, um den notwendigen Schub zu erreichen. Je nach der Leistung des Raketenmotors kann sich der Prozeß dabei über Tage und Monate hinziehen.

Befindet sich der Satellit einmal in einem geostationären Orbit, besteht kaum mehr Gefahr, daß er je wieder zur Erde zurückkehrt. In 36 000 Kilometern Höhe ist er dem Einfluß der irdischen Atmosphäre nicht mehr ausgesetzt.

Treibstoff ist allenfalls noch nötig, um die Position zu korrigieren. Im Vergleich zu den Mengen an Treibstoff, die für den Start gebraucht wurden, handelt es sich dabei um minimale Vorräte.

Die Phasen, die durchlaufen werden müssen, bevor ein Satellit seine endgültige Position im geostationären Orbit erreicht hat, lassen sich wie folgt beschreiben:

1. Ende des Count-down, Rakete startet mit der ersten Stufe
2. Zweite Stufe gezündet, erste Stufe oder Booster wird abgeworfen
3. Parking Orbit erreicht
4. Einschuß in den Transfer Orbit
5. Herstellen der Funkverbindung mit der Leitstelle am Boden
6. Vorbereitung zum Zünden des Apogee-Motors
7. Apogee-Motor zünden
8. Vorgesehene Bahn einnehmen
9. Kleinere Positionsmanöver
10. Plattform stabilisieren oder neu orientieren
11. Ausfahren von Sonnenpaddeln und/oder zusätzlicher Antennen
12. Systembus testen
13. Testen Payload
14. Satellit als funktionsfähig erklären

Um seine erste Umlaufbahn zu erreichen, muß der Satellit in der Trägerrakete zunächst einmal der Schwerkraft der Erde entkommen. Dazu werden in den meisten Fällen die beiden ersten Stufen des Trägersystems verwendet. Im Fall des amerikanischen Space Shuttle kommen zwei Booster zum Einsatz, die sofort abgeworfen werden, wenn sie abgebrannt sind. Man versucht immer, nicht unnötigen Ballast mitzuschleppen, also zum Beispiel eine ausgebrannte Raketenstufe.

Die zweite Raketenstufe bringt den Satelliten in eine Bahn, die man als Low Earth Orbit bezeichnen kann. Weil in dieser Bahn eine Umrundung der Erde nicht länger als vielleicht neunzig Minuten dauert, wird dieses Manöver vom einem Computer an Bord gesteuert. Die Kontrollstelle auf der Erde würde sich bei dieser Geschwindigkeit schwer tun, die dritte Stufe der Rakete mit dem Satelliten wirksam zu kontrollieren. Obwohl in diesem Parking Orbit der Einfluß der Atmosphäre gering ist, würde sich im Laufe von Wochen und Monaten die dritte Stufe doch so verlangsamen, daß sie mit der Zeit wieder zur Erde zurückfallen würde. Deswegen ist der Zeitpunkt, zu dem die dritte Stufe der Trägerrakete gezündet wird, oft entscheidend für den Erfolg der Mission.

Alle Bahnen von geostationären Satelliten liegen in einer Ebene mit dem irdischen Äquator. Weil es gegenwärtig noch keine Startrampe gibt, die direkt auf dem Äquator liegt, sind alle Satellitenbahnen zunächst gegenüber dem Äquator geneigt. Der Winkel entspricht etwa der geographischen Breite der Startrampe. Bevor der Satellit seine endgültige Position erreicht hat, muß er sich in einer Ebene mit dem Äquator befinden. Auch dieses Manöver verschlingt natürlich Energie.

Einfacher stellt sich die Situation dar, wenn ein Satellit in einen Low Earth Orbit (LEO) oder Medium Earth Orbit (MEO) geschossen werden soll. Hier ist ein Transfer Orbit nicht notwendig. Vielmehr setzt das Trägersystem den Satelliten direkt im richtigen Orbit ab. Gefahren für Satelliten, die derart nahe an der Erde operieren, ergeben sich aus dem Einfluß der äußeren Schichten der Erdatmosphäre und den Van Allen Belt. Man muß unter Umständen damit rechnen, daß der Hauptspeicher des Computers des Satelliten durch kosmische Strahlung geschädigt wird. Dies kann zu Fehlern in der Software führen, die den gesamten Satelliten unbrauchbar machen.

Während für geostationäre Satelliten inzwischen von den Betreibern Lebenszeiten von zwölf bis fünfzehn Jahren gefordert werden, muß man für Satelliten auf erdnahen Bahnen mit erheblich kürzeren Nutzungszeiten rechnen. Auf der anderen Seite können Trägerraketen meistens gleich mehrere Satelliten in erdnahe Umlaufbahnen bringen. Dies wirkt sich natürlich kostensenkend aus, weil die Aufwendungen für den Start auf mehrere Kunden verteilt werden können.

In *Tabelle 2.5* sind für eine Reihe unterschiedlicher Missionen geeignete Bahnen der Satelliten aufgeführt.

Tabelle 2.5: Missionen und Bahnen [4]

Mission	**Bahn**
Kommunikation	Geostationäre Bahn
Erkundung der Erde, Ressourcen	LEO, über die Pole
Wetterbeobachtung	LEO, über die Pole, oder geostationär
Navigation	LEO, über die Pole, als Ergänzung geostationäre Satelliten
Astronomie	Alle Bahnen, erdfern
Erkundung des erdnahen Raums	Alle Bahnen
Militärische Anwendungen	LEO, über die Pole, sowie verschiedene andere Bahnen
Bemannte Raumstationen	LEO
Erprobung neuer Technologien	Alle Bahnen

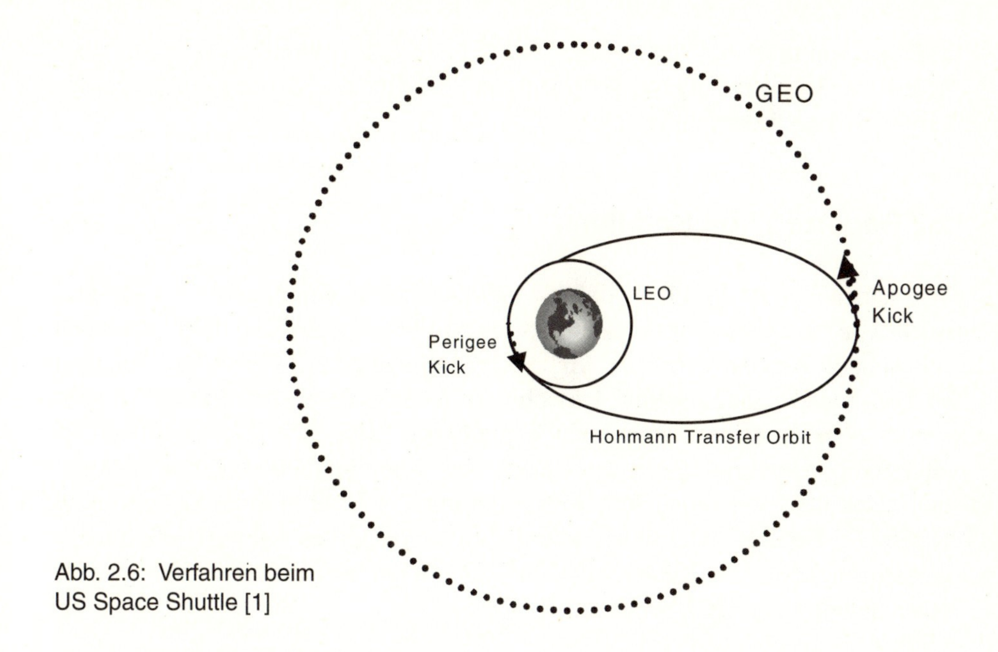

Abb. 2.6: Verfahren beim US Space Shuttle [1]

Einen Sonderfall unter den Trägersystemen stellt das amerikanische Space Shuttle dar. Entwicklungsziel war es, die Kosten für den Transport von Gütern in den erdnahen Weltraum signifikant zu senken. Deshalb wurde angestrebt, Teile des Systems wieder zu verwenden. Ein Nachteil des Space Shuttle liegt darin, daß es nicht in der Lage ist, selbst in höhere Umlaufbahnen vorzudringen. Was also etwa bei Raketen wie der französischen ARIANE von der letzten Raketenstufe erledigt wird, nämlich der Einschuß in die geostationäre Bahn, erledigt beim Space Shuttle ein Raketenmotor, der direkt am Satelliten befestigt ist. Das Verfahren beim Space Shuttle ist in *Abb. 2.6* dargestellt.

Das Space Shuttle erreicht nach dem Start einen Orbit, der relativ erdnah ist. Der Satellit wird ausgestoßen und sein Raketenmotor gezündet. Damit wird der Hohmann Transfer Orbit erreicht. Hat der Satellit schließlich den erdfernsten Punkt dieser elliptischen Bahn erreicht, wird erneut der Motor gezündet, und der Satellit schwenkt in den geostationären Orbit ein.

Das gezeigte Verfahren ist langwierig. Es kann ein bis zwei Monate dauern, bis der Satellit seine endgültige Position erreicht hat und für einsatzfähig erklärt wird. Was auf der anderen Seite für das Space Shuttle spricht, ist die Tatsache, daß es sehr große und schwere Satelliten ins All befördern kann. Manche Typen von Spionage-Satelliten der USA konnten jahrelang nur vom Space Shuttle befördert werden, weil in den USA keine Raketen mit genügend großer Schubkraft zur Verfügung standen. Natürlich verbietet es sich aus naheliegenden Gründen für gewisse Arten von Satelliten, diese von fremden Nationen ins All befördern zu lassen.

2.2 Bauarten von Satelliten

Wir haben bereits gesehen, daß es vielerlei Arten von Satelliten gibt. Das reicht von harmlosen Wettersatelliten bis zu Flugkörpern, die die Startrampen russischer Abschußrampen für Interkontinentale Ballistische Raketen (ICBMs) überwachen sollen. Obwohl der Zweck dieser Satelliten [4,5] sehr verschieden ist, haben sie doch viel gemeinsam. Jedes dieser Systeme benötigt eine Energieversorgung, jedes braucht eine Regelung zur Positionshaltung, und jedes muß mit seiner Kontrollstation auf der Erde kommunizieren, muß Daten und Befehle austauschen können. Insofern gibt es wahrscheinlich mehr Gemeinsamkeiten als Unterschiede. *Abb. 2.7* zeigt die wichtigsten Subsysteme eines Satelliten in der Übersicht.

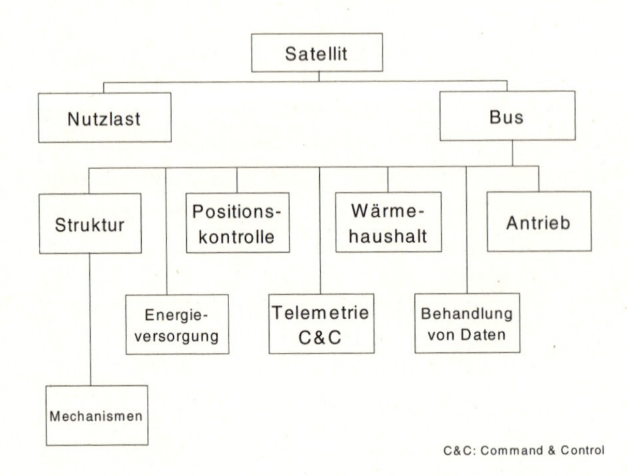

Abb. 2.7: Subsysteme eines Satelliten [4]

Einige dieser Subsysteme, wie die mechanische Struktur der Hülle des Satelliten, mögen technologisch nicht sehr interessant sein. Man sollte allerdings immer bedenken, daß die Gewichtsreduzierung eines der Hauptanliegen beim Entwurf ist. Das zwingt zu innovativen Lösungen.

Für andere Systeme, etwa die Regelung zur Ausrichtung des Satelliten auf ein bestimmtes Objekt oder seine Positionsbestimmung, mußten vollkommen neue Lösungen gefunden werden. Auch Telemetrie, *Command & Control* sind Subsysteme, die mit der Satellitentechnologie überhaupt erst entstanden sind.

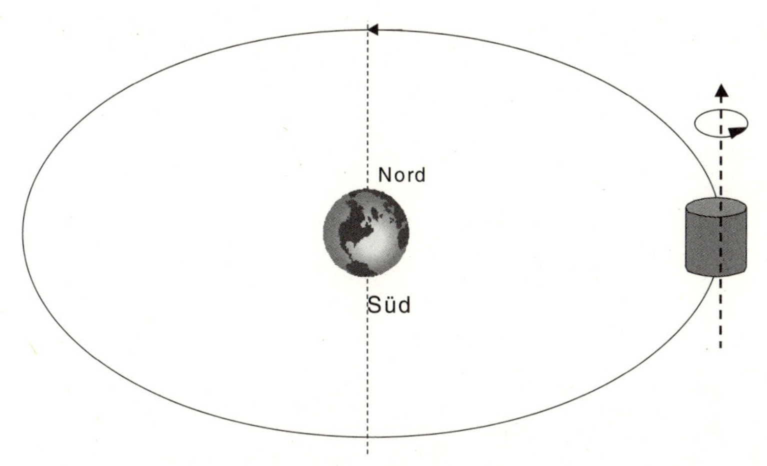

Abb. 2.8: Spin-stabilisierter Satellit von Hughes [1]

Im Bereich der Energieversorgung stehen im Grunde drei Technologien im Vordergrund: Batterien, Sonnenzellen und Atomreaktoren. Die letztere Technologie ist nicht ohne Risiken, aber bei einem hohen Energiebedarf ist sie unter Umständen nicht vermeidbar. Wenden wir uns zunächst der Positionsbestimmung und Lagehaltung im Raum zu. Hier ist zunächst ein Design zu erwähnen, das von Hughes entwickelt wurde und sich als sehr zuverlässig erwiesen hat. Es wird bei geostationären Satelliten angewendet. Die Ausrichtung des Satelliten in Bezug auf die Erde zeigt *Abb. 2.8*.

Bei diesem Design ist die Hauptachse des Satelliten so ausgerichtet, daß sie stets parallel zu einer Linie verläuft, die durch den Nord- und Südpol der Erde geht. Die Energieversorgung erfolgt mit Solarzellen, die auf dem Rumpf des Satelliten angebracht sind. Der Satellit gleicht einem oben offenen Ölfaß, das außen vollständig mit Solarzellen bedeckt ist und sich ständig um seine eigene Achse dreht. Die Subsysteme sind zum größten Teil im Inneren dieser Trommel untergebracht und drehen sich ständig mit dem Satelliten. Lediglich die Antenne und zugehörige Teile drehen sich nicht mit dem Satelliten, sondern bleiben ständig auf die Erde ausgerichtet. Diese Konstruktion zwingt dazu, die Leitungen zur Antenne so anzuordnen, daß trotz des drehenden Körpers des Satelliten die Verbindung nicht abreißen kann. Eine Weiterentwicklung dieses Designs führte zum *Dual Spin Spacecraft*. Der Unterschied gegenüber dem zuerst erwähnten Design liegt darin, daß nun die gesamte Payload von der sich drehenden Trommel des Hauptteils des Satelliten entkoppelt wurde. Antennen und Repeater drehen sich also nicht mit dem Satelliten, sondern sind ständig auf die Erde ausgerichtet. *Abb. 2.9* zeigt die Konstruktion eines derartigen Satelliten.

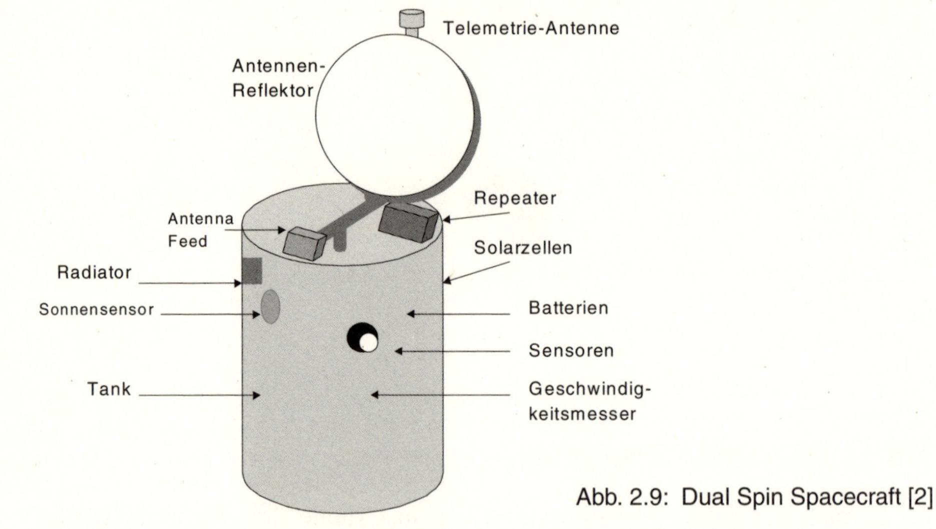

Abb. 2.9: Dual Spin Spacecraft [2]

Die oben gezeigte Konstruktion hat sich bewährt und ist weiterhin im Einsatz. Allerdings hat das Design auch Nachteile. So ist die Fläche, die der Sonne ausgesetzt ist, einfach begrenzt. Damit läßt sich die Leistung der Sonnenkollektoren nur in sehr eingeschränktem Umfang steigern. Ein weiterer Nachteil liegt darin, daß die Zahl der Antennen und ihre Größe sich nicht steigern lassen. Bei Satelliten für ein Telefonnetz im Erdorbit oder Fernsehsatelliten sind aber Antennen nun einmal die wichtigste Payload. Die Schwierigkeit bei neuen Designs lag vor allem darin, daß der Dual Spinner mit seiner Trommelgestalt sich leicht in der letzten Raketenstufe oder im Laderaum des Space Shuttle unterbringen ließ. Bei den neueren Konstruktionen war es nicht möglich, den Satellit in seiner endgültigen Form zu verschiffen. Die Sonnenpaddel konnten erst im Raum entfaltet werden, und auch für Antennen und Transponder mußten erst Mechanismen gefunden werden, mit der sie im Erdorbit in ihre endgültige Position gebracht werden konnten. Nicht immer haben diese mechanischen Teile richtig funktioniert, und gelegentlich ist ein Satellit nie richtig in Betrieb gegangen, einfach, weil sich seine Sonnensegel nicht richtig entfalten konnten.

Die Positionsbestimmung und Bahnkontrolle ist ein Regelungsproblem. Deshalb bedarf es eines Koordinatensystems und Sensoren, mit denen der Satellit gewisse Fixpunkte finden und ihre Position bestimmen kann. Fixpunkte für Satelliten im Erdorbit sind vor allem die Erde selbst, die Sonne und auch Fixsterne, die ihre Lage nicht ändern. In der Regel bildet allerdings die Erde gegen den dunklen Hintergrund des Alls eine gute Orientierungshilfe. Zur

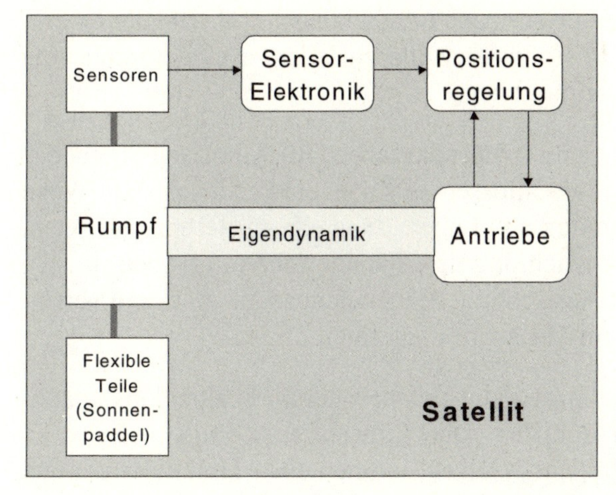

Abb. 2.10: Regelung zur Positionshaltung [2]

Regelung selbst wird ein Mikroprozessor verwendet, der die Signale von analogen und digitalen Sensoren auswertet. Bei dem oben gezeigten Satellitentyp befinden sich die Sensoren auf der Oberfläche des Rumpfs zwischen den Solarzellen. Bei neueren Konstruktion ist der Rumpf oft kastenförmig, und es steht mehr Platz für Sensoren zur Verfügung. *Abb. 2.10* zeigt die Regelung zur Positionskontrolle für einen derartigen Satelliten.

Der Sensor mißt bei diesem Design den Winkel zu einem bestimmten Referenzpunkt, etwa zur Erde. Veränderungen können in zwei Achsen erfaßt werden, nämlich in der Nord-Süd und Ost-West-Achse. Die Empfindlichkeit des Sensors hat dabei entscheidenden Einfluß auf die Güte der Regelung. In der Sensor-Elektronik, letztlich in einem Mikroprozessor oder kleinem Computer, werden die Signale des Sensors umgesetzt, die Lage ermittelt und mit einem gewünschten Sollwert verglichen. Die Positionsbestimmung selbst und die Erzeugung von Kommandos zur Veränderung der Position erfolgt meistens im Hauptcomputer des Satelliten, der natürlich auch andere Aufgaben durchführt. Falls notwendig, werden Steuerdüsen gezündet und für sehr kurze Zeit betrieben.

Bei manchen Satelliten wird ein Teil der Bahnberechnungen und die Vorhersage der Bahn auch auf der Erde durchgeführt, und größere Korrekturmanöver werden unter Kontrolle der Bodenstation durchgeführt.

Ausgangsgrößen der Regelung können auch dazu führen, daß sich die Umdrehungsrate eines Satelliten um seine eigene Achse verringert oder daß Sonnensegel anders ausgerichtet werden. Jedes derartige Manöver muß sehr langsam ausgeführt werden, damit keine unnötig großen Kräfte auf den Satelliten einwirken. Bei modernen Satelliten ist es auch möglich, noch während der Operation neue Parameter für die Positionskontrolle zu laden, eventuell sogar die Software oder Teile davon auszutauschen.

Wenn sich der Satellit neu ausrichtet, führt das zu einem geänderten Signal des Sensor. Damit ist der Kreislauf geschlossen, es findet ein Feedback statt. Wenn Fehler in der Positionsbestimmung und Lagehaltung eines Satelliten auftreten, kann dies zu einer falschen Ausrichtung der Antenne führen. Im schlimmsten Fall kann es zu einer falschen Ausrichtung der Sonnenpaddel, zu einem verringerten Energieangebot und zum Verlust des Satelliten führen.

Wie wichtig die richtige Position ist, zeigt sich besonders bei Kopplungsmanövern von Raumkörpern und -schiffen. Den kritischsten Zustand, den es an Bord einer Raumstation geben kann, ist das Eintreten eines Druckverlusts und das Entweichen der Atemluft. Bei der russischen Raumstation *Mir* wäre es beinahe zu einer Katastrophe mit tödlichem Ausgang gekommen.

Fall 2-1: Ziel verfehlt [6]

Am Morgen des 25. Juni 1997 befanden sich die zwei russischen Kosmonauten Vasili Tsibliyev und Sasha Lazutkin sowie der Amerikaner Michael Foale an Bord der russischen Raumstation Mir. Diese Station befand sich am Ende ihrer geplanten Lebenszeit, und es hatte immer wieder Pannen und kleinere Unfälle gegeben. An diesem Tag allerdings sollte die ganze Welt aufhorchen: Progress, eine unbemannte, sieben Meter lange Versorgungsrakete, verfehlte die Schleuse, rammte eines der Solarpaddel und kollidierte schließlich mit dem Spektr-Modul der Station. Der Druck fiel, und die Astronauten machten Anstalten, die Mir aufzugeben und mit der Rettungskapsel zur Erde zurückzukehren. Doch wie hatte es zu diesem schweren Unfall kommen können?

Vasili Tsibliyev, der Kommandant, war am Abend des 24. Juni trotz der neuen Essensvorräte, die Foale mitgebracht hatte, nicht gerade bester Laune. Die Konstrollstation hatte ihn angewiesen, das Dockungsmanöver mit der Versorgungskapsel Progress am nächsten Morgen von Hand zu fliegen. Bisher war dafür ein automatisches System zuständig, das Progress bis auf neunzig Meter an die Mir heranbrachte. Erst dann übernahm die Besatzung der Raumstation das Kommando. Allerdings wurde dieses automatische System in der Ukraine gefertigt, und deren Regierung verlangte nach dem Zerfall der Sowjetunion dafür einen Preis, den man in Moskau nicht zahlen wollte. Deshalb war Tsibliyev angewiesen worden, diese Arbeit nun manuell durchzuführen.

Der russische Kommandant war ein erfahrener Flieger und Kosmonaut, aber sehr wohl war ihm bei diesem Befehl nicht. Er fügte sich aber in sein Schicksal, zog am nächsten Morgen seine Fliegeruniform an und verteilte die Aufgaben. Er selbst würde das Manöver durchführen, Lazutkin sollte durch eine Luke der Station schauen und an ihn berichten, wie Progress herankam, während Foale die Aufgabe hatte, in das weit entfernte Kvant-Modul zu schweben. Er sollte von dort aus mit Hilfe eines Lasers bestimmen, wie weit Progress noch entfernt war. Tsibliyev würde durch Fernsteuerung den Raketenmotor der Progress steuern. Als Hilfe zum Heranführen von Progress und zur Kontrolle der Raumkapsel stand ihm lediglich ein TV-Monitor zur Verfügung, der ein sehr verschwommenes Bild zeigte.

Bis Mittag hatten die drei Astronauten ihre Vorbereitungen abgeschlossen. Tsibliyev übernahm per Fernsteuerung die Kontrolle von Progress. Sein Bildschirm zeigte ein kleines verschwommenes Bild von der Mir, das Ziel für Progress. Der Amerikaner war skeptisch, aber der russische Kommandant schien die Aufgaben meistern zu können. Er zündete den Raketenmotor der Raumkapsel.

Als Progress noch etwa 1 100 Meter weit entfernt war, bemerkte Tsibliyev, daß die Sonnenpaddel auf seinem Bildschirm größer waren, als sie sein sollten. Er äußerte sich gegenüber seinen Kameraden dazu nicht und leitete rasch ein Bremsmanöver ein. Progress kam immer noch viel zu schnell heran, und Tsibliyev drückte wieder auf seinen Hebel, um erneut zu bremsen. Die Raumkapsel wurde nicht merklich langsamer.

Der Kommandant schickte Foale in das Kvant-Modul, um die Entfernung zu messen. Der Amerikaner führte den Auftrag aus, konnte Progress aber nicht sehen. Er schwebte daraufhin wieder zurück zur Zentrale. Auch der zweite russische Astronaut, Sasha Lazutkin, konnte von seiner Luke aus die Raumkapsel nicht erkennen.

Ganz anders sah es hingegen auf dem Bildschirm vom Tsibliyev aus. Dort füllte die Mir plötzlich den ganzen Bildschirm aus. Progress war höchstens noch 45 Meter von ihnen entfernt. Der Kommandant verlangte hastig eine weitere Entfernungsmessung. Während sich der Amerikaner auf den Weg machte, schaute Lazutkin aus dem Fenster. Progress war bereits heran geflogen. Tsibliyev forderte den Amerikaner auf, in die Rettungskapsel zu gehen.

Das war ein ungewöhnlicher Befehl. Die Mir befand sich seit elf Jahren in einer Umlaufbahn um unseren Planeten, und während dieser langen Zeit war die Besatzung nie in die Rettungskapsel umgestiegen. Die Lage mußte also wirklich ernst sein.

Während sich Foale auf dem Weg zum Soyuz-Modul befand, hörte er, wie die Luft aus ihrer Station entwich. Wenig später ging ein Alarm an. Der Computer der Mir hatte den Druckabfall ebenfalls notiert.

Als Foale Soyuz erreichte, wunderte er sich über die Kabelbäume, die quer durch die Luke Soyuz mit der Mir verbanden. Wenn sie zur Erde starten wollten, mußte er diese Kabelverbindungen zuerst trennen. Während der Amerikaner an der Arbeit war, tauchte Lazutkin auf und machte sich daran, die Kabelverbindungen zum Spektr-Modul zu trennen. Zuerst verstand Foale das nicht, aber der Russe schien anzunehmen, daß sich das Leck im Spektr-Modul befand, und sie die Station retten konnten, wenn sie die Schleuse zu diesem Modul schlossen.

Lazutkin erklärte seinem amerikanischen Kollegen schließlich, daß er gesehen hatte, wie Progress das Spektr-Modul gerammt hatte. Sie machten sich an die Arbeit und schafften es innerhalb einer halben Stunde, alle Kabel zu trennen und die Schleuse zu schließen.

Tsibliyev hätte die Mir nun am liebsten aufgegeben, und in den USA hätte die Bodenstation den Wunsch eines Astronauten auch respektiert. Nicht so in Russland. Der Kommandant bekam den Befehl, an Bord zu bleiben. Sie mußten einen Weg finden, ihre Atemluft zu erneuern und die Luft zu ersetzen, die durch das Leck entwichen war.

Kehren wir zurück von unserem Ausflug in die bemannte Raumfahrt und wenden uns wieder unbemannten Flugkörpern zu. Die neueren Satelliten werden durch drei Achsen stabilisiert, also *Roll, Pitch* und *Yaw,* was in *Abb. 2.11* gezeigt wird.

Die Einhaltung der richtigen Position und Bahn ist eine Aufgabe, die vom Computer eines Satelliten programmgesteuert erfolgt. So lange keine Sensoren ausfallen oder falsche Werte liefern, ist das eine Routineaufgabe. Andererseits ist die richtige Position besonders dann wichtig, wenn es sich um einen direkt strahlenden Fernsehsatelliten handelt. Die Zuschauer auf der Erde mit ihren Satellitenschüsseln erwarten den Satelliten stets auf der gleichen Position, und der Programmanbieter ist sicherlich nicht bereit, dem Satelliteneigner für einen über das Firmament wandernden Satelliten Gebühren zu zahlen. Deshalb müssen von Zeit zu Zeit Korrekturen ausgeführt werden. Dabei wandert ein solcher Satellit sehr wenig in der Ost-West-Richtung, um so mehr allerdings in der Nord-Süd-Richtung.

Tabelle 2.6 zeigt die Aufteilung des Treibstoffs an Bord eines solchen Fernsehsatelliten für die verschiedenen Aufgaben.

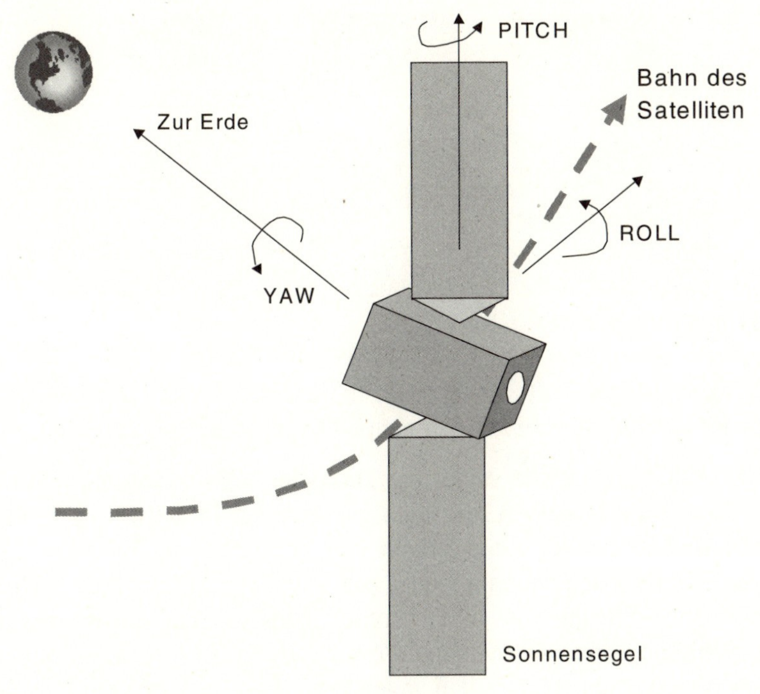

Abb. 2.11: Drei-Achsen-stabilisierter Satellit [1]

Tabelle 2.6: Verwendung des Treibstoffs an Bord eines Satelliten [2]

Aufgabe	**Anteil des Treibstoffverbrauchs in Prozent**
Nord-Süd-Korrektur	82
Ost-West-Korrektur	8
Sonstige Positionsveränderungen	4
Korrektur von Fehlern beim Start	5
Neuer geostationärer Standort	1

Wenden wir uns damit der Energieversorgung von Satelliten zu. In aller Regel wird es sich dabei um eine Kombination von Solarzellen und Batterien handeln. Atomreaktoren sind bei kommerziellen Satelliten nicht üblich. Allerdings ist nicht auszuschließen, daß tief fliegende Spionagesatelliten durch Atomenergie versorgt werden. Ansonsten findet man Atomreaktoren vor allem bei Missionen zu fernen Planeten. Dort ist die Strahlung der Sonne naturgemäß weniger stark als bei den inneren Planeten unseres Sonnensystems.

Sonnenpaddel oder Sonnensegel, wie man in den USA sagt, bestehen aus einer Vielzahl einzelner Sonnenzellen, die zusammengeschaltet werden, um eine

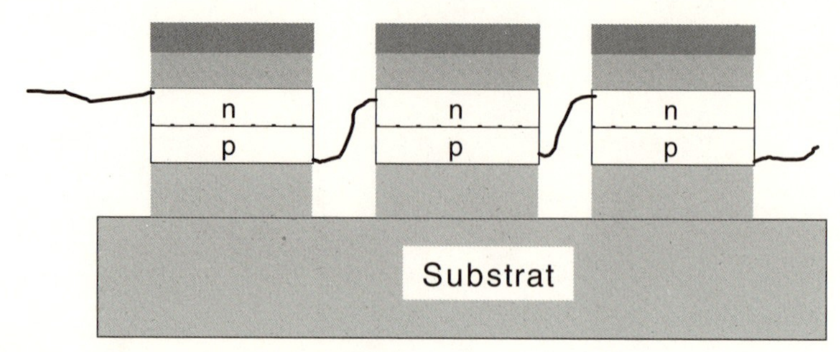

Abb. 2.12: Aufbau von Sonnenzellen [4]

Leistung von ein paar Watt bis zu einigen Kilowatt zu erzeugen. *Abb. 2.12* zeigt einen Ausschnitt aus einem Sonnenpaddel mit drei Sonnenzellen.

Das Herz jeder Sonnenzelle bildet ein Halbleiter. Als Materialien kommen dabei im Grundsatz dieselben in Frage, wie man sie in den Prozessoren von Computern findet, also vor allem *Silicon*. Zur Impfung wird Boron oder Phosphor verwendet. Bei den neueren Typen von Solarzellen findet man auch Galiumarsenid. Beim Einsatz von *Silicon* kommt man auf Ausbeuten von 0,5 bis 0,6 Volt, wenn die Sonne das Element direkt bestrahlt. In *Tabelle 2.7* sind Ausbeuten für verschiedene Materialien angegeben.

Tabelle 2.7: Leistung von Sonnenzellen [4]

Sonnenpaddel	**Typ**	**Leistung [kW]**	**Ausbeute [kg/kW]**	**Ausbeute [W/m^{2}]**
FRUSA von Hughes	Flexibel zum Ausfalten	1,1	29,2	67
DORA von AEG	Flexibel zum Ausrollen	6,6	24,9	82,5
SEPS	Flexibel zum Ausfalten	25	15,2	130
TC1	Zum Ausfalten	1,1	47,3	66

Schäden durch Strahlung stellen für Sonnenzellen ein großes Problem dar. Silizium ist in dieser Hinsicht widerstandsfähiger als *Silicon*. Es ist zweckmäßig, die N-Schicht der Sonnenzellen auf der Oberseite zu plazieren, weil dadurch weniger Strahlenschäden auftreten. Dünne Zellen sind weniger anfällig als dicke; sie sind allerdings auch weniger effizient. In das Material Galiumarsenid setzt man für die Zukunft große Hoffnungen, obwohl es schwierig zu bearbeiten ist, und es dafür nicht viele Hersteller gibt.

Wie viel Energie man mittels Sonnenzellen erzeugen kann, hängt natürlich von der Fläche ab, die zur Verfügung steht. *Abb. 2.13* zeigt dies für einen geostationären Satelliten der ersten Generation.

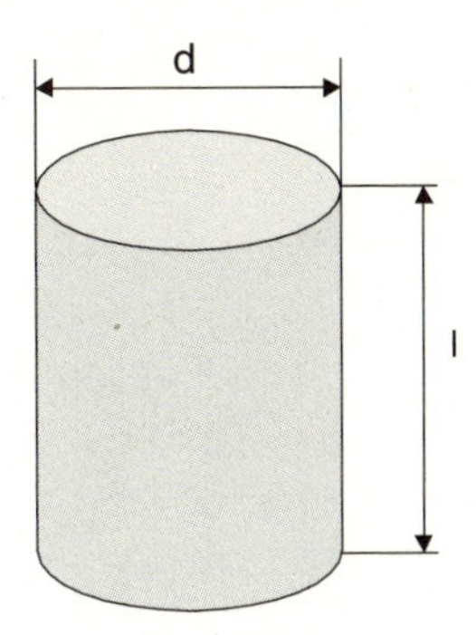

Abb. 2.13: Oberfläche eines Satelliten

Wenn *l* die Länge des Zylinders und *d* den Durchmesser darstellen, kann man folgende Rechnung ausmachen:

Fläche des Zylinders	$A = d \times l \times \pi$
Auf eine Ebene projizierte wirksame Fläche	$A_w = d \times l$
Verhältnis von wirksamer Fläche zur Gesamtfläche	$1 / \pi$

Bei einem Satelliten dieser Bauart dreht sich der Zylinder ständig, so daß alle Sonnenzellen gleichmäßig von der Sonne bestrahlt werden. Bei anderen Bauarten von Satelliten muß man zusätzlich berücksichtigen, wie das Sonnenpaddel in Bezug auf die Sonne steht. Die maximale Ausbeute an Energie wird nur dann erreicht, wenn die Sonnenstrahlen im rechten Winkel auftreffen.

Die erzeugte Energie von Sonnenzellen, ob sie nun auf einem Zylinder aufgebracht sind oder auf der flachen Oberfläche eines Sonnenpaddels montiert wurden, variiert mit der Jahreszeit. Die Bahnebene eines geostationären Satelliten wird gegenüber der Ebene Erde-Sonne immer um 23,5 Grad geneigt sein. Das bedeutet, daß ein derartiger Satellit Jahreszeiten kennt wie wir auf der Erde. Die beste Zeit für die Energieausbeute ist dabei Frühling oder Herbst, denn in diesen Monaten treffen die Sonnenstrahlen in einem Winkel von neunzig Grad auf.

Die Verhältnisse sind in *Abb. 2.14* dargestellt.

Im Sommer und Winter treffen die Sonnenstrahlen schräg auf das Sonnenpaddel, was die Effizienz reduziert. Der schlechteste Tag ist immer die Sonnenwende. Dann reduziert sich die Ausbeute auf rund neunzig Prozent der maximalen Leistung.

Bei Satelliten auf nicht-geostationären Bahnen können sich die Verhältnisse noch weit ungünstiger darstellen, weil ein Satellit dieser Art unter Umständen lange Zeit auf der Nachtseite unseres Planeten operieren muß. In dieser Zeit werden die Sonnenzellen keine Energie liefern, und der Satellit ist auf seine

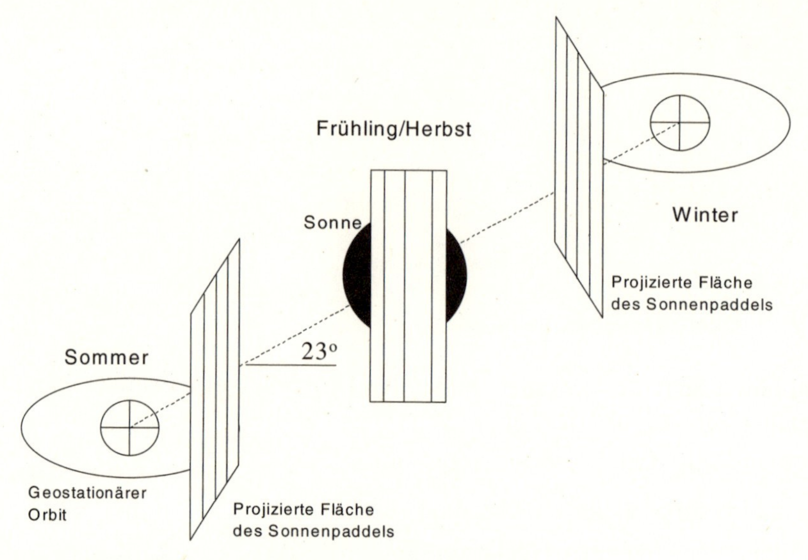

Abb. 2.14: Jahreszeiten für geostationäre Satelliten [2]

Batterien angewiesen. Kommen wir damit zu unserer zweiten Energiequelle. Für Batterien sind eine Reihe von Bauarten im Einsatz. Bei Satelliten auf geostationären Bahnen springen Batterien als sekundäre Energieversorgung dann ein, wenn kurzzeitig keine Sonnenenergie zur Verfügung steht. Die Länge solcher Perioden ohne direkte Sonneneinstrahlung hängt von der Jahreszeit ab. Maximal kann man mit 1,2 Stunden rechnen.

Bei Satelliten in erdnahen Orbits (LEO) muß man dagegen damit rechnen, daß für bis zu vierzig Prozent einer Erdumrundung keine Sonnenstrahlung zur Verfügung steht. Solche Betriebsbedingungen führen dazu, daß die Batterien jedes Satelliten fünftausend bis sechstausend Mal geladen und wieder entladen werden. Für LEO-Satelliten werden Batterietypen gebraucht, die viele Ladungszyklen bei nicht vollständiger Entladung der Batterie aushalten, während auf der anderen Seite für Satelliten in geostationären Bahnen Batterien verlangt werden, die wenige, fast vollständige Entladungen vertragen.

Diese Anforderungen haben dazu geführt, daß derzeit für Satelliten auf geostationären Bahnen Nickel-Wasserstoffbatterien eingesetzt werden. Für Satelliten vom Typ LEO kommen Nickel-Cadmium und Nickel-Wasserstoff-Batterien zum Einsatz. Ein begrenzender Faktor für die Lebensdauer der Batterie und damit letztlich auch für den gesamten Satelliten ist auch die Zahl der Lade-Entlade-Zyklen. In *Tabelle 2.8* sind die verwendeten Arten von Batterien und ihre wesentlichen Eigenschaften aufgeführt.

Tabelle 2.8: Batterietypen, Leistung und Lebensdauer [4]

Batterietyp	**Leistung [Wh/kg]**	**Lebensdauer oder Zyklen**
Ni-Cd	4 – 9	30 000 Zyklen für LEO
Ni-Cd	11	300 Zyklen oder 3,5 Jahre für GEO
Ag-Zn	53	2,5 – 4,5 Jahre
Ni-H_2	33	> 650 Zyklen
Ag-H_2	66	> 900 Zyklen
Li-FeS	< 77	> 500 Zyklen
Na-S	120	170 Zyklen

Die Entwicklung auf dem Gebiet der Batterien geht weiter mit dem Ziel, höhere Ausbeuten an Energie bei gleichzeitiger Gewichtsverringerung zu erzielen. In *Abb. 2.15* ist gezeigt, wie Batterien und Sonnenzellen innerhalb eines Satelliten zusammengeschaltet werden.

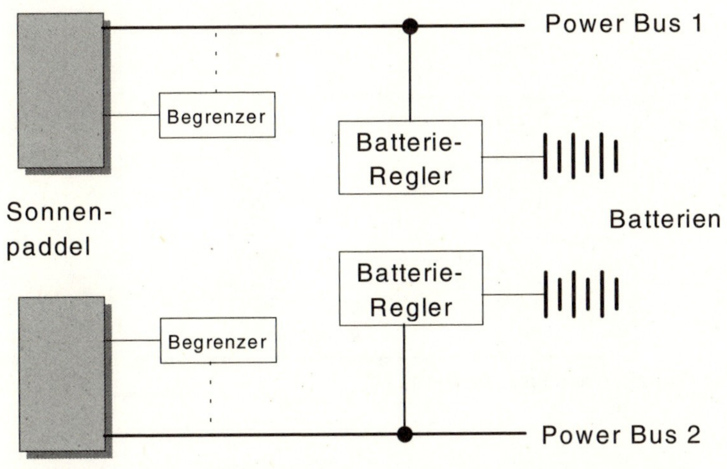

Abb. 2.15: Batterien und Sonnenzellen als Teil einer Energieversorgung [2]

Eine dritte Möglichkeit zur Energieversorgung eines Satelliten stellen Brennstoffzellen dar. Dies ist eine relativ neue Entwicklung, obwohl man sich selbst auf der Erde im Bereich der Automobilindustrie inzwischen für diese Technologie zu interessieren scheint. Bei einer Brennstoffzelle wird die chemische Energie eines Oxidationsprozesses direkt in elektrische Energie umgesetzt. Vom Standpunkt eines Systemingenieurs aus [5] liegt der Vorteil von Brennstoffzellen in ihrer Flexibilität. Sie können Tag und Nacht eingesetzt werden, ihre Energiedichte ist hoch, sie lassen sich kompakt bauen und sind überall leicht unterzubringen. Der offensichtliche Nachteil liegt darin, daß zusätzlicher Treibstoff mitgeführt werden muß.

Eine Ausprägung der Brennstoffzelle benutzt als Treibstoff Wasserstoff, der mit Sauerstoff unter Erzeugung von Energie zu Wasser verbrennt. Wasser an Bord eines Satelliten ist offensichtlich dann von Vorteil, wenn es sich um eine bemannte Mission handelt. Die Mannschaft kann es trinken. In *Abb. 2.16* ist eine Brennstoffzelle dargestellt.

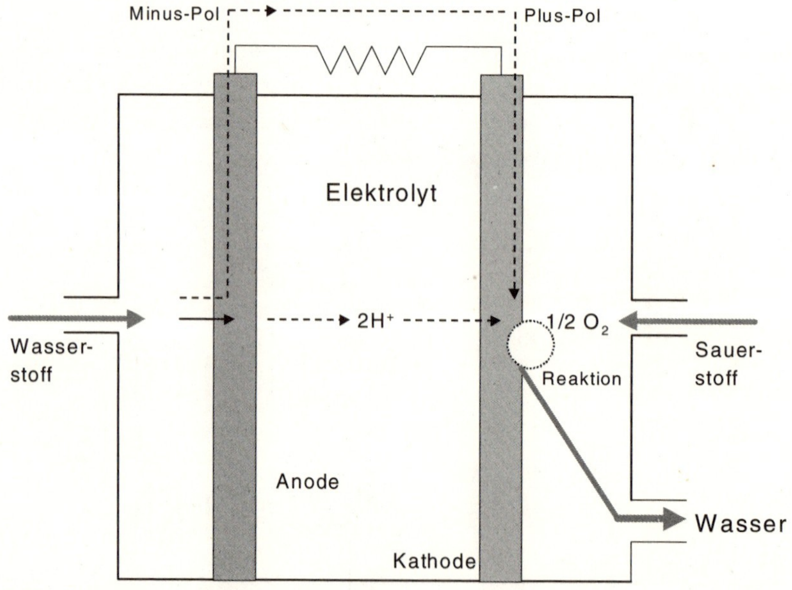

Abb. 2.16: Prinzip einer Brennstoffzelle [4]

Mit einer Brennstoffzelle dieses Typs können theoretisch bei einer Umgebungstemperatur von 25 Grad 1,229 Volt erzeugt werden. Die Reaktion tritt spontan ein. In der Praxis ist mit Verlusten zu rechnen, und der erreichte Wert liegt zwischen 0,6 und 1,0 Volt. Brennstoffzellen wurden erstmals bei der Gemini-Mission der NASA eingesetzt, fanden bei der Landung auf dem Mond Verwendung und tun derzeit im Space Shuttle weiterhin ihren Dienst. *Tabelle 2.9* zeigt typische Werte für diese Technologie.

Tabelle 2.9: Kennzahlen von Brennstoffzellen [4]

Mission oder Technologie	Spez. Leistung [W/kg]	Lebensdauer
Gemini	33	-
Apollo	25	-
Space Shuttle	275	2500 Std.
SPE Technologie	110 – 146	> 40 000 Std.
Alkalin-Technologie	367	> 3 000 Std.
Alternative Alkalin-Technologie	110	> 40 000 Std.
Entwicklungsziel	550	-

Erste Brennstoffzellen für das amerikanische Raumfahrtprogramm basierten auf der *Solid Polymer Electrolyte* (SPE) Technologie. Für das Gemini-Programm wurde ein Kilowatt produziert, wobei das Volumen dieser Einheit 0,05 Kubikmeter betrug. Für das Space Shuttle stehen inzwischen rund zwölf Kilowatt Leistung zur Verfügung. Dieses Gerät benötigt eine Warmlaufzeit von einer Viertelstunde und kann ohne Verzögerung abgeschaltet werden.

Die vierte Energiequelle stellt Atomenergie dar. Obwohl sie nicht unproblematisch ist, bleibt bei manchen Missionen mit hohem Bedarf an Energie den Entwicklungsingenieuren keine Wahl: Sie müssen diese Energieform wählen. Die bereitgestellte Energie eines Atomreaktors hängt vom gewählten Brennstoff, dessen Halbwertszeit sowie der Zeit ab, die seit dem Start vergangen ist. Die Beziehung ist in Gleichung 2.11 dargestellt.

$$P_t = P_0 \, e^{\left(\frac{-0{,}693}{\tau_{1/2}} t\right)} \qquad [2.11]$$

wobei

P_t: Energieerzeugung zum Zeitpunkt t

P_0: Energieerzeugung zum Startzeitpunkt

$\tau_{1/2}$: Halbwertzeit des Kernbrennstoffs

t: Zeit

Kernbrennstoffe mit kurzer Halbwertzeit liefern hohe Energieausbeuten, bedingen auf der anderen Seite allerdings kurze Missionen. In *Tabelle 2.10* sind typische Kennzahlen für eine Reihe von Kernbrennstoffen angegeben.

Tabelle 2.10: Brennstoffe für Reaktoren in Satelliten [4]

Isotop	Form des Brennstoffs	Leistungsdichte [W/g]	Halbwertzeit [Jahre]
Polonium 210	GdPo	82	0,38
Plutonium 238	PuO_2	0,41	86,4
Curium 242	Cm_2O_3	98	0,4
Strontium 90	SrO	0,24	28,0

Die Atomreaktoren in Satelliten werden stets stark gekapselt, um ein Entweichen von Plutonium oder anderer Stoffe beim Wiedereintritt in die Erdatmosphäre zu vermeiden. Bisher ist kaum ein Unfall mit dieser Technologie bekannt geworden. Für Kernreaktoren im Bereich der Raumfahrt werden die folgenden Vorteile genannt:

1. Keine Abhängigkeit von der Bahn des Satelliten
2. Tauglich für Missionen auf der Rückseite des Mondes und im Nachtschatten der Erde
3. Die einzige Energiequelle für sonnenferne Missionen
4. Bereitstellen von Energie für sehr lange Zeit
5. Keine Beeinträchtigung durch Strahlung im Van Allen Belt

Von Missionen, bei denen Atomreaktoren eingesetzt wurden, sind die folgenden Leistungsdaten bekannt (siehe *Tabelle 2.11*).

Tabelle 2.11: Ausbeute bei Atomreaktoren [4]

Mission	Leistung [W]	Leistungsdichte [kg/kW]
Galileo Raumsonde, Ulysses	285	195
Nimbus, Viking, Pioneer	35	457
Apollo-Lander	25	490

Verlassen wir damit den Bereich der Energieversorgung und wenden uns dem Subsystem Telemetrie, Command & Control zu. Hier geht es darum, sich zum einen in der Kontrollstation am Boden einen Überblick über den Zustand eines Satelliten zu verschaffen. Das kann nur geschehen, wenn Meßwerte von den Systemen und Subsystemen des Satelliten zur Verfügung stehen. Zum anderen müssen alle Aufgaben, soweit sie nicht automatisiert und in der Software des Bordcomputers verankert sind, von der Kontrollstation am Boden aus initiiert werden.

Falls der Satellit keine Einrichtungen zur automatischen Bahnkorrektur besitzt, kann es vorkommen, daß er von der Bodenstationen aus mittels RADAR verfolgt wird. Bei Abweichungen von der gewünschten Bahn werden dann von der Kontrollstation aus Korrekturmanöver veranlaßt. Zu den Telemetriedaten eines Satelliten können gehören:

1. Temperatur in bestimmten Subsystemen oder Teilen des Satelliten, etwa in den Sonnenzellen, an Steuerdüsen oder in Tanks
2. Druck in Treibstofftanks oder in gekapselten Subsystemen
3. Status bestimmter Subsysteme, Geräte oder Ventile, oft lediglich in der Form An/aus.
4. Informationen zum aktiven System beim Einsatz mehrerer, redundanter Systeme
5. Status eines Mechanismus, zum Beispiel zum Ausfahren von Sonnensegeln

In der Regel wird ein kommerzieller Satellit unter der Kontrolle des Herstellers bleiben, bis er seine endgültige Position im Orbit erreicht hat. Seine Systeme und Subsysteme werden getestet, während er sich im Transfer-Orbit befindet. Sind alle Systeme in Ordnung, wird er an den Auftraggeber übergeben. Eine andere Kontrollstation auf der Erde übernimmt das Kommando über den Satelliten.

Die Übertragung von Kommandos zu einem Satelliten muß in einer Form erfolgen, die wenig Spielraum für Fehler läßt. Deshalb werden Parity Bits verwendet, oder es kommt ein Algorithmus zum Einsatz, mit dem falsche Bits erkannt werden können. In solchen Fällen ist eine erneute Übertragung der Nachricht oder eines Teils der Nachricht notwendig.

Obwohl die Hersteller und Betreiber von kommerziellen Satelliten dafür sorgen, daß Kommandos durch bestimmte Codes gekennzeichnet werden, die nicht öffentlich zugänglich sind, ist die Übernahme der Kontrolle über einen Satelliten durch eine dritte Partei nicht vollkommen ausgeschlossen. Das zeigt die folgende Begebenheit.

Fall 2-2: Captain Midnight [7]

Ein in den Medien wenig beachteter, aber nicht unwesentlicher Vorfall ereignete sich bereits im Jahr 1986 . Dazu muß man wissen, daß die meisten Fernsehprogramme in den USA immer noch umsonst sind. Die drei großen Fernsehgesellschaften NBC, CBS und ABC verlangen keine Gebühren, sondern finanzieren ihr Programm ausschließlich durch Werbeeinnahmen. Das hat sicherlich auch Auswirkungen auf die Qualität des Programmangebots.

Zum Beispiel bringt keiner der großen Sender in der Hauptsendezeit (*prime time*) zwischen 19 und 23 Uhr Nachrichten.

Auch postalische Bestimmungen für den Fernsehempfang gibt es in Amerika nicht. Die amerikanische Post ist für das Gebiet Telekommunikation, Radio und Fernsehen nicht einmal zuständig. In der Anfangszeit war auch der Empfang des Programms von direkt strahlenden Fernsehsatelliten umsonst. Gerade in ländlichen und schwach besiedelten Gegenden der USA findet man oft eine große Parabolantenne zum Fernsehempfang in den Hinterhöfen der Anwesen.

Dann gingen die Anbieter dieser Programme dazu über, die von den Fernsehsatelliten übertragenen Signale zu verschlüsseln. Sie boten den Fernsehzuschauern ein Gerät zur Entschlüsselung für $395 als Kaufpreis und zusätzlich eine monatliche Gebühr von $12.95 für das Programm an.

Naturgemäß sahen das die Zuschauer nicht gerne. Warum sollten sie für etwas Geld zahlen, das bisher umsonst gewesen war? – Die Volksseele kochte. *Home Box Office* (HBO), der größte Anbieter von Satellitenprogrammen und ein Betreiber von Kabelnetzen, erhielt Drohungen. Dem Konkurrenten *Showtime/Movie Channel* ging es nicht viel besser. Trotz dieser negativen Reaktionen aus dem Kreis der Zuschauer verschlüsselte HBO ab dem 15. Januar 1986 sein Fernsehprogramm. Die Reaktion ließ nicht lange auf sich warten.

Im April 1986 schlugen die Zuschauer zurück. Eine halbe Stunde nach Mitternacht wurde ein Spielfilm von HBO, nämlich *The Falcon and the Snowman*, gewaltsam unterbrochen. Die folgende Nachricht erschien auf den Bildschirmen der Zuschauer in der gesamten östlichen Hälfte der USA:

```
Goodevening HBO

From Captain Midnight

$12.95 a month?

NO WAY!

(Showtime/Movie Channel beware).
```

Da hatte offensichtlich ein Zuschauer seinen Unmut über die neue Gebührenpolitik von HBO auf drastische Weise unter das Volk gebracht. Diese Meldung erschien für volle fünf Minuten auf den Bildschirmen von potentiell 14,6 Millionen Haushalten.

Der Vorfall wurde natürlich untersucht. Offensichtlich hatte sich ein Fachmann oder begabter Amateur mit einer entsprechenden Ausrüstung so in das von HBO zu dem Fernsehsatelliten im Weltraum gesendete Signal eingeblendet, daß sein Signal von dem Empfänger im Satelliten als das richtige Signal identifiziert wurde, was mit einem starken Sender durchaus möglich ist.

Der von der Firma *Hughes* gebaute Satellit GALAXY I steht auf einer festen Position 22 300 Meilen über der Erde. Solche Satelliten dienen der Übertragung von Fernsehprogrammen, Telefongesprächen und der Datenübertragung zwischen Computern. Das Militär benutzt sie zur Navigation und Nachrichtenübermittlung, einschließlich der Daten von Spionagesatelliten wie KH-11.

Der Vorfall ließ sicher einige Alarmglocken in Washington und Fort Meade klingeln. Militärische Nachrichtensatelliten benutzen zwar andere Frequenzen und sind vermutlich besser abgesichert, aber niemand wollte ganz ausschließen, daß so ein Vorfall auch bei den Satelliten des Pentagon und der NSA möglich wäre.

Die Suche nach dem Täter gestaltete sich schwierig, da die Sendestation in ganz Nordamerika hätte plaziert sein können. Die für die Nachricht verwendeten Schriftzeichen bzw. der verwendete Zeichengenerator brachte die Behörden auf die Spur. Auch die notwendigen Fachkenntnisse halfen, den Kreis der Täter auf etwa fünfhundert Personen einzuengen. Schließlich wurde ein Fernsehtechniker in Florida verhaftet. Er gab die Tat zu und erklärte, daß er auf die seiner Meinung nach verfehlte Gebührenpolitik von HBO aufmerksam machen wollte.

Dieser Vorfall sollte nicht unterschätzt werden. Unsere Abhängigkeit von Satelliten für die Übertragung von Nachrichten ist groß, und sie nimmt weiter zu. Es bedarf gar keiner exotischen Waffen wie Laserkanonen, um diese Satelliten zu zerstören. Eine Ausrüstung im Wert von 60 000 Dollar, deren Verkauf keinerlei Beschränkungen unterliegt, genügt. Auch Oberst Gaddafi hätte auf diese Weise seine Botschaft in die Wohnzimmer der amerikanischen Familien senden können.

Die Signale für die Steuerung des Satelliten kommen im Prinzip auf demselben Weg zu dem Empfänger im Weltraum wie ein Fernsehprogramm, nur ist der Code eben anders. Wer das aber weiß, kann den Satelliten auch aus seiner Bahn manövrieren oder die Sonnenpaddel der Erde zuwenden. Auf diese Weise läßt sich ein mehrere Millionen Mark teurer Satellit leicht unbrauchbar machen. Unsere Nachrichtenkanäle sind also weit weniger sicher, als so mancher glauben mag.

Die Antriebe von Satelliten unterscheiden sich nicht grundsätzlich von Antrieben für Raketen, obwohl sie natürlich um Größenordnungen geringer sind. Ein besonderer Schwerpunkt bei der Entwicklung und dem Bau von Satelliten muß die Qualität und Zuverlässigkeit [5] bilden. Dazu kommen Methoden wie *Failure Mode Effects and Criticality Analysis* (FMECA) zum Einsatz. Falls durch konstruktive Methoden ein Bauteil oder Subsystem nicht mit einer genügend hohen Zuverlässigkeit hergestellt werden kann, müssen die Konstrukteure redundante Systeme vorsehen. Weil in der Raumfahrt das Gewicht des Satelliten einen begrenzenden Faktor darstellt, sind das zuweilen schwierige Entscheidungsprozesse. Nicht selten ist eine Mission an einem winzigen Bauteil gescheitert. Denken wir nur an einen Bolzen, der klemmt und damit das Ausfahren der Sonnensegel verhindert. Auf der anderen Seite gibt es viele Beispiele, in denen Satelliten weit länger in Betrieb waren, als das bei ihrem Entwurf vorgesehen war.

2.3 Frequenzen

Die Auswahl einer geeigneten Frequenz kann für den Erfolg eines Unternehmens, das mit Hilfe eines Satelliten eine Reihe von Fernsehprogrammen, Telefondienste oder ähnliche Services anbieten will, entscheidend sein. Das gilt um so mehr, weil die Frequenzen inzwischen knapp werden. Interferenzen und Störungen zwischen verschiedenen Sendern müssen vermieden werden. Für die Verteilung von Frequenzen im internationalen Rahmen ist die International Telecommunication Union (ITU) in Genf zuständig. Um eine gewisse Ordnung zu schaffen, wurde die Welt für die Zwecke der Telekommunikation in drei Regionen aufgeteilt.

- Region 1: Europa, Afrika, Sowjetunion und ihre Nachfolgestaaten, und die Mongolei
- Region 2: Nord- und Südamerika sowie Grönland
- Region 3: Asien mit Ausnahme der Länder, die in Region 1 liegen, Australien und der südliche Pazifik

Innerhalb dieser Regionen der ITU werden Frequenzbänder verschiedenen Organisationen, Unternehmen und Dienstbetreibern zugeteilt. Es kann allerdings durchaus vorkommen, daß eine bestimmte Dienstleistung in verschiedenen Regionen unterschiedliche Frequenzbänder nutzt. Denken wir in diesem Zusammenhang an mobile Telefone: Ein Handy, das in Europa auf einer bestimmten Frequenz sendet, ist in den USA nicht ohne weiteres zu verwenden, weil dort eine unterschiedliche Frequenz für denselben Service verwendet wird. Unter den Dienstleistungen wären zu nennen:

- Direkt strahlende Fernsehsatelliten
- Telefonate über Satelliten
- Spezialisierte Dienstleistungen über Satellit, zum Beispiel Paging
- Satellitennavigation
- Meteorologische Daten über Satellit
- Dienstleistungen für bestimmte Branchen, etwa die Schiffahrt

Die Dienstleistungen sind vielfältig, und es kann auch vorkommen, daß etwa ein Fernsehprogramm sowohl im C-Band als auch im K_u-Band gesendet wird. Die Buchstaben K, L und C für bestimmte Frequenzbänder stammen noch aus dem 2. Weltkrieg. Aus Gründen der Geheimhaltung verwendete man lediglich diese Buchstaben, ohne die Frequenzen explizit zu nennen. Inzwischen hat man für diese Frequenzbänder bestimmte Werte festgelegt.

Im K-Frequenzspektrum steht K_u für *unter* dem eigentlichen K-Band, während K_a für *above K* steht. Das K_u-Band wird hauptsächlich für direkt strahlende Fernsehsatelliten benutzt. Dies trifft auch auf das C-Band zu. Das VHF-Band wird für Datentransfers und im Bereich von Wettersatelliten eingesetzt. Das X-Band wird in großem Umfang von den US-Streitkräften und der NATO benutzt, während das S-Band zum Teil von der NASA verwendet wird.

Abb. 2.17 zeigt die wichtigsten Frequenzbänder, vor allem die erst neu hinzu gekommenen im Gigahertzbereich, und ihre wichtigsten Nutzer.

Im Kilohertzbereich sind in erster Linie VHF und UHF zu nennen, die bereits seit Jahrzehnten im Bereich von Rundfunk und Fernsehen im Einsatz sind. *Tabelle 2.12* zeigt alle Frequenzen im Zusammenhang.

Tabelle 2.12: Frequenzbänder [1]

Frequenzbezeichnung	**Bereich in Gigahertz**
VHF	0,1 – 0,3
UHF	0,3 – 1,0
L	1,0 – 2,0
S	2,0 – 4,0
C	4,0 – 8,0
X	8,0 – 12,0
K_u	12,0 – 18,0
K	18,0 – 24,0
K_a	24,0 – 40,0
mm	40,0 – 100,0

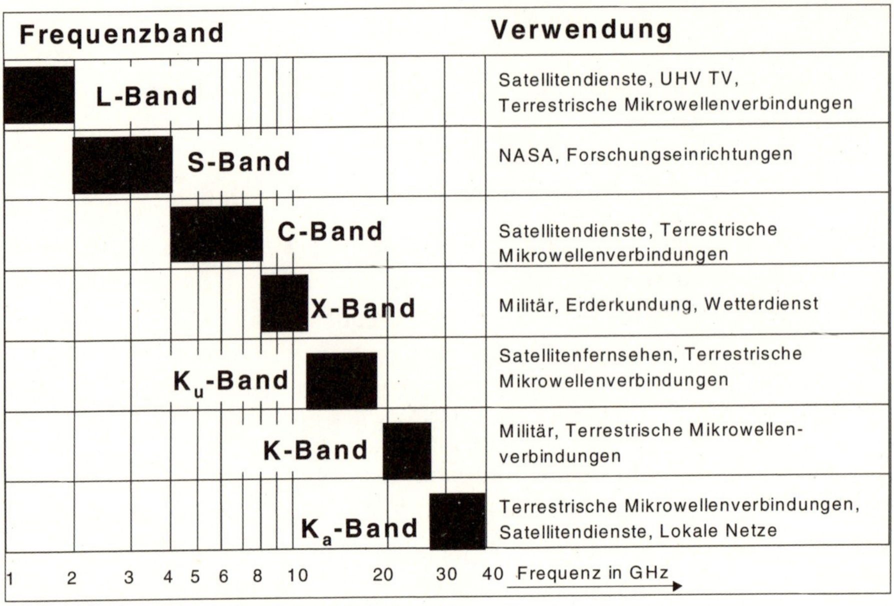

Frequenzband	Verwendung
L-Band	Satellitendienste, UHV TV, Terrestrische Mikrowellenverbindungen
S-Band	NASA, Forschungseinrichtungen
C-Band	Satellitendienste, Terrestrische Mikrowellenverbindungen
X-Band	Militär, Erderkundung, Wetterdienst
K_u-Band	Satellitenfernsehen, Terrestrische Mikrowellenverbindungen
K-Band	Militär, Terrestrische Mikrowellenverbindungen
K_a-Band	Terrestrische Mikrowellenverbindungen, Satellitendienste, Lokale Netze

1 2 3 4 5 6 8 10 20 30 40 Frequenz in GHz

Abb. 2.17: Frequenzbänder und Services [8]

Die Frequenzbezeichnungen werden von Spezialisten im Bereich von Radaranlagen und von Fachleuten im Bereich der Telekommunikation nicht immer gleich benutzt. Es ist daher oft ratsam, direkt nach der Frequenz zu fragen.

Kommen wir damit zu den einzelnen Frequenzbändern. Das **L-Band** nimmt den Bereich zwischen eins und zwei Gigahertz ein und wurde zum ersten Mal gegen Ende der siebziger Jahre benutzt. Zunächst wurden von der ITU nur zwei Bereiche von je 30 MHz für den Uplink und Downlink von Satelliten freigegeben. Der erste Satellit, der das Band nutzte, hieß COMSAT. Es handelte sich dabei um einen Satelliten, der in erster Linie für die US-Marine eingesetzt wurde. Im Laufe der Jahre erwies sich, daß das L-Band für die Übertragung von Fernsehprogrammen tauglich war, und in den USA fand man in ländlichen Regionen mehr und mehr Fernsehschüsseln auf den Dächern der Häuser. Diese ersten Parabolantennen waren groß, die Ausrüstung war schwer zu beschaffen, und die Installation bedurfte gewisser Fachkenntnisse.

Heute wird das L-Band vor allem im Bereich der Mobiltelefone und für den Funksprechverkehr mit den Fahrern von Lastwagen und anderen Fahrzeugen eingesetzt. Die Signale im L-Band werden durch Regen nicht beeinflußt und gestört, aber es kann zu einer Beeinträchtigung des Signals in der Ionosphäre kommen. Dies führt dazu, daß das Signal gespalten wird und beim Empfänger in zwei Teilen ankommt: Als direktes Signal vom Satelliten und ein abgelenktes Signal. Der Effekt tritt vorwiegend in der Nähe des Äquators auf und ist im Herbst und Frühling öfter zu beobachten als in den anderen Jahreszeiten.

Zusammengefaßt kann man sagen, daß es beim L-Band weniger ein technisches Problem als ein Problem der Nachfrage gibt: Es sind mehr Anwender und Applikationen vorhanden, die das L-Band nutzen wollen, als Frequenzspektrum vorhanden ist. Eine gewisse Erleichterung kann nur dadurch geschaffen werden, indem bisherige Nutzer ihre Anwendungen in andere Frequenzbereiche verlegen.

Kommen wir damit zum **S-Band**. Es wurde bereits relativ früh von der NASA okkupiert und wird immer noch vorwiegend von dieser Behörde genutzt. Allerdings beschränkt sich die Nutzung nicht auf die NASA, auch andere Weltraumorganisationen machen vom S-Band Gebrauch. Die Ionosphäre beeinflußt Signale im S-Band weniger stark als im darunter liegenden L-Band, und das Hintergrundrauschen ist geringer.

Anwendungen mit direkt strahlenden Fernsehsatelliten wurden in den vergangenen Jahren von der NASA und der indischen Raumfahrtbehörde erprobt. Die ITU hat nun einen Teil des Spektrums für Fernsehsatelliten und Applikationen für mobile Nutzer an Land freigegeben. Deswegen ist zu erwarten, daß dieses Band in Zukunft stärker kommerziell genutzt werden wird.

Für Satelliten, die nahe an der Erde operieren (LEO) und Satelliten auf mittleren Bahnen (MEO) stellt das S-Band eine Möglichkeit dar, um ihre Nutzer auf der Erde zu erreichen. Der Verlust in der Atmosphäre ist geringfügig niedriger als beim L-Band, und die Anpassung an das Terrain gelingt ebenfalls etwas schlechter als beim L-Band. Dieser kleine Nachteil kann jedoch durch eine stärkere Sendeleistung des Satelliten ohne große Mühe ausgeglichen werden.

Wenden wir uns dem **C-Band** zu. Während man diesen Bereich des Spektrums noch vor Jahren als nicht nutzbar betrachtete, hat sich das C-Band inzwischen zum am stärksten eingesetzten Bereich des Frequenzspektrums für direkt strahlende Fernsehsatelliten entwickelt. In letzter Zeit hat die ITU in Genf das ursprünglich zugewiesene Spektrum von 500 auf nahezu 800 MHz erweitert. Wenn man die duale Polarisation hinzu nimmt und für Satelliten in geostationärem Orbit mit einem Abstand von zwei Grad rechnet, dann kann man diese Zahl noch mit dem Faktor zwei und 180 multiplizieren. Falls man die geographischen Verhältnisse der Landmassen auf der Erde einbezieht, kommt ein weiterer Multiplikator hinzu, der zwischen zwei und fünf liegen dürfte. Damit ergibt sich eine totale Bandbreite von 568 GHz bis 1,44 THz.

Wir kommen damit in einen Bereich, in dem dieses Band durchaus mit optischen Datenträgern wie dem Glasfaserkabel konkurrieren kann. Und im Gegensatz zu einem Kabel kann diese gesamte Bandbreite mit nur einem Satelliten auf ein ganzes Land, sogar einen halben Kontinent, abgestrahlt werden.

Obwohl im C-Band viel Kapazität zur Verfügung steht, gibt es in gewissen Regionen doch Situationen, wo weitere Satelliten nur schwer unterzubringen sind. Für Nordamerika gibt es gegenwärtig 35 Fernsehsatelliten, die zusammen 70 Grad eines Kreises abdecken. Dadurch sah sich die Regulierungsbehörde FCC in den USA gezwungen, einen Abstand von zwei Grad zwischen solchen Satelliten verbindlich vorzuschreiben.

In Asien und Europa ist die Situation etwas besser, aber auch hier sind die begehrten Plätze im geostationären Orbit zunehmend rar. In Europa wird für direkt strahlende Fernsehsatelliten häufig das K_u-Band benutzt. Dadurch steigt der Bedarf im C-Band nicht so rasch wie in anderen Regionen der Welt. In Asien wohnen die Benutzer häufig in Gegenden nahe des Äquators, und dort ist aus technischen Gründen das C-Band vorzuziehen.

Das C-Band stellt einen guten Kompromiß zwischen den radiotechnischen Übertragungseigenschaften und der verfügbaren Bandbreite dar. Die Ionosphäre ist für das Signal kein Hindernis, und Regen beeinträchtigt den Empfang nicht. Der einzige Nachteil ist die Größe der Antenne. Allerdings ist das eher in der Stadt ein Argument gegen das C-Band als auf dem flachen Land.

Antennenschüsseln mit einem Durchmesser von zwei bis drei Metern sind üblich. Ein Grund für diese großen Antennen ist auch die relativ schwache Sendeleistung des Satelliten. Das C-Band wird auch für Richtfunkstrecken auf der Erde genutzt. Für die Betreiber von direkt strahlenden Fernsehsatelliten auf der Erde sind Sendeantennen notwendig, die einen Durchmesser von sieben bis dreizehn Meter besitzen. Dies stellt sicher, daß keine Störungen bei anderen Satelliten auftreten und terrestrische Dienste nicht beeinträchtigt werden.

Die Aussichten für das C-Band sind ausgezeichnet und könnten sich noch verbessern, wenn bei der Kompression von Videodaten Fortschritte erzielt werden. Positiv wäre es auch, wenn die Nutzung terrestrischer Richtfunkstrecken eingeschränkt werden könnte.

Springen wir damit zum **X-Band**. Dieser Bereich des Spektrums wird vom Militär und anderen Regierungsbehörden genutzt. Die Eigenschaften gleichen weitgehend dem C-Band, aber die Ausrüstung ist wesentlich teurer als vergleichbare Geräte für das C-Band. Auf der Erde selbst wird das X-Band für Richtfunkstrecken genutzt. Dadurch wird die Koordination der Frequenzen zusätzlich erschwert.

Kommen wir zum **K_u-Band**, also dem Spektrum unter dem K-Band. In diesem Frequenzbereich drängen sich weniger Nutzer als im C-Band. Hier wurden 750 MHz für diverse satellitengestützte Dienstleistungen zugewiesen, und weitere 800 MHz für direkt strahlende Fernsehsatelliten. Wenn man wieder duale Polarisation und zwei Grad Abstand zwischen den Satelliten voraussetzt, läßt sich die gesamte Bandbreite leicht ausrechnen. Zieht man noch die Verteilung der Landmassen auf dem Globus mit ein, kommt man auf ein Spektrum von vier THz.

Das K_u-Band ist damit die Frequenz für den Satellitenempfang mit kleinen Antennen auf der nördlichen Halbkugel. Es wird in den USA, Europa und Japan intensiv genutzt. Weitere Anwendungen findet das Band im Bereich von Telefon- und Datenverbindungen. Von Vorteil ist bei der Anwendung des K_u-Bands, daß es keine terrestrischen Richtfunkstrecken in diesem Frequenzbereich gibt, die den Empfang stören könnten.

Wenden wir uns damit dem K_a-Band zu, also dem Band über dem K-Band. In diesem Bereich findet man noch nicht viele Anwender. Die kommerzielle Nutzung dieses Frequenzbereichs steht erst am Anfang. Ein Nachteil des K_a-Bands liegt darin, daß die Signalqualität durch Regen leidet. Dieser Effekt müßte durch eine größere Sendeleistung kompensiert werden. Applikationen des K_a-Bands im Bereich satellitengestützer Telefonnetze auf weltweiter Basis befinden sich im Entwicklungsstadium.

2.4 Übertragungsverfahren

Neben der Wahl des Frequenzbereichs spielt das Übertragungsverfahren bei der Entwicklung eines Satelliten eine ganz entscheidende Rolle. Hier ist zu berücksichtigen, um welche Anwendung es sich handelt. Bei einem direkt strahlenden Fernsehsatelliten gelten andere Forderungen als bei einem Satelliten zur Navigation. Allerdings sind auch behördliche Auflagen zu beachten, und diese mögen in verschiedenen Ländern unterschiedlich sein. Auf einem liberalen Telefonmarkt wie den USA kann es vorkommen, daß Frequenzen von der Regulierungsbehörde an den Meistbietenden versteigert werden, während in Europa die Liberalisierung des Markts nur langsam Fortschritte macht.

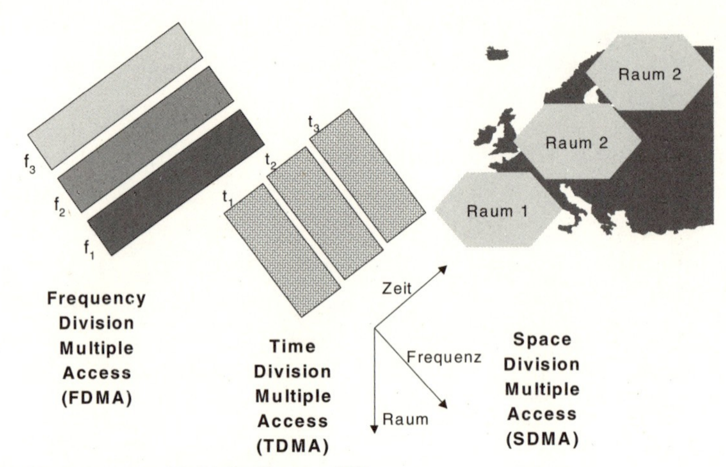

Abb. 2.18: Varianten von Multiple Access [2]

Alle Übertragungsverfahren haben den Zweck, das verfügbare Frequenzspektrum möglichst effektiv zu nutzen. Es dürfen allerdings keine fremden Sender gestört werden, und bei manchen Anwendungen ist unterbrechungsfreier Service unbedingt notwendig. Es kommen im Grunde vier Verfahren zum Einsatz: Frequency Division Multiple Access (FDMA), Time Division Multiple Access (TDMA), Space Division Multiple Access (SDMA) und Code Division Multiple Access (CDMA). Drei dieser Verfahren sind in *Abb. 2.18* grafisch dargestellt.

Frequency Division Multiple Access ist vielleicht das bekannteste dieser Verfahren. Es wird im Bereich von Rundfunk und Fernsehen seit Jahrzehnten angewandt, um verschiedene Sender voneinander zu trennen. Space Division Multiple Access finden wir ebenfalls im Bereich des Rundfunks. Es wird eine bestimmte Frequenz, etwa im Bereich der Mittelwelle, zweimal vergeben, und zwar an eine Sendeanstalt in Andalusien und Bayern. Weil die Sendemasten geographisch weit voneinander entfernt sind, wird allein durch den Raum eine effektive Trennung der beiden Sender erfolgen.

Time Division Multiple Access bedeutet, daß zu einer bestimmten Zeit immer nur ein Sender aktiv sein darf. Damit kommt dieses Verfahren für einen direkt strahlenden Fernsehsatelliten nicht in Frage, aber im Bereich der Satellitennavigation wäre es durchaus ein mögliches Verfahren. Code Division Multiple Access ist eine relativ neue Technik, die aber rasch vordringt. Wir wollen uns zunächst mit FDMA beschäftigen.

2.4.1 FDMA

Frequency Division Multiple Access geht zurück bis zu den ersten Radiosendern in den zwanziger Jahren unseres Jahrhunderts. Die verschiedenen Sender werden voneinander getrennt, indem ihnen verschiedene Frequenzen zugewiesen werden. Damit können diese Sender zur selben Zeit senden, ohne daß es zu Störungen und Interferenzen kommt.

Die Zuteilung einer bestimmten Frequenz kann dabei dauerhaft erfolgen, wie das zum Beispiel bei einer Radiostation der Fall ist, oder die Frequenz kann auf Zeit zugewiesen werden. Im letzteren Fall kann eine Änderung der Frequenz durch ein Kommando an den Satelliten im Erdorbit erfolgen, veranlaßt durch die Bodenkontrolle, oder die Frequenz kann durch eine zentrale Stelle zugeteilt werden. Relativ kurzfristig zugeteilte Frequenzen findet man im Bereich des Telefonverkehrs. Zwischen den einzelnen Kanälen werden Lücken gelassen, die etwa fünf bis zehn Prozent der verfügbaren Bandbreite ausmachen.

In den letzten Jahren wandte sich die Aufmerksamkeit der Entwicklungsingenieure in den Labors verstärkt anderen Verfahren zu, etwa CDMA. Der große Vorteil von FDMA liegt allerdings darin, daß weder eine Koordination mit einer dritte Seite noch eine Synchronisation notwendig sind. Diese Vorteile werden dafür sorgen, daß FDMA im Bereich von Rundfunk und Fernsehen noch jahrzehntelang eingesetzt werden wird.

Im Bereich der Kommunikationssatelliten werden oftmals niedrige Datenraten verwendet, etwa vier Kilobits pro Sekunde im Bereich der Sprache und 1 200 Bits pro Sekunde für Datenübertragungen. Dabei kann es zum Driften des Senders und zu Doppler-Effekten kommen. Diese Fehlerquelle kann durch eine sehr genaue und stabile Frequenzquelle beseitigt werden.

2.4.2 TDMA

Time Division Multiple Access bedeutet, daß alle Sender die gleiche Frequenz benutzen dürfen. Die Trennung wird dadurch realisiert, daß jeder Sender nur zu einer bestimmten Zeit oder in einem bestimmten Zeitintervall senden darf. Aus diesem Verfahren ergibt sich zwingend, daß eine Synchronisation der verschiedenen Sender notwendig ist. Das Verfahren ist also komplexer als bei FDMA, denn die Aufgabe, eine Reihe von Uhren zu synchronisieren, ist zuweilen recht schwierig.

Ein ähnliches Verfahren wie TDMA wird zum Beispiel im Bereich der Netzwerke bei Computern angewendet. Jedes Terminal oder jeder PC darf nur in

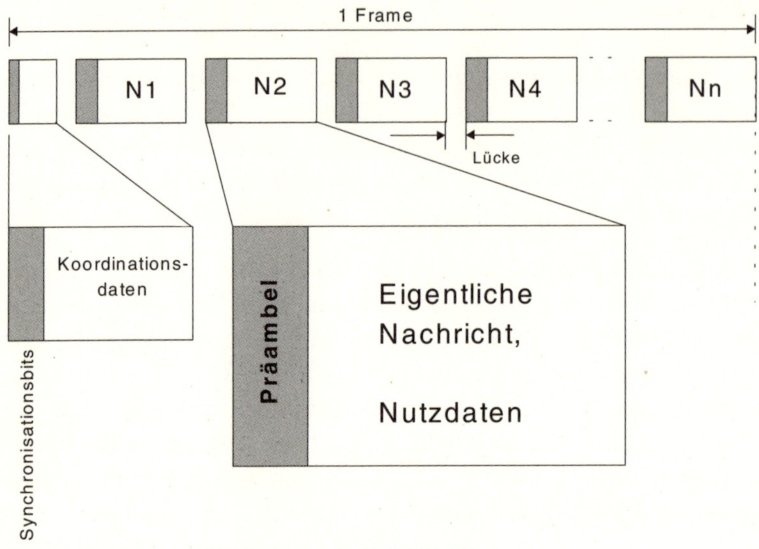

Abb. 2.19: Trennung von Nachrichten bei TDMA [2]

einem ganz bestimmten, ihm zugeteilten Zeitintervall auf das Netzwerk oder den Bus zugreifen. Auf diese Weise werden die Datenblöcke voneinander getrennt.

Abb. 2.19 zeigt das Verfahren bei TDMA, wie es zum Beispiel für verschiedene Bodenstationen eingesetzt werden könnte, die alle ihre Sendungen über denselben Satelliten abwickeln.

Das Verfahren zum Einsatz von TDMA wurde bereits bei der ersten Generation von Nachrichtensatelliten für die Hochseeschiffahrt entwickelt. Zwischen den einzelnen Nachrichten der Sendestationen müssen stets Lücken bleiben, um Überschneidungen der Sendungen zu vermeiden. Durch die Notwendigkeit zum Senden von Synchronisationsbits und Koordinationsdaten, wie etwa die Identifikation der Sendestation, wird die Effizienz des Verfahrens eingeschränkt.

INTELSAT setzte TDMA von Anfang an bei seinen Satelliten ein. Der Durchsatz beträgt 60 Megabits pro Sekunde bei einer Bandbreite von 36 MHz [2], wenn keine Fehlerkorrektur angewandt wird. Neuere Satelliten kommen auf 120 Mbps Durchsatz bei einer Bandbreite von 72 MHz.

Auf der Erde setzt man TDMA in modifizierter Form für Funktelefone wie dem Global System for Mobile Communication (GSM) und dem nordamerikanischen Standard IS-41 ein. Mit dem Vordringen leistungsfähiger Mikroprozessoren, Digitaler Signalprozessoren (DSPs) und Application Specific

Integrated Circuits (ASICs) in den Bereich der Funktelefone ist die Ausrüstung so billig geworden, daß die Synchronisationsprobleme von TDMA gemeistert werden können.

Eine Variante von TDMA, die ursprünglich von der Universität in Hawaii vorgeschlagen wurde, nennt sich ALOHA. Durch dieses Verfahren wird die Synchronisation in einem Netzwerk vereinfacht, allerdings auf Kosten der Effizienz. Auch bei diesem Verfahren sind gewisse Ähnlichkeiten mit Computernetzen nicht zu leugnen. ALOHA ist für *Multipoint-to-Point* Verbindungen ausgelegt. Sendestationen in einem derartigen Netzwerk senden nur dann, wenn es notwendig ist. Deswegen bestehen keine großen Anforderungen zur Synchronisation, und die Datenpakete erreichen den Satelliten zu jeder beliebigen Zeit. Gelegentlich werden zwei Pakete von verschiedenen Sendern zur gleichen Zeit ankommen und miteinander kollidieren. Wenn das geschieht, wird der Empfänger keines dieser Datenpakete annehmen. Die Empfangssation quittiert den Empfang, wenn die Datenübertragung für das gesamte Paket erfolgreich abgeschlossen wurde. Der Datentransfer mittels ALOHA-Protokoll ist in *Abb. 2.20* dargestellt.

Bei ALOHA benötigt man eine Referenzstation, die eine Referenzzeit für alle angeschlossenen Sender und Empfänger zur Verfügung stellt. Gesendet werden darf nur in den zugewiesenen Zeitintervallen oder *Time Slots*. Wie bei allen Verfahren dieser Art sinkt die Effizienz rapide, wenn sich das Netzwerk

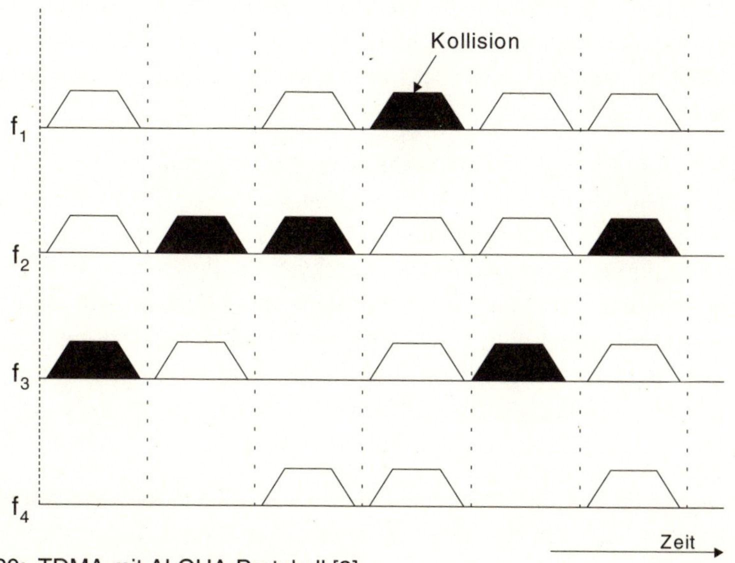

Abb. 2.20: TDMA mit ALOHA-Protokoll [2]

an der Grenze seiner Belastbarkeit befindet. Das liegt daran, daß es häufig zu Kollisionen kommt und Pakete erneut gesendet werden müssen. Eine gewisse Entlastung kann dadurch geschaffen werden, daß Sendestationen mit einem hohen Datenaufkommen gewisse Blöcke an Zeit im voraus zugewiesen, also damit praktisch reserviert werden.

2.4.3 CDMA

Bei Code Division Multiple Access werden Signalmodulation, Multiple Access und Spreizung des Frequenzspektrums kombiniert, um zu einer effizienten Datenübertragung zu kommen. Ein Vorteil des Verfahrens liegt auch in der möglichen Verschlüsselung des Signalinhalts. Zum ersten Mal in großem Umfang eingesetzt wurde CDMA beim Global Positioning System. Im Gegensatz zu anderen Verfahren senden bei CDMA alle Sender auf der gleichen Frequenz. Um einen bestimmten Sender identifizieren zu können, werden bestimmte Codes eingesetzt, die der Empfänger kennen muß.

Das grundlegende Konzept besteht darin, für jede Datenübertragung oder jedes Signal einen bestimmten Code zu benutzen, mit dem jede Datenübertragung verschlüsselt wird. Dieser Code besteht aus einer sehr langen Folge von Bits, die sehr viel umfangreicher ist als die eigentliche zu übertragende Nachricht. Damit wird die Bandbreite im Verhältnis der Bitraten vergrößert. Wenn zum Beispiel die Bitrate für die Verschlüsselung das tausendfache der Bitrate der zu übertragenden Nachricht ausmacht, dann vergrößert sich auch die Bandbreite um den Faktor 1000. Zunächst erscheint dieses Verfahren wie eine Verschwendung von Frequenzspektrum, aber es erlaubt die Sendung vieler Nachrichten zur selben Zeit.

Bei CDMA wird im Sender eine Bitfolge erzeugt, die auf den ersten Blick wie zufällig aussieht. Man spricht von *Pseudorandom Noise* (PRN). Diese Bitfolge ist allerdings nicht zufällig, sondern deterministisch. Der Zweck dieser Bitfolge besteht darin, innerhalb des Netzwerks einmalig zu sein. Diese Bitfolge wird dann auf eine geeignete Trägerfrequenz moduliert, die Bandbreite wird erhöht, und damit einher geht eine Verringerung der Sendeleistung. Das modulierte Signal wird zum Empfänger übertragen. Dort wird die Bitfolge wieder erzeugt und kann im nächsten Schritt verwertet werden. *Abb. 2.21* zeigt diesen Prozeß der Modulation und Demodulation.

Um die Integrität der übertragenen Daten zu schützen, können Algorithmen verwendet werden, die für Fehlererkennung und/oder Fehlerkorrektur im Empfänger sorgen. Weil bei CDMA viele Sender auf derselben Frequenz sen-

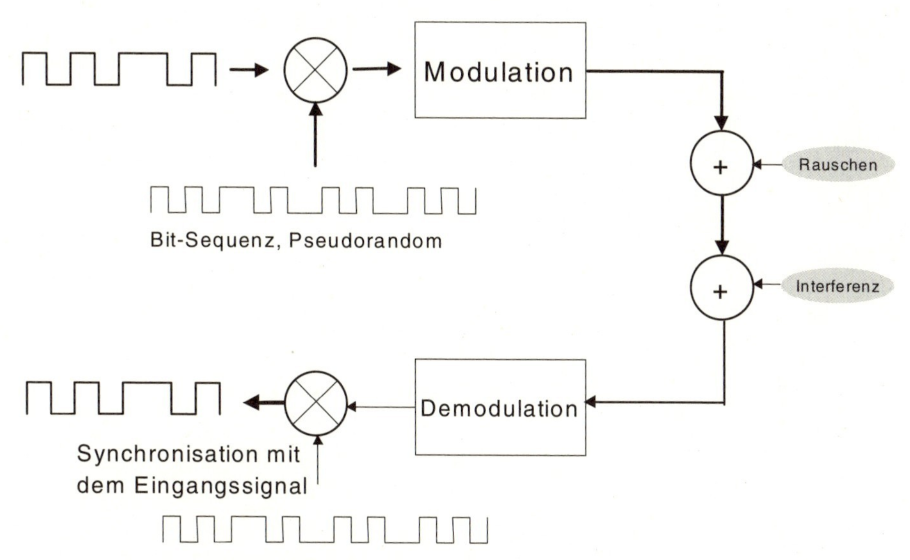

Abb. 2.21: Übertragung eines Signals mittels CDMA [2]

den, muß der Empfänger durch seine Software in der Lage sein, die für ihn interessanten Signale mittels bestimmter ID-Codes zu erkennen und herauszufiltern. Kritisch ist dabei die Synchronisation auf eine bestimmte Nachricht. Diese erfolgt durch Synchronisationsbits am Beginn eines Datenbereichs.

CDMA hat sich beim Global Positioning System als sehr erfolgreich erwiesen. Die nächste größere Applikation wird Globalstar sein, das zweite weltweit verfügbare satellitengestützte Telefonsystem. Mit der Inbetriebnahme ist um die Jahrtausendwende zu rechnen.

2.5 Trägersysteme

„Warum fragen Sie nicht ihren Dr. Goddard? Er weiß das bestimmt besser als wir alle zusammen.“

Deutscher V2-Wissenschaftler auf die Frage eines amerikanischen Kollegen

Im Jahr 1915 bewies der Amerikaner Robert Goddard [10] durch ein Experiment, daß eine Rakete in einem Vakuum Schub erzeugen kann. Trotzdem nahm die amerikanische Öffentlichkeit den Professor nicht ganz ernst. Als er in einem Artikel am Ende des Texts vorsichtig erwähnte, daß mit derartigen Raketen eine Reise zum Mond möglich wäre, schrieb die NEW YORK

TIMES am 13. Januar 1920 in einem Leitartikel: 'Wie jeder Schüler auf dem Gymnasium weiß, kann eine solche Rakete nicht einen Meter vorankommen, denn es fehlt die Atmosphäre. Raumreisen sind also unmöglich.'

Goddard verzieh diesen Artikel der führenden amerikanischen Tageszeitung nie, aber er ließ sich nicht von seinem Vorhaben abbringen. Am 16. März 1926 startete er auf der Farm seiner Tante eine drei Meter hohe Rakete, die eine Geschwindigkeit von 97 km/h erreichte, ein Stück in den Himmel stieg und dann krachend auf die Erde zurück stürzte. Goddards Raketen wurden bald so groß, daß seine Nachbarn an der US-Ostküste Angst bekamen. Goddard verlegte seine Versuche daraufhin nach New Mexiko.

Der amerikanische Wissenschaftler korrespondierte regelmäßig mit seinen Kollegen in Deutschland, und manchmal beantwortete er eine technische Frage, die ihm gestellt wurde. Im Jahr 1939 riß allerdings der Kontakt ins Deutsche Reich abrupt ab. Goddard war beunruhigt und bat um einen Termin im US-Verteidigungsministerium. Er berichtete über seine Versuche und erklärte, wenn man die Bahn einer Rakete nur ein wenig neige, könne sie ohne weiteres Ziele auf der Erde treffen.

Die Generäle lächelten und ließen den Raketenmann wieder ziehen. Derweil blieb man in Deutschland nicht untätig. Fünf Jahre später schlugen die ersten V2-Raketen in London ein, und bis zum Ende des Krieges waren mehr als 1100 Stück produziert worden.

Goddard hatte im Laufe der Jahre mehr als zweihundert Patente beantragt, und die Kollegen in Deutschland erwiesen sich als eifrige Leser seiner Patentschriften. Als Goddard nach dem Krieg eine deutsche V-2 untersuchte, fand er eine Vielzahl von technischen Lösungen, die auf seinen Entwicklungen basierten. Die deutschen Wissenschaftler stritten das nicht einmal ab, sondern erkannten die Leistung des amerikanischen Professors uneingeschränkt an.

Kommen wir damit zu den physikalischen Grundlagen von Raketenantrieben. Der Strahl oder die kinetische Energie einer Rakete kann mit der folgenden Gleichung beschrieben werden.

$$P = \frac{1}{2} m' \ V_e^2 \qquad [2.12]$$

wobei

P: Kinetische Energie der Rakete
m': Flußrate des Gases (Treibstoffgemisch)
V_e: Geschwindigkeit des Gases

Die Schubkraft *F* der Rakete läßt sich mit der folgenden Gleichung beschreiben.

$$F = m' V_e \qquad [2.13]$$

Kombiniert man Gleichung 2.13 mit Gleichung 2.12, dann ergibt sich:

$$P = \frac{1}{2} \, F V_e \qquad [2.14]$$

Wir führen nun die Beschleunigung der Rakete (α x g_0) ein, wobei es sich bei g_0 um die Beschleunigung an der Erdoberfläche unseres Planeten Erde aufgrund seiner Gravitation handelt. Damit gilt:

$$F \approx M \, (\alpha \, x \, g_0) \qquad [2.15]$$

wobei

M: Masse der Rakete

Das Verhältnis Schubkraft zur Masse der Rakete ergibt sich damit wie folgt.

$$\frac{P}{M} = \frac{1}{2} \alpha V_e \, g_0 \qquad [2.16]$$

Das Verhältnis von *P* zu *M* ist ganz entscheidend für die Beurteilung eines Raketenmotors, denn man will schließlich nicht unnütze Masse unter großen Kosten in eine Erdumlaufbahn befördern. *Abb. 2.22* zeigt verschiedene Raketenantriebe im Vergleich.

Weil die Leistung von Raketenmotoren häufig nach ihrer Fähigkeit zur Erreichung einer Geschwindigkeitsänderung Δv beurteilt wird, sollen hier die minimalen Geschwindigkeiten angegeben werden, die zur Erreichung bestimmter Orbits notwendig sind (siehe *Tabelle 2.13*).

Tabelle 2.13: Fluchtgeschwindigkeiten zum Erreichen bestimmter Bahnen [4]

Orbit	**Geschwindigkeit**
Einschuß in Low Earth Orbit unter Berücksichtigung von Effekten der Erdatmosphäre	> 9,5 km/s
Zusätzliche Geschwindigkeit, um den geostationären Orbit zu erreichen. Es wird eine Bahnneigung von 30 Grad angenommen.	~ 4,2 km/s
Zusätzliche Geschwindigkeit, um am Mars vorbei fliegen zu können	~ 3,4 km/s
Zusätzliche Geschwindigkeit, um das Sonnensystem verlassen zu können	~ 8,5 km/s
Geschwindigkeitsänderung, um das Abdriften eines geostationären Satelliten in Nord-Süd-Richtung zu verhindern	~347,5 m/s
Geschwindigkeitsänderung, um das Abdriften eines geostationären Satelliten in Ost-West-Richtung zu verhindern	~ 29,0 m/s

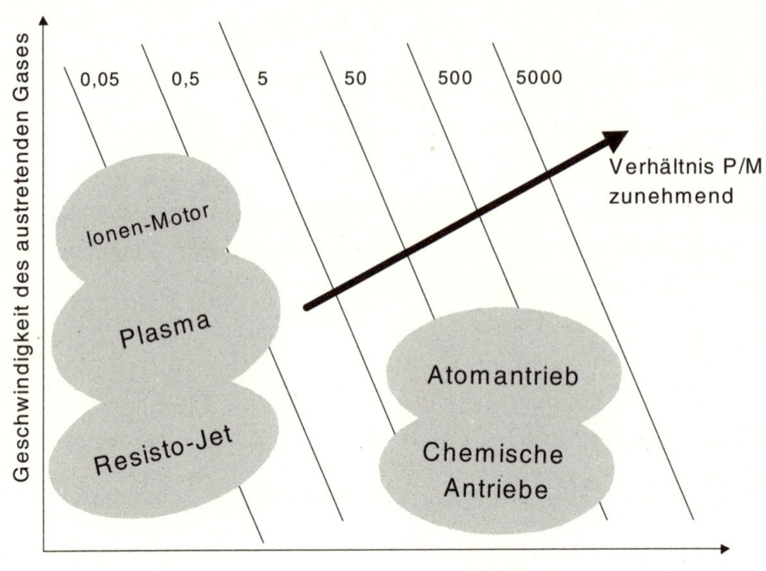

Abb. 2.22: Verhältnis P/M bei verschiedenen Antrieben [4]

Für Raketenantriebe kommen zur Zeit vor allem chemische Treibstoffe in flüssiger und fester Form in Frage. In *Tabelle 2.14* sind die bedeutendsten dieser Treibstoffe, zusammen mit ihren wichtigsten physikalischen Eigenschaften, aufgeführt.

Tabelle 2.14: Eigenschaften von Raketentreibstoffen [4]

Treibstoff	**Oxidizer**	**Molekular-gewicht**	**Verbrennungs-temperatur [K]**	**Spez. Impuls [s]**	**Dichte [kg/m³]**
H_2	Sauerstoff O_2	10	2980	390	280
H_2	Fluorin F_2	12,8	4117	410	460
Kerosen	O_2	23,4	3687	301	1020
Kerosin	F_2	23,9	3917	320	1230
Kerosin	N_2O_4	26,2	3460	276	1260
Kerosin	H_2O_2	22,2	3008	278	1362
Hydrazin N_2H_4	O_2	19,4	3410	313	1070
N_2H_4	HNO_3	20	2967	278	1310
N_2H_4	-	10,3	966	199	1011
H_2O_2	-	22,7	1267	165	1422

Der Hauptraketenmotor des amerikanischen Space Shuttle erzeugt mit derartigen Treibstoffen zum Beispiel im Vakuum einen Schub von 2090 Kilo-Newton, auf Meereshöhe noch einen Schub von 1700 kN. Als Treibstoff kommt reiner Wasserstoff zum Einsatz, und der Druck in der Verbrennungskammer beträgt 207 Bar.

In *Tabelle 2.15* sind die wesentlichen Daten eines sogenannten Apogee-Motors aufgelistet. Er dient dazu, einen Satelliten aus dem Transfer-Orbit in seine endgültige geostationäre Bahn zu bringen.

Tabelle 2.15: Kennwerte für Apogee-Motor [4]

Größe	**Wert**
Gesamtimpuls	$29{,}11 \times 10^5$ Ns
Gesamte Masse des Motors	1122 kg
Masse des Treibstoffs	1039 kg
Leergewicht ohne Treibstoff	75,8 kg
Brennzeit	42,0 Sek.
Länge	1,684 m
Durchmesser	1,095 m
Durchschnittlicher Schub	68 800 N
Maximaler Schub	75 000 N

Als sich die Pioniere der Raumfahrt die vorhandenen Treibstoffe anschauten und ernsthaft Kalkulationen darüber anstellten, ob es wohl gelingen könnte, der Schwerkraft der Erde zu entrinnen, hielten sie die Aufgabe zunächst für unlösbar. Zu groß war die irdische Gravitation, zu gering der zur Verfügung stehende Schub. Eine Lösung fand man erst, als man mit mehrstufigen Raketen zu experimentieren begann.

Der Grundsatz, kein unnötiges Gewicht mitzuschleppen, durchzieht seither wie ein roter Faden alle Raumfahrtprogramme. Auf dem Mond ruht noch heute die unterste Stufe des Landefahrzeugs, das die amerikanischen Astronauten dort zurück ließen. Wer sich in den Museen in Florida oder Washington die Raumkapseln ansieht, in denen Astronauten tage- und wochenlang gelebt haben, fragt sich, wie sie es nur auf diesem engem Raum von ein paar Kubikmetern aushalten konnten. In der bemannten Raumfahrt stellt die Besatzung, der Mensch, die ultimative Form der Nutzlast dar.

In *Abb. 2.23* und *Tabelle 2.16* ist am Beispiel der amerikanischen Scout-Rakete gezeigt, wie sich mehrstufige Raketen vorteilhaft auf das Gewicht und das Verhältnis von Nutzlast zum Gesamtgewicht der Rakete auswirken.

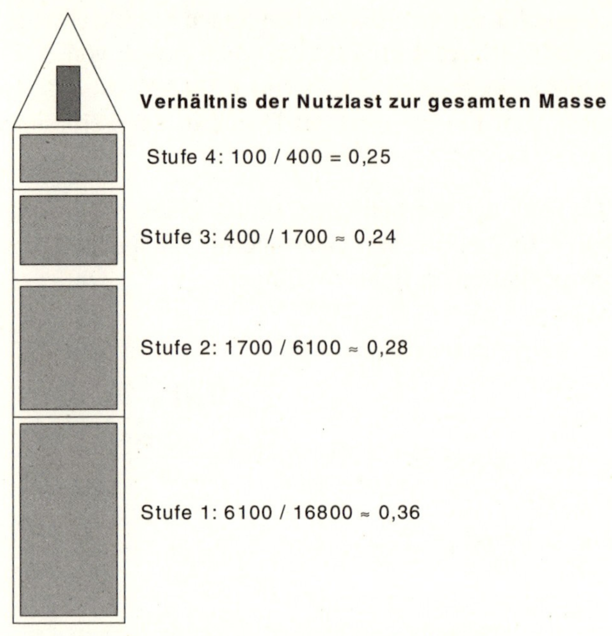

Abb. 2.23: Effizienzsteigerung durch mehrstufige Raketen [4]

In *Tabelle 2.16* sind die zugehörigen Daten zur Masse dieser Rakete aufgelistet.

Tabelle 2.16: Masse der Scout-Rakete [4]

Teil der Rakete	**Masse [kg]**
Gesamte Rakete mit Treibstoff	16 800
Hülle	1 500
Treibstoff	15 200
Stufe 1	10 700
Stufe 2	4 400
Stufe 3	1 300
Stufe 4	300
Nutzlast (Payload)	100

Bei der ARIANE betrug das Gesamtgewicht 209,86 Tonnen, die Nutzlast 1,75 Tonnen. Das sind weniger als ein Prozent der gesamten Masse. Inzwischen ist es zwar gelungen, die Nutzlast auf über fünf Tonnen zu steigern, doch noch immer ist es sehr teurer, einen Satelliten in den Erdorbit zu befördern.

Hinzu kommt, daß gelegentlich ein Raketenstart mißlingt, und damit löst sich ein dreißig bis vierzig Millionen Dollar teurer Satellit innerhalb von Sekunden in einen Funkenregen auf. Nun ist es zwar möglich, die Zuverlässigkeit eines Trägersystems während der Entwicklung zu berechnen und eine Vorhersage zu machen. Weit aussagekräftiger sind allerdings Zahlen aus der Praxis. In *Tabelle 2.17* sind die Werte für die Zuverlässigkeit [5] amerikanischer, russischer und französischer Raketen aufgeführt.

Tabelle 2.17: Zuverlässigkeit von Trägersystemen [5]

System	**Delta**	**Atlas**	**Titan 4**	**Tsykion**	**Soyuz**	**Oroton**	**Zenit**	**ARIANE 4**
Staat	USA			Rußland				Frankreich
Zuverlässigkeit gesamt [%]	94,6	90	94,4	94,9	93,1	88,8	78,9	94,6
Letzte 20 Starts	100	85	90	100	100	95	78,9	95
Über 5 Jahre	100	84,2	85,7	97,8	100	95,6	62,5	93,8
Über 10 Jahre	98	86,5	86,7	97,5	100	93,2	78,9	94,6

Einige Raketen stellen die Arbeitspferde der Raumfahrt in den USA und Rußland dar und kommen bei der Zuverlässigkeit in den letzten Jahren durchaus an hundert Prozent heran. Vergleichen wir jetzt damit die Zahlen der *Newcomer* China und Japan (siehe *Tabelle 2.18*).

Tabelle 2.19: Zuverlässigkeit chinesischer und japanischer Raketen [5]

System	**LM-4**	**LM-2**	**CLM-2**	**ELM-3**	**LM-3A**	**H-11**
Staat	China					Japan
Zuverlässigkeit gesamt [%]	100	100	75	78	100	100
Letzte 20 Starts	100	100	75	78	100	100
Über 5 Jahre	100	100	75	75	100	100
Über 10 Jahre	100	100	75	86	100	100

Man muß die Zahlen in Tabelle 2-25 unter dem Vorbehalt sehen, daß die Zahl der Raketenstarts in China und Japan insgesamt weit geringer ist als in den USA und Rußland. Wenden wir uns damit einzelnen Trägersystemen zu. In *Tabelle 2.20* sind die Trägersysteme aufgeführt, die gegen Ende unseres Jahrhunderts die wichtigsten Vehikel darstellen, um Satelliten auf ihre Bahnen zu befördern.

Tabelle 2.20: Trägersysteme [2]

Rakete	**Hersteller, Land**	**Startrampe**	**Masse der Nutzlast zum Transfer-Orbit 83[kg]**	**Erster Start**
ARIANE 4	Arianespace, Frankreich	Kourou, Franz. Guyana	4 700	1989
ARIANE 5	Arianespace, Frankreich	Kourou, Franz. Guyana	6 920	1996
Atlas IIAS	International Launch Services (ILS), USA	Cape Canaveral, Florida	3 719	1993
Atlas IIAR	International Launch Services (ILS), USA	Cape Canaveral, Florida	4 037	1960
Atlas IIARS	International Launch Services (ILS), USA	Cape Canaveral, Florida	4 264	1960
Delta II	Boeing, Seattle, USA	Cape Canaveral, Florida	1 870	1989
Delta III	Boeing, Seattle, USA	Cape Canaveral, Florida	3 800	1998
H-2	Rocket System Corporation, Japan	Tanegashima Space Center, Japan	4 000	1994
Long March 3B	China Great Wall Industrial Corp.	Xichang Satellite Launch Center, Volksrepublik China	4 000	1996
Long March 3A	China Great Wall Industrial Corp.	Xichang Satellite Launch Center, Volksrepublik China	2 300	1994
Long March 2E	China Great Wall Industrial Corp.	Xichang Satellite Launch Center, Volksrepublik China	3 100 – 3 300	1992
Pegasus	Orbital Science Corp., USA	Flugzeug L-1011	180	1990
PROTON D-1-e	International Launch Services (ILS), USA	Baikunor Kosmodrom, Kasachstan	4 500	1970
PROTON M	International Launch Services (ILS), USA	Baikunor Kosmodrom, Kasachstan	5 500	1998
Space Shuttle	NASA, USA	Cape Canaveral, Florida	5 900	1981
Taurus	Orbital Sciences Corp., USA	Wallops Island oder Cape Canaveral	430	1994
Titan III	Lockheed Martin	Cape Canaveral, Florida	5 000	1989
Titan IV	Lockheed Martin	Cape Canaveral, Florida	8 620	1989
Zenit	Sea Launch Corp., USA	Pazifik	5 000	1985

Es findet sich also für jeden Zweck eine passende Rakete, vom Mini-Satelliten für wissenschaftliche Experimente bis hin zu Satelliten, die fast neun Tonnen auf die Waage bringen. Es ist festzuhalten, daß Konzerne wie Lockheed Martin und Boeing nach dem Ende des Kalten Krieges schnell gehandelt haben, um Zugang zur zuverlässigen und erprobten russischen Technik im Bereich der Trägersysteme zu erhalten.

2.5.1 Atlas

Die Atlas-Rakete gehört zu den Trägersystemen, die von Lockheed Martin angeboten werden. Entwickelt wurde sie von General Dynamics. Dieses Unternehmen wurde im Zuge der Marktbereinigung nach Ende des Kalten Krieges an Martin Marietta verkauft. Die Atlas Centaur gibt es seit mehr als drei Jahrzehnten, und sie spielt eine wichtige Rolle, wenn es um mittelschwere Lasten geht.

Die erste Stufe der Atlas Centaur war ursprünglich eine ballistische Rakete. Als Antrieb dient flüssiges Kerosin und flüssiger Sauerstoff. Die zweite Stufe, die Centaur, war zu der Zeit die erste Rakete in den USA, die als Treibstoff Wasserstoff einsetzte. Er wird mit Sauerstoff verbrannt. Die zweite Stufe der Atlas Centaur sorgt dafür, daß der Satellit bis in den Transfer Orbit gebracht wird. Alle Starts erfolgen vom Kennedy Space Center auf Cape Canaveral in Florida.

Zur Zeit wird in dieser Technologie in erster Linie die Atlas II angeboten. Diese Rakete wurde durch Anpassung einer existierenden Produktionslinie nach den Wünschen des US-Militärs entwickelt, um den Forderungen für ein zuverlässiges Trägersystem für militärische Kommunikationssatelliten zu genügen. Der Oberteil der Rakete wurde verlängert, um größere Nutzlasten aufnehmen zu können.

Bei der Atlas II AS handelt es sich um eine Version, die mit zusätzlichen Boostern für den Start ausgerüstet ist. Bei der Atlas II AR wird für eine Stufe eine russische Rakete verwendet. Weitere Versionen dieser Rakete befinden sich in der Entwicklung.

2.5.2 Delta

Die Delta wird gemeinhin als das Arbeitspferd der NASA bezeichnet. Es handelt sich um eine Rakete hoher Zuverlässigkeit, die seit Jahren im Einsatz ist. Ihre Geschichte reicht zurück zu den Anfängen des Raumfahrtprogramms.

Damals schloß die NASA mit der Douglas Aircraft Company einen Vertrag über die Fertigung von zwölf Raketen ab. Der erste Start im Mai 1960 schlug fehl, aber seither hat sich die Delta zu der Rakete mit der höchsten Zuverlässigkeit im gesamten Angebot an Raketen gemausert.

Inzwischen wurden die Douglas Flugzeugwerke von Boeing übernommen. Die Delta verwendet für die erste Raketenstufe als Treibstoff Kerosin und Sauerstoff, und Hydrazin für die zweite Stufe. Bei der Delta II können bis zu neun zusätzliche Booster angebracht werden, um den Schub beim Start zu erhöhen. Um die Nutzlast in den Transfer Orbit zu befördern, wird ein sogenanntes *Payload Assist Module* (PAM) angeboten. Bei Satelliten, die für den geostationären Orbit bestimmt sind, erfolgt der Start in Cape Canaveral in Florida. Für Bahnen über dem Pol wird die Rakete von der Vandenberg Air Force Base in Kalifornien aus gestartet.

Die letzte Generation dieser bewährten Rakete, die Delta III, kann höhere Nutzlasten befördern. Sie konkurriert mit Trägersystemen wie ARIANE IV und Proton. Die US-Regierung und Hughes werden die Delta III einsetzen. Die nächste Generation, die Delta IV, befindet sich in der Entwicklung.

2.5.3 Proton

Bei der Proton-Rakete handelt es sich um die schubstärkste russische Rakete, die für den kommerziellen Markt zur Verfügung steht. Die russischen Raketenbauer können mehr Starts vorweisen als jedes andere Land, und zu Beginn der 90er Jahre wurde die Proton erstmals für zivile Zwecke angeboten. Von den russischen Raketen eignet sich besonders die Proton für den Einschuß in einen Transfer Orbit. Gegenwärtig wird diese Rakete vom Unternehmen International Launch Service (ILS) angeboten. Dabei handelt es sich um ein Joint Venture zwischen Lockheed Martin und einem russischen Partner. Die Rakete wird in Rußland in der Nähe von Moskau gefertigt.

Wenn ein Einschuß in den Geostationären Transfer Orbit vom Kunden verlangt wird, kann eine zusätzliche vierte Stufe verwendet werden. Diese Stufe kann mehr als einmal gestartet werden und sorgt damit für größere Flexibilität bei Manövern. Neben dem Hauptraketenmotor sind zwei Steuerdüsen vorhanden.

Alle Starts der Proton-Rakete erfolgen vom Kosmodrom in Baikunur in der Republik Kasachstan aus. Die einzelnen Raketenstufen werden mit der Bahn von Moskau aus über Land transportiert und vor dem Start zusammengesetzt.

2.5.4 Titan

Die gegenwärtig angebotene Titan IV wurde aus der Titan III entwickelt, einem Intercontinental Ballistic Missile (ICBM). Der Hersteller ist Lockheed Martin. Weil die Titan IV sowohl große Nutzlasten befördern kann als auch als zuverlässig gilt, ist das System für große Kommunikationssatelliten interessant.

Für die erste Stufe kommt als Treibstoff Hydrazin-Stickstoff-Tetroxid zum Einsatz, wobei zwei zusätzliche Booster verwendet werden. Mit der zweiten Stufe, die denselben Treibstoff verwendet wie die erste, wird ein niedriger Erdorbit (LEO) erreicht. Bei der dritten Stufe werden eine Reihe von Optionen angeboten, darunter auch die Centaur. Generell wird die Titan zur Zeit für den kommerziellen Markt [2] als zu teuer angesehen.

2.5.5 Space Shuttle

Das amerikanische Space Shuttle, oder Space Transportation System (STS), wie es offiziell heißt, stellt eine Kombination zwischen einer Rakete und einem Flugzeug dar. Es startet wie eine Rakete und landet wie ein Flugzeug. Ziel der Entwicklung war es, die Kosten für den Zugang zum Weltraum signifikant zu senken. Dieses Ziel wurde jedoch verfehlt.

Auf der anderen Seite kann man durchaus argumentieren, daß das Space Shuttle zunächst als ein weit größeres System vorgeschlagen war und später durch Kürzungen im Budget in seiner Leistungsfähigkeit reduziert wurde. Man muß auch einräumen, daß Reparaturarbeiten im All wie am Hubble Space Teleskop ohne das Shuttle überhaupt nicht möglich gewesen wären. Den Auftrag für den Bau des Space Shuttle erhielt im Jahr 1972 Rockwell nach dreijährigen Vorarbeiten.

Abb. 2.24 zeigt die drei hauptsächlichen Komponenten des Shuttle, den Orbiter, die zwei Booster und den Haupttreibstofftank, der vor allem in der Startphase gebraucht wird und kurz nach dem Start abgeworfen wird.

Ursächlich für den Unfall mit dem Space Shuttle *Challenger* am 28. Januar 1986 war ein O-Ring in einem der Booster, der bei den herrschenden tiefen Temperaturen nicht abdichtete. Die Booster sind Feststoffraketen, die in Utah gefertigt und in Cape Canaveral zusammengesetzt werden.

Die Nutzlast des Space Shuttle ist mit 5,9 Tonnen relativ hoch. Nur die Saturn-Rakete aus dem Apollo-Programm konnte in den USA größere Nutzlasten

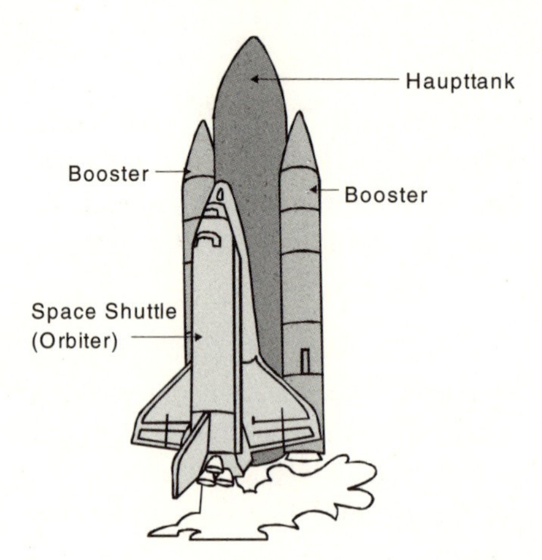

Abb. 2.24: Space Shuttle

befördern. Ein Nachteil des Space Shuttle ist allerdings, daß es nur im niederen Erdorbit (LEO) operieren kann. Deswegen müssen die Nutzlasten einen zusätzlichen Raketenmotor besitzen, um höhere Bahnen zu erreichen. Der Laderaum des Space Shuttle dient sowohl dazu, Satelliten in den Orbit zu bringen, als auch zum Rückholen bestimmter Nutzlasten oder Experimente. Die Aufgaben des Space Shuttle werden sich im nächsten Jahrzehnt vor allem auf den folgenden Gebieten finden:

- Durchführung wissenschaftlicher Experimente im All
- Durchführung von Experimenten, bei denen Menschen gebraucht werden
- Transportieren von Teilen und Versorgungsgütern zu Mir-Station und zur im Bau befindlichen Internationalen Raumstation
- Reparaturen im erdnahen Orbit
- Rettungsaktionen

Durch die amerikanischen Astronauten, die inzwischen viel Erfahrung mit dem System besitzen, ist das Space Shuttle so flexibel wie kein anderes System. Deshalb dürfte es, trotz der hohen laufenden Kosten, noch bis weit in das nächste Jahrhundert hinein im Einsatz bleiben.

2.5.6 Innovative Lösungen

Trotz der Dominanz großer Konzerne auf dem Markt der Trägersysteme und Raketen mit gewaltiger Schubkraft gibt es inzwischen ein paar Unternehmen, die in ihrem Ansatz zur Erschließung des Weltraums neue Wege einschlagen. Hier wäre *Sea Launch* zu nennen, aber auch die neuartige Startmethode der Orbital Sciences Corporation.

Für den Start einer Rakete, für den Einschuß in einen geostationären Orbit stellt der Äquator den besten Platz auf der Erde dar, weil die Rakete dort von der Erde den höchsten Schub erhält. Leider gibt es nun nicht allzu viele Plätze auf der Erde, die sich für eine Startrampe ideal eignen. Neben dem geographischen Standort muß man schließlich auch eine vorhandene Infrastruktur, Zugang von der See für hochseetüchtige Schiffe und eine dünne Besiedlung fordern. Weil solche Plätze rar sind, hat sich Boeing im Verein mit Partnern entschlossen, ihre Raketen von hoher See aus zu starten, und zwar im Pazifik von einer Position direkt auf dem Äquator. Der Heimathafen dieses Unterfangens bildet Long Beach im Südwesten der USA.

Bei den Partnern von Boeing handelt es sich um die Kvaerner-Werft aus Norwegen, RSC Energia aus Russland und NPO Yuzhnoye aus der Ukraine. Kvaerner fiel dabei die Aufgabe zu, eine ausgediente Ölbohrplattform so umzubauen, daß sie als Startrampe für die russische Rakete vom Typ Zenit dienen kann. Der erste Kunde ist Hughes. Dieses Unternehmen hat zehn Starts geordert.

Die ersten zwei Stufen der Rakete bildet die Zenit 3SL, die von Yuzhnoye gebaut wird. Sie wurde im Jahr 1985 zum erstem Mal vom Kosmodrom in Baikunor aus gestartet und verwendet Kerosin und Sauerstoff in beiden Stufen. Diese zwei ersten Stufen werden in horizontaler Lage integriert, können sich selbst aufrichten und betanken. Das erleichtert die Vorbereitungen beim Start. Bei der dritten Stufe handelt es sich um einen Raketenmotor von RSC Energia. Diese Stufe bringt die Nutzlast vom erdnahen Orbit (LEO) in den geostationären Transfer Orbit. Im wesentlichen ist diese dritte Stufe mit der Rakete identisch, wie sie bei Proton eingesetzt wird.

Das Schiff, in dem die drei integrierten Stufen transportiert werden, wurde in Glasgow in Schottland gebaut. In ihm befindet sich die Rakete in horizontaler Lage. Vor dem Start wird die Rakete aufgerichtet und in die Startrampe gehievt. Am 28. März 1999 glückte der erste Versuch [13] mit der Zenit-Rakete, die eine Satelliten-Attrappe an Bord hatte. Starts für zahlende Kunden sind für den Sommer 1999 vorgesehen.

Kommen wir damit zur Orbital Sciences Corporation und ihrem Angebot. Die Pegasus und Pegasus XL sind dreistufige Raketen, die von einem Flugzeug aus in horizontaler Richtung gestartet werden. Zum Start dient eine umgebaute Lockheed L-1011.

Die Orbital Sciences Corporation (OSC) konzentriert sich auf Satelliten geringen Gewichts, die früher oft vom Space Shuttle als zusätzliche Payload mitbefördert wurden. Ein weiteres Angebot von OSC besteht in der Taurus, einer konventionellen Rakete für Nutzlasten bis zu 430 Kilogramm. Diese Rakete wird von Land aus gestartet.

2.5.7 Chinesische und japanische Raketen

Die Volksrepublik China hat ihre Rakete namens Chang Zeng (CZ), was auf Deutsch Langer Marsch (LM) bedeutet, Anfang der neunziger Jahre für kommerzielle Satellitenstarts verfügbar gemacht. Vertragspartner für westliche Auftraggeber ist dabei die Great Wall Industrial Corporation, ein Unternehmen im Besitz der Regierung in Peking.

Die chinesische Rakete ist in der Lage, eine Nutzlast direkt in den geostationären Transfer Orbit zu befördern. Alle Starts für Nutzlasten in geostationären Bahnen erfolgen von Xichang aus. Dieser Standort liegt relativ weit südlich, und die Bahn führt über schwach besiedelte Gegenden Chinas. Ein zweiter Startplatz, in der Provinz Gansu, liegt weiter nördlich am Rande der Wüste Gobi. Dabei handelt es sich um das ursprüngliche chinesische Versuchsgelände für Raketenstarts. Als Trägersystem für Nutzlasten in erdnahen Bahnen kommt die LM-2F zum Einsatz. Bis zu vier Raketen können gleichzeitig für den Start vorbereitet werden.

Die japanische Raumfahrtagentur NASDA stieg in das Geschäft ein, indem sie eine Lizenz von McDonnell Douglas für die Delta-Rakete erwarb. Die N-2 hat in neun Starts ihre Verläßlichkeit demonstriert. Für die erste Stufe wird als Treibstoff Kerosin eingesetzt, das mit Sauerstoff verbrannt wird. Diese Technologie wurde von der Delta übernommen. Bei der zweiten Stufe handelt es sich um eine japanische Neuentwicklung. Für den Einschuß in einen geostationären Orbit kommt ein Raketenmotor von Thiokol zum Einsatz. Die Produktion der N-2 bei Mitsubishi Heavy Industries wurde inzwischen zu Gunsten der mächtigeren H-2 eingestellt.

Bei der H-2 handelt es sich um eine japanische Entwicklung. Die Rakete ist dafür vorgesehen, schwere Nutzlasten in den Transfer Orbit oder auf erdnahe Bahnen zu bringen. Für die erste Stufe wird als Treibstoff Wasserstoff eingesetzt. Zur Steigerung des Schubs kommen Booster zum Einsatz.

2.5.8 ARIANE

Die ARIANE wurde von der europäischen Weltraumbehörde ESA und der entsprechenden französischen Organisation entwickelt. Gegenwärtig befinden sich die Raketen ARIANE IV und ARIANE V im Einsatz. Die Starts erfolgen von Kourou in Französisch Guyana, einem Standort relativ nahe am Äquator.

Die ARIANE IV ist in der Lage, zwei kleinere Satelliten mit einem Start in den geostationären Transfer Orbit zu befördern. Die ARIANE V kann bis zu 6,92 Tonnen in eine Umlaufbahn bringen, und es können drei Satelliten gleichzeitig befördert werden. Die ARIANE IV hat sich als relativ zuverlässig erwiesen, während die ARIANE V bei ihrem ersten Flug durch einen Fehler in der Software explodierte.

Fall 2-3: Überlauf [11,12]

Im Frühjahr 1996 zerbrach die ARIANE V, die neueste Rakete des europäischen Konsortiums, bei ihrem Jungfernflug wenige Sekunden nach dem Start. In die Neuentwicklung waren acht Milliarden US$ investiert worden. Die Betreiber sagten eine Zuverlässigkeit des Systems, basierend auf den Daten des Vorgängermodells ARIANE IV, von 98,5% voraus.

Im Juli stand das Ergebnis der Ermittlungen zur Fehlerursache fest. Ursächlich war ein Software-Fehler im Trägheitsnavigationssystem der Rakete. Dreißig Sekunden nach dem Start ging der zweite Computer der Rakete, ein redundantes System, außer Betrieb. Dies wurde durch einen Fehler in einem Unterprogramm der Software verursacht. Obwohl dieses Unterprogramm nur am Boden gebraucht wird und während des Flugs eigentlich unnötig ist, wird es periodisch ausgeführt. Bei der ARIANE V kalkulierte dieses Unterprogramm im Flug eine große horizontale Bewegung, die zu einem Überlauf *(overflow)* bei einer Variablen führte. Die Design-Philosophie bei der Rakete war es, bei einem derartigen Rechenfehler den Prozessor anzuhalten.

Nachdem das redundante Back-up-System ausgefallen war, fiel 50 Millisekunden später auch das Hauptsystem aus, das aus identischer Hard- und Software bestand. Dies führte dazu, daß das Trägheitsnavigationssystem nur Diagnosedaten an den Hauptcomputer der ARIANE V lieferte. Diese Daten wurden als gültige Steuersignale interpretiert. Die ARIANE versuchte, eine Abweichung von der Flugbahn zu korrigieren, die in der Realität gar nicht bestand. Durch die extremen Korrekturmanöver wurde die Rakete so überlastet, daß sie auseinanderbrach.

Das Unterprogramm, das zu dem Fehler führte, wurde von der ARIANE IV übernommen. Dabei ging man davon aus, daß die Software in der ARIANE IV fehlerfrei sei. Offensichtlich war bei der ARIANE IV die horizontale Bewegung geringer, so daß bei diesem System der Fehler zwar auftrat, allerdings nicht zu einem Überlauf führte.

Durch die hohe Nutzlast und die Fähigkeit, bis zu drei Satelliten mitzunehmen, sollte sich das Trägersystem ARIANE V kommerziell erfolgreich entwickeln. Weil Organisationen wie IRIDIUM Dutzende von Satelliten in einen Orbit bringen müssen, dürfte Arianespace an diesem Boom partizipieren können. Es ist nicht zu erwarten, daß Auftraggeber mit einer derart hohen Nachfrage nach Satellitenstarts sich allein auf ein Trägersystem oder einen Auftragnehmer stützen werden.

2.6 Das Kontrollsegment

Das Kontrollsegment für einen Satelliten oder eine ganze Reihe von Satelliten kann vielerlei Form annehmen. Wesentlich für die gewählte Ausrüstung dürfte sein, welche Art von Service durch den Satelliten erbracht wird, wie hoch die Anforderungen der Benutzer sind und welche Ausfallzeiten unter Umständen toleriert werden können. *Abb. 2.25* zeigt ein Kontrollsegment, wie es bei Satelliten in geostationären Orbits gebräuchlich ist.

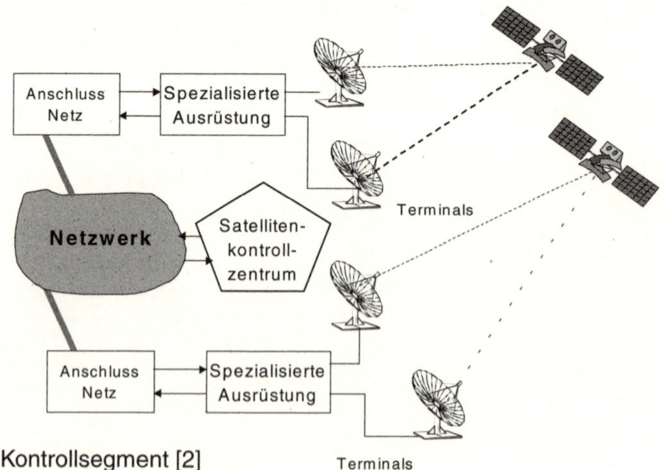

Abb. 2.25: Kontrollsegment [2]

Der erste Schritt beim Design des Kontrollsegments für einen Satelliten sollte immer sein, sich zunächst über die Anforderungen an diese Einrichtung klar zu werden. Bei einem Satelliten im geostationären Orbit kann man mit den folgenden Funktionen rechnen:

1. Unterstützung der Aktionen, die dem Start der Rakete mit dem Satelliten unmittelbar folgen. In der Regel werden diese Aufgaben zwar noch vom Hersteller des Satelliten wahrgenommen. Es kann aber durchaus vorkom-

men, daß bereits in dieser Phase Mitarbeiter des Satellitenbetreibers bestimmte Aufgaben zur Unterstützung des Herstellers übernehmen müssen.

2. Durchführung oder Überwachung von Tests. Auch bei diesen Tätigkeiten kann erwartet werden, daß der Satellitenbetreiber zumindest mitarbeitet. Auf alle Fälle sollten sich die verantwortlichen Mitarbeiter des Satellitenbetreibers allerdings vergewissern, daß die notwendigen Tests durchgeführt werden und daß die Ergebnisse den erwarteten Werten entsprechen. Die Kontrolle über den Satelliten geht dann an den Auftraggeber über, wenn beide Seiten darin übereinstimmen, daß die Tests erfolgreich durchgeführt wurden, und der Auftragnehmer seine vertraglichen Verpflichtungen erfüllt hat.
3. Wartungsarbeiten für den Satelliten auf seiner Position im geostationären Orbit. Es ist derzeit gängige Praxis, die Position eines Satelliten in der Nord-Süd-Richtung mit ±0,1 Grad und in der Ost-West-Richtung mit ±0,2 Grad einzuhalten. Dadurch wird gewährleistet, daß es nicht zu Störungen in den Sendungen benachbarter Satelliten kommt. Falls mehr als ein Satellit auf der gleichen Position steht, erhöhen sich die Anforderungen an die Positionseinhaltung mindestens um den Faktor zwei. Ein Aspekt der Wartung ist immer auch der verfügbare Treibstoff, denn er begrenzt die Lebensdauer des Satelliten.
4. Überwachung der technischen Daten des Satelliten: Hierunter fallen alle Parameter, die mittels Sensoren oder Meßgeräten an Bord des Satelliten erfaßt werden können. Es ist gängige Praxis, daß diese Meßwerte von den Satellitenbetreibern in regelmäßigen Abständen angefordert und analysiert werden.
5. Überwachung von Subsystemen. Obwohl in modernen Satelliten viele Subsysteme automatisiert wurden und durch den Bordcomputer und Software kontrolliert werden, kann es doch immer wieder zu Anomalien, Fehlern oder Ausfällen kommen. In solchen Fällen muß das Kontrollzentrum am Boden bereit sein, sofort einzugreifen.
6. Operation und Wartung des Kontrollzentrums und angeschlossener Bodenstationen. Obwohl die Aufmerksamkeit des Kontrollzentrums vor allem dem zu überwachenden Satelliten gilt, so ist es doch Teil eines größeren Systems. Ein Ausfall einer wichtigen Komponente dieses Systems könnte daher fatale Folgen haben. Fällt eine Antenne aus, die einen direkt strahlenden Fernsehsatelliten versorgt, dann kann das zum Ausfall des Fernsehprogramms für weite Regionen der USA oder Europas führen. Deshalb ist das Kontrollsegment an sich nicht unwichtig.
7. Ersatz ausgefallener oder beschädigter Satelliten. Handelt es sich bei den zu überwachenden Satelliten um eine Konstellation mehrerer Satelliten, so

kann es unter Umständen notwendig sein, ständig einen oder mehrere redundante Ersatzsatelliten in Reserve zu halten. Diese Satelliten müssen unter Umständen innerhalb sehr kurzer Zeit die Position eines ausgefallenen Satelliten einnehmen können.

8. Erarbeiten von Notfallplänen *(Contingency Plan)*. Selbst wenn alles ohne Probleme läuft, sollte man immer darauf vorbereitet sein, daß ein Satellit ausfällt oder es Schwierigkeiten gibt.

Bei Satelliten, die sich nicht in einem geostationären Orbit befinden, gestalten sich die Forderungen an das Kontrollsegment etwas anders. Oftmals findet man ein Kontrollzentrum mit einer ganzen Reihe von Monitorstationen, die den Satelliten mittels RADAR verfolgen, Nachrichten empfangen, senden und weiterleiten. Zu den wesentlichen Aufgaben eines derartigen Kontroll-Netzwerks gehört:

1. Festlegen der Konstellation: Die Bahnen von Satelliten in erdnahen Orbits werden im wesentlichen durch das Trägersystem bestimmt. Ein solcher Satellit hat in aller Regel viel weniger Möglichkeiten zur Positionsänderung als ein Satellit im geostationären Orbit.
2. Unterhalten einer ausreichenden Zahl von Satelliten: In vielen Fällen sind eine ganze Reihe von Satelliten vorhanden. Die Bodenkontrolle muß darauf vorbereitet sein, einen ausgefallenen oder beschädigten Satelliten durch einen funktionsfähigen Satelliten zu ersetzen.
3. Aufrechterhaltung eines angebotenen Service: Bei einer bestimmten Dienstleistung, etwa eines Telefonservice aus dem All, muß sichergestellt werden, daß für den Benutzer auf der Erde zu jedem Zeitpunkt mindestens ein Satellit in Sichtweite ist. Die konkreten Anforderungen ergeben sich aus der Architektur des Systems.
4. Festlegen von Zeitintervallen für die Übertragung von Telemetriedaten.
5. Ersatz ausgefallener oder beschädigter Satelliten: Für Satelliten dieses Typs rechnet man zur Zeit mit einer Lebensdauer von fünf bis acht Jahren. Die Fertigung und der Start eines Satelliten benötigt ein bis zwei Jahre. Deshalb sind bei einer größeren Zahl von Satelliten sowohl Ersatzsatelliten im Erdorbit vorzuhalten, als auch weitere Aufträge für neue Satelliten und Trägerraketen zu vergeben, um eine gegebene Konstellation über die Lebensdauer des Systems zu erhalten.

Jeder Satellit, jede Konstellation ist verschieden. Deshalb muß der Ansatz der Organisation, die einen Satelliten über Jahre hinweg betreut, flexibel genug sein, um auch auf unvorhergesehene Vorfälle zu reagieren. Es sind schon Satelliten wieder funktionsfähig gemacht worden, die sich auf völlig falschen

Bahnen befanden und deren Treibstoffvorrat zu Ende zu gehen drohte. Es sind Satelliten im Erdorbit neu programmiert worden. Alles dies ist nicht wünschenswert, doch ist es oft gerade das Kontrollsegment am Boden, das über den Verlust oder die Rettung eines dreißig oder vierzig Millionen Dollar teuren Satelliten entscheidet.

2.7 Standards

Während auf dem Markt der Fernsehtechnik jahrelang mit denselben Standards gearbeitet wurde, die auf analoger Technik basieren und daher in der Welt von Computern, Mikroprozessoren und Software eigentlich veraltet sind, zeichnet sich jetzt eine Entwicklung ab, die zu digitalen Standards, mehr Programmen und weltweit einheitlichen Normen führen könnte.

2.7.1 JPEG und MPEG

JPEG steht für *Joint Photographic Expert Group*, während es sich bei MPEG um das Akronym für *Motion Picture Expert Group* handelt. In beiden Fällen geht es um einen Standard für digital darstellbare Bildinformationen. Bei JPEG handelt es sich um unbewegte Bilder, in der Filmwelt als *Still Photos* bezeichnet, während es bei MPEG um Videofilme geht. Natürlich kann man mit MPEG auch all das Material verarbeiten, das aus deutschen Fernsehstudios und der Traumfabrik Hollywood kommt.

Die Norm für JPEG wurde im Jahr 1991 als ISO Standard 10918 verabschiedet und galt ursprünglich nur für Schwarz-Weiß-Aufnahmen. Inzwischen sind auch Farbfotos hinzu gekommen. Das Verfahren, das sowohl bei JPEG als auch MPEG zur Bildverarbeitung eingesetzt wird, nennt sich *Digital Compression Technique* (DCT). Daß eine Komprimierung des Bildinhalts notwendig ist, läßt sich leicht durch eine kurze Überschlagsrechnung [14] feststellen. Das Stichwort für die digitale Technik lautet Datencontainer. In diesem Container werden die Inhalte übertragen, es sind allerdings auch Kontrollinformationen zur Steuerung des Datenflusses vorhanden.

Für die Satellitenübertragung von Fernsehprogrammen und deren Verbreitung in Kabelnetzen muß man mit einer Datenrate von 38 Megabits pro Sekunde rechnen, während bei der terrestrischen Ausstrahlung eines Fernsehprogramms 20 Megabits pro Sekunde anzusetzen sind. Andererseits benötigt ein Bild bei einem farbigen Fernsehprogramm 216 Mb/s, bei Vernachlässigung der Austastlücke 166 Mb/s. Es wäre also bei den oben genannten Datenraten

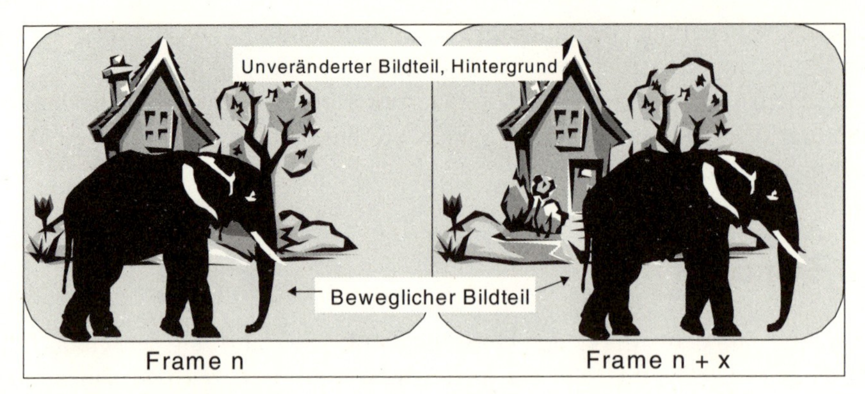

Abb. 2.26: Vorgehen bei der Kompression von Bildern

nicht einmal möglich, auch nur ein einziges Fernsehprogramm zu übertragen. Datenreduktion und -kompression ist unbedingt notwendig.

Bei der Digital Compression Technique wird ein Verfahren eingesetzt, das Bilder in seine Bestandteile zerlegt und verschiedene Bildteile oder Datenblöcke unterschiedlich behandelt. Eines dieser Prinzipien ist in *Abb. 2.26* dargestellt.

Der unbewegte Teil eines Bildes kann für viele Frames mit den gleichen Daten übernommen werden, damit ist eine mehrfache Übertragung dieser Datenblöcke für eine ganze Reihe von Frames nicht notwendig. Die Daten können vielmehr vom ersten Frame unverändert übernommen werden. Schwieriger wird es bei den bewegten Bildanteilen. Hier wird ein sogenannter *Motion Vector* gebildet. Er enthält Informationen darüber, in welche Richtung sich der bewegliche Teil des Objekts bewegt. In unseren Fall mit dem Elefanten vor dem Haus wäre es sicher möglich, zwischen dem Frame *n* und dem Frame *n + x*, der ein paar Sekunden später liegen mag, eine Reihe von Frames durch Interpolation zu erzeugen.

Das Verfahren versagt natürlich dann, wenn die Kamera auf eine völlig neue Szene schwenkt, etwa den Dompteur, der seinen wild gewordenen Elefanten verfolgt. In diesem Fall muß das Bild vollkommen neu aufgesetzt werden.

Die Basis von JPEG bildet DCT, wobei es der Benutzer allerdings in der Hand hat, ob er eher höhere Bildqualität oder eine hohe Kompressionsrate bevorzugt. So benötigt zum Beispiel ein Bild mit 480 × 640 Pixels (Bildpunkten), insgesamt also 307 200 Pixels, das sich für den Monitor eines PCs eignet, auf der Festplatte einen Speicherplatz von fünf Megabyte. Bei Anwendung von JPEG kann dieses Image ohne Qualitätsverlust in ein MB gespeichert werden. Nimmt man gewisse Abstriche an der Bildqualität hin, kann dieses Image in 20 kB gespeichert werden. Der Kompressionsfaktor ist im ersten Fall fünf zu

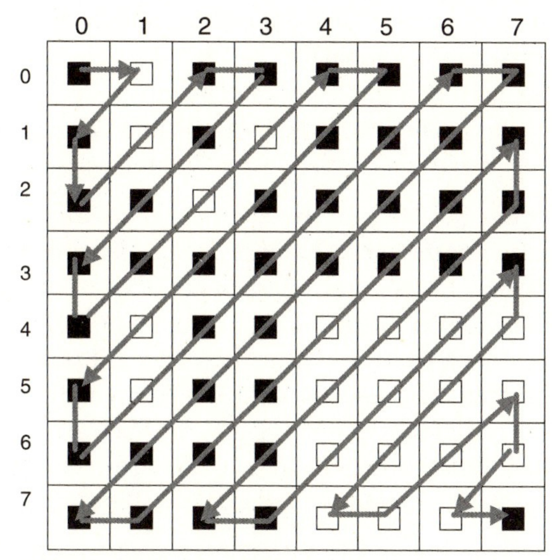

Abb. 2.27: Abtastung eines Image [2]

eins, im zweiten Fall 250 zu eins. Ein unbefangener Beobachter könnte den Qualitätsverlust nicht ohne weiteres feststellen, aber dem mit einer Lupe bewaffneten Fachmann würden die Unterschiede bestimmt auffallen.

Bei der Bilderfassung kommt bei JPEG ein Verfahren zum Einsatz, mit dem das Image diagonal abgetastet (gescannt) wird. Dies ist in *Abb. 2.27* dargestellt.

Man kann dann für jeden Bildpunkt, der durch zwei Koordinaten in der X- und Y-Richtung gekennzeichnet ist, einen Wert festlegen. Dieser kann zum Beispiel für einen schwarzen Punkt Eins betragen, für einen weißen Punkt Null.

Bei den Standards für bewegte Bilder, wie sie von MPEG definiert wurden, wird generell mit denselben Kompressionstechniken wie bei JPEG gearbeitet. Es wird angestrebt, einen Spielfilm in fernsehtauglicher Qualität mit einer Datenrate von 1,5 Mb/s übertragen zu können. Die MPEG-Standards bringen die folgenden Vorteile:

1. Unterstützung vieler verschiedener Bildformate
2. Flexible Kodierung und Übertragung
3. Unterstützung unterschiedlicher Datenraten für die Übertragung
4. Die Algorithmen zur Datenkomprimierung und Verschlüsselung können in Hardware festgeschrieben werden. Damit wird eine Geschwindigkeitssteigerung bei der Kodierung und De-Kodierung erreicht.
5. Verfahren zur Fehlerkorrektur und zum Zugangsschutz lassen sich leicht ergänzen

6. Kompressionstechnik verträgt sich gut mit den Datenformaten zur Speicherung von Bildinhalten in Computern
7. Die Schnittstelle zur CD-ROM wird unterstützt
8. Der MPEG-Standard wird sich durchsetzen, und leistungsfähigere Algorithmen und neue Verfahren können in der Zukunft leicht integriert werden.

Der erste Standard, der für bewegte Bilder erarbeitet wurde, war MPEG-1. Es handelt sich dabei nicht um einen Standard für das Fernsehen und den Film, sondern für CD-ROMs. Die Abspielung solcher Videosequenzen erfolgt auf dem Monitor eines PCs. Weil MPEG-1 für Multimedia-Umgebungen geschaffen wurde, bei denen der Benutzer in den Ablauf der Bildsequenzen eingreifen kann, in den Bildfolgen vor- und rückwärts blättern will, bestand die Notwendigkeit, relativ häufig vollständige Images zur Verfügung zu stellen. Diese Forderungen werden dadurch erfüllt, indem verschiedene Images mit unterschiedlichen Eigenschaften definiert werden. Das ist in *Abb. 2.28* dargestellt.

Die Intraframe Pictures bilden die Grundlage, sind vollständig und bilden einen Referenzpunkt für die anderen Images. Die mit B bezeichneten Images werden von Intraframe Pictures durch Interpolation abgeleitet, basieren also weitgehend auf deren Inhalten. Die P-Bilder werden durch Berechnung gewonnen und enthalten Anteile für die Korrektur bewegter Bildanteile. Grundlage bilden vor allem Intraframe Pictures.

Weil es beim MPEG-Standard zur Interpretation und Interpolation kommt, mußte der bisherige Datenstrom, in dem alle Images zeitlich sequentiell nach-

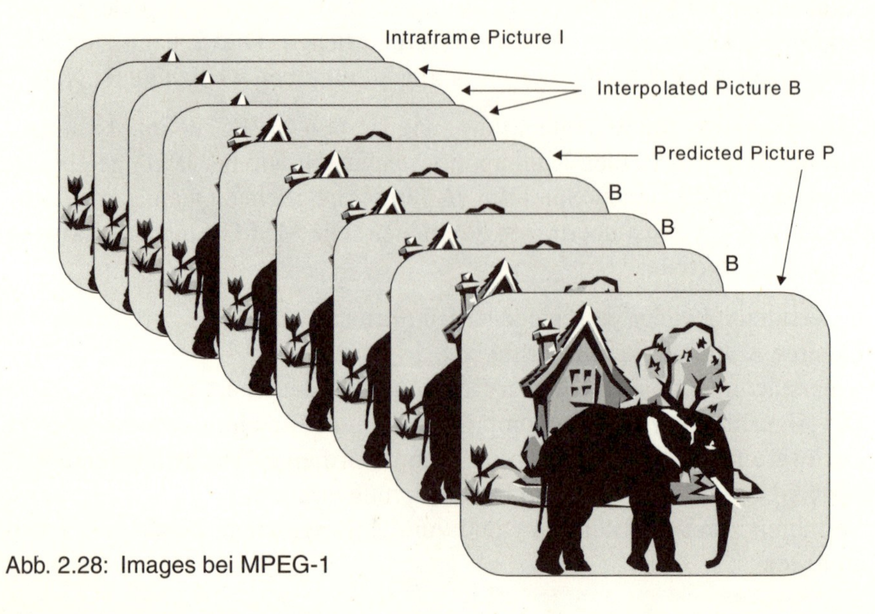

Abb. 2.28: Images bei MPEG-1

einander kommen, aufgegeben werden. Bei MPEG können nun Images früher von der Festplatte geholt werden, die der Zuschauer am PC allerdings erst später sieht, also in anderer Reihenfolge. Um dies zu ermöglichen, sind leistungsfähige Prozessoren und viel Hauptspeicher notwendig.

Die Anwendung von MPEG-1 im Bereich des Fernsehens und der Videotechnik brachte den Standard MPEG-2. Seine Bedeutung liegt nicht so sehr in der Kompression von Images, sondern in der Definition eines Datencontainers, in dem Bilder, Töne und Daten enthalten sein können. MPEG-2 wird neue Formate und Normen im Bereich des Fernsehens unterstützen, die über die bisher gebrauchten Standards PAL, SECAM und NTSC in den USA hinausgehen. MPEG-2 ist so flexibel, daß er sowohl Formate mit relativ niedrigen Datenraten und mäßiger Bildqualität zuläßt, auf der anderen Seite aber hohe Qualität, verbunden mit höheren Datenraten und größerem Bedarf an Speicherplatz, nicht ausschließt. Diese Formate sind untereinander kompatibel.

2.7.2 Integrität der Daten

Bei der Übertragung von Daten und deren Speicherung muß man immer damit rechnen, daß Daten falsch übertragen werden. Weil dies zu einer Verfälschung von Inhalten führt, seien es nun Daten, Images oder unbewegte Bilder, sucht man nach Möglichkeiten, um diese Fehler zu erkennen und die Verfälschung des Inhalts vermeiden zu können.

Eines der einfachsten und gebräuchlichsten Verfahren ist das hinzufügen von Parity Bits. Dies soll am Beispiel der Zeichen 4 und Y des ASCII-Codes, wie er in der Datenverarbeitung üblich ist, erläutert werden. Der ASCII-Code ist ein Code mit sieben Bits. Weil man üblicherweise Einheiten von einem Byte, also acht Bits verwendet, bleibt ein Bit übrig. Dieses verwendet man als Parity Bit und hat damit eine relativ problemlose Möglichkeit, die Richtigkeit jedes einzelnen Bytes zu überprüfen. Parity Bit bedeutet, die binären Einsen in einem Byte zu zählen. Ist die Summe gerade, spricht man von *even parity* und setzt das achte Bit auf Null. Ist die Summe hingegen ungerade, spricht man von *odd parity* und setzt das achte Bit auf Eins. Das ist in *Tabelle 2.21* dargestellt.

Tabelle 2.21: Verwendung von Parity Bits

Zeichen	Zeichen in ASCII, binär	Parity Bit	Zeichen in ASCII, mit Parity Bit
4	00110100	1	**1**0110100
Y	01011001	0	**0**1011001

Mit Hilfe des Parity Bits kann man nun erkennen, wenn zum Beispiel bei der Ziffer 4 das rechts stehende binäre Bit auf Eins kippen würde. Es würde sich nun eine Null bei der Parität ergeben, so daß offenbar ein Fehler aufgetreten sein muß.

Obwohl dieses Verfahren relativ einfach in der Handhabung ist und in der Computertechnik weite Verbreitung gefunden hat, sind doch einige Nachteile damit verbunden.

1. Parity Bits benötigen zusätzlichen Platz.
2. Wenn zwei Bits, die entweder Null oder Eins sind, kippen, dann wird dieser Fehler nicht erkannt.
3. Mit Parity Bits können Fehler erkannt werden, aber eine Fehlerkorrektur ist damit nicht unmittelbar möglich.

In der Regel wird man bei einer Datenübertragung, wenn auf der Empfängerseite ein Fehler erkannt wurde, eine erneute Übertragung veranlassen. Natürlich gibt es weit komplexere Verfahren zur Sicherstellung der Integrität der Daten, wie etwa den Hamming-Code. Je größer allerdings die Forderungen an die Integrität der Daten werden, desto mehr Platz wird für Parity Bits benötigt. Es sinkt also die Effizienz der Datenübertragung.

Wenn nicht nur das Erkennen von Fehlern, sondern auch deren Beseitigung ohne erneute Datenübertragung gefordert wird, müssen anderen Verfahren zum Einsatz kommen. Eines davon ist unter der Bezeichnung *Forward Error Correcting* (FEC) bekannt geworden. Nehmen wir dazu an, in einem Datenstrom aus einzelnen Bits existieren die Werte Null und Eins. Es wird nun dreifache Redundanz angewandt, und anstatt eins wird jedesmal 111, beziehungsweise anstatt null die Folge 000 übertragen.

Wenn der Empfänger mit dieser Logik vertraut ist, dann würden alle Bitfolgen, die nicht aus 000 oder 111 bestehen, als Fehler erkannt werden. Würde zum Beispiel beim Empfänger 101 ankommen, dann wäre dies ein Fehler. Auch bei diesem Schema werden Fehler nicht erkannt, bei denen durch Rauschen ein Datenstrom mit dem Inhalt 000 zu 111 wird. Es ist allerdings wenig wahrscheinlich, daß drei Bits hintereinander kippen als nur ein einzelnes Bit.

Wenn man die Wahrscheinlichkeit für das Kippen eines einzelnen Bits mit 10^{-2} ansetzt, dann ergibt sich bei dreifacher Redundanz die Wahrscheinlichkeit für das Auftreten eines nicht entdeckten Fehler mit 3×10^{-2}, also 10^{-6}.

Wenn Fehlerkorrektur verlangt wird, dann muß in der Hardware oder Software eines Empfängers eine Logik vorhanden sein, die beim Empfang von 101 darauf schließt, daß das zweite Bit falsch ist, bei der Übertragung verändert wurde und folglich aus 101 wieder die ursprüngliche Bitfolge 111 erzeugt. Das bedeutet letztlich *Forward Error Correcting*, denn es muß keine erneute Übertragung der Daten erfolgen.

Im obigen Beispiel würde sich durch die dreifache Redundanz die Datenlänge verdreifachen. Das ist bei effizienteren Algorithmen nicht immer der Fall, aber stets wird für die Integrität der Datenübertragung ein Preis zu zahlen sein.

2.7.3 Sicherung gegen unberechtigten Zugriff

Bei Datenübertragungen im Bereich des Satellitenfernsehens kommt eine weitere Forderung der Anbieter hinzu. Die Produzenten von Spielfilmen, die Programmanbieter und Betreiber von Sendern wollen den Inhalt ihrer Programme schützen und nur solchen Zuschauern zugänglich machen, die dafür zu zahlen bereit sind. Wir sind also beim *Pay TV.* Dabei werden in der Regel zwei Varianten unterschieden: Zum einen kann der Zuschauer für einen bestimmten Kanal pauschal bezahlen, oder er kann nur für bestimmte Programmteile, etwa einen spannenden Spielfilm, Gebühren entrichten. Die letztere Option bezeichnet man als *pay per view.* In beiden Fällen ist es notwendig, das Signal so zu verschlüsseln, daß nur berechtigte Zuschauer mit einer entsprechenden Ausrüstung das Programm sehen können. Die Sicherung gegen unberechtigten Zugriff auf bestimmte Programme oder Programminhalte wird mit dem englischen Begriff *Conditional Access* (CA) bezeichnet.

Derzeit sind zwei Lösungswege vorgeschlagen worden, um CA zu realisieren, nämlich die Simulcrypt-Route und die Multicrypt-Route. Wo liegt nun der Unterschied?

- Bei Multicrypt läuft der gesamte Videodatenstrom im Empfänger durch eine Smart Card. Nur wer im Besitz dieser Karte ist, kann die Programminhalte entschlüsseln.
- Bei Simulcrypt wird der Videodatenstrom in einer Set Top Box entschlüsselt, die mit dem Fernsehgerät verbunden ist. Bei Simulcrypt ist es daher eher möglich, den Schlüssel zu finden und die Inhalte zu nutzen, ohne dafür zu bezahlen.

Grundsätzlich ist zu bemerken, daß ein absolut sicheres Verschlüsselungsverfahren nicht existiert. Datenströme und Signale können jedoch so verschlüsselt werden, daß der Aufwand für das Knacken des Codes so hoch ist, daß es sich für den Hacker oder Piraten nicht mehr lohnt.

In Deutschland liegt der Anteil der Programme, die in den Bereich Pay TV fallen, zur Zeit im internationalen Vergleich relativ niedrig. Das liegt sicherlich auch daran, daß sich die kommerziellen Anbieter wie RTL und die Kirch-Gruppe mit SAT-1 der Konkurrenz der öffentlich-rechtlich konstruierten Anstalten von ARD und ZDF stellen müssen. Allerdings ist langfristig durchaus damit zu rechnen, daß sich Pay TV auch in Deutschland einen Platz unter den Anbietern von Fernsehprogrammen erobern wird.

2.8 Digital Video Broadcasting

Derzeit beruht das Fernsehen in den meisten Ländern der Welt noch auf analoger Technik. Das ist im Grunde ein Anachronismus, denn in jedem Küchengerät finden wir heute digitale Technik. Jeder Videorecorder ist voller Prozessoren und Chips, und die digitale Technik bietet einfach bessere technische Möglichkeiten. Hinzu kommt, daß die Zahl der Fernsehkanäle so ansteigt, daß der Inhalt mit der vorhandenen Infrastruktur einfach nicht bewältigt werden kann. Ein deutliches Anzeichen dafür ist die Begrenzung der Zahl der Programme in deutschen Kabelnetzen. Sie beträgt etwa dreißig, aber wer eine Satellitenschüssel auf dem Dach hat, kann Hunderte von Programmen empfangen.

In *Tabelle 2.22* sind die wichtigsten derzeit angewendeten oder vorgeschlagenen Standards für das Fernsehen aufgelistet.

Tabelle 2.22: Fernsehnormen [15]

Standard	**Land**	**Bild-zeilen**	**Aktive Bildzeilen**	**Frequenz [Hz]**	**Bild-format**	**Bandbreite [MHz]**
NHK	Japan	1125	1035	60	16 : 9	30
EU95	Europa	1250	1152	50	16 : 9	60
HD-NTSC	USA	1050		59,94	16 : 9	6 + 6/3
HD-MAC60	USA	1050		59,94	16 : 9	9,5
MUSE	Japan	1125		60	16 : 9	8,1
HD-MAC	Europa	1250		50	16 : 9	12
D-MAC	Europa	625		50	4 : 3	12
D2-MAC	Europa	625		50	4 : 3	9
PAL	Europa	625		50	4 : 3	5
SECAM	Frankreich, Osteuropa	625		50	4 : 3	5
NTSC	USA	525		59,94	4 : 3	4,5

Von diesen Normen sind vor allem PAL und das französische SECAM in Europa und NTSC in den USA von großer technischer und wirtschaftlicher Bedeutung. Versuche in Europa mit D-MAC und D2-MAC haben nicht zu nennenswerten kommerziellen Erfolgen auf dem Markt geführt. Trotzdem bleibt es ein erstrebenswertes Ziel, die Zahl der Programmangebote für den Zuschauer zu erhöhen und die Bildqualität zu verbessern. Digital Video Broadcasting (DVB) hat gute Aussichten, sich als Standard international durchzusetzen, und damit die Bereiche Fernsehen, Video und den gesamten Bereich des PCs mit den zugehörigen CD-ROMs unter einen Hut zu bringen, und damit letztlich den ganzen Multimedia-Markt bedienen zu können.

Der DVB-Standard basiert in großen Teilen auf MPEG und ermöglicht damit die Kompression von Programminhalten und deren Verschlüsselung. Damit ist gewährleistet, daß das Programmangebot vergrößert werden kann und die Interessen der Programmanbieter geschützt bleiben. Unter DVB fallen eine Reihe von Standards, die miteinander kompatibel sein sollen.

1. DVB-S: Der Standard für direkt strahlende Fernsehsatelliten im Bereich von elf bis zwölf GHz.
2. DVB-C: Der Standard für Kabelnetze. Er ist mit DVB-S kompatibel, und es sind acht MHz breite Kanäle vorgesehen.
3. DVB-CS: Der Standard für die Antennen für den Satellitenempfang, also die Satellitenschüsseln.
4. DVB-T: Der Standard für terrestrisch ausgestrahlte Fernsehprogramme
5. DVB-SI: Der Standard für das Service-Informationssystem eines DVB-Decoders. Damit soll der Benutzer in der Lage sein, seine Anlage zu konfigurieren und bestimmte Inhalte zu finden.
6. DVB-TXT: Der Standard für Teletext.
7. DVB-CI: Das gemeinsame Interface bei Conditional Access.

Digital Video Broadcasting bedeutet letztlich digitales Fernsehen. Dafür werden die folgenden Vorteile [14] genannt:

1. Vervielfachung der Zahl der Fernsehprogramme für den Konsumenten
2. Bessere Ausnutzung des begrenzten Frequenzspektrums
3. Ausweitung von Hörfunkprogrammen, Einspeisung fremdsprachiger Programme in deutsche Netze
4. Flexible Wahl der Bild- und Tonqualität, so lange die resultierende Datenrate die Kapazitätsgrenzen des Datencontainers nicht überschreitet
5. Die Nutzung von Programmen im Pay TV
6. Den Übergang zur digitalen Technik im Bereich des Fernsehens und damit verbunden bessere Integration mit der Computertechnik und dem PC

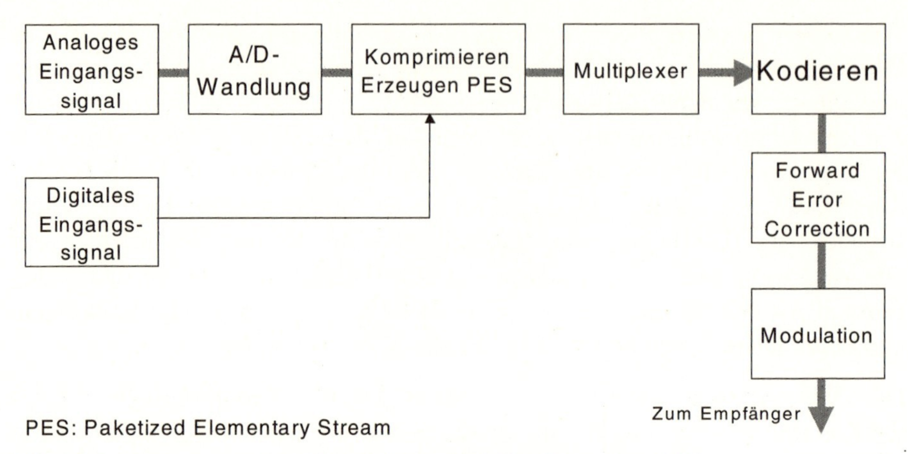

Abb. 2.29: Erzeugung eines Signals beim digitalen Fernsehen [14]

Die Erzeugung eines Signals für digitales Fernsehen, wie sie in Zukunft bei den Rundfunk- und Fernsehanstalten erfolgen wird, ist in *Abb. 2.29* dargestellt. In diesem Prozeß ist die Digitalisierung eines analogen Signals, dessen Komprimierung nach dem MPEG-Standard, die optionale Verschlüsselung im Bereich von Pay TV, die Sicherstellung der Integrität der Datenübertragung durch Forward Error Correction und letztlich die Modulation auf einen geeigneten Frequenzkanal enthalten.

Im Empfänger laufen dann die einzelnen Schritte in umgekehrter Reihenfolge ab. Gegenüber analoger Technik steigen allerdings die Optionen des Benutzers, so weit sein Empfangsgerät das unterstützt. Im Grunde handelt es sich bei den empfangenen Daten um Bits und Bytes, welche sich für die Bearbeitung durch Software eignen. Es tun sich also viele Möglichkeiten zur Bearbeitung auf: Man kann den Bildschirm teilen und gleichzeitig mehrere Programme ansehen. Man kann einzelne Szenen oder ganze Spielfilme digital speichern. Man kann Bild und Ton im Empfänger wieder trennen.

Es ist auch möglich, gewisse Prioritäten zu setzen, wie dies in Ansätzen im Autoradio realisiert worden ist. So wäre es möglich, einer Nachrichtensendung Vorrang gegenüber Unterhaltung zu geben, und diese zu einem bestimmten Zeitpunkt vorprogrammiert einzuschalten, obwohl bisher ein Spielfilm gelaufen ist. Auch spezialisierte Informationsanbieter wie Reuters mit seinen Börsendiensten könnten viel stärker in den Bereich des Fernsehens vordringen, etwa mit den aktuellen Kursen von der Börse in Frankfurt oder New York.

Digitales Fernsehen bietet also die Chance, den bisherigen Nachteil des Fernsehens, nämlich seine Ausrichtung auf ein sehr breites Publikum mit Millionen von Zuschauern, zu mildern. Es könnte durchaus sein, daß das Programmangebot in der Zukunft eher einem Fleckerlteppich gleicht als einem herkömmlichen Massenmedium.

3 Fernsehsatelliten

The Media is the Message (Marshall McLuhan).

Direkt strahlende Fernsehsatelliten haben in den vergangenen Jahren eine grundlegende Umwälzung im Markt eingeleitet. Nicht länger besitzen Regierungen ein Informationsmonopol, nicht länger sind es Regierungen, die das wichtige Massenmedium Fernsehen mit seinen in die Millionen gehenden Zuschauern kontrollieren. Neben den interessanten technischen Details besitzt Satellitenfernsehen auch eine politische Dimension.

Denken wir an Staaten wie den Iran. Selbst zu Zeiten, als Ayatollah Khomeini und die islamische Geistlichkeit die Gesellschaft sehr stark im Griff hatten, sind die Satellitenschüsseln nicht von den Dächern der Häuser in Teheran verschwunden. Die Programme westlicher und amerikanischer Sender wurden weiterhin gesehen. In Saudi-Arabien, einem streng islamischen Staat, werden mittels Satellitenfernsehen die Programme liberaler ägyptischer und britischer Sender gesehen.

In der Bundesrepublik Deutschland herrscht die Situation, daß der Zuschauer weiterhin Gebühren zahlen muß, obwohl Fernsehprogramme in vielen westlichen Ländern umsonst sind. Das Bundesverfassungsgericht hat in einem Urteil davon gesprochen, daß die öffentlich-rechtlichen Anstalten ZDF und ARD eine Grundversorgung der Bevölkerung sicherstellen sollen. Allerdings halte ich das für eine gewagte Hilfskonstruktion. Auch RTL und SAT-1 senden Nachrichten, und der Bürger kann auch einen Nachrichtenkanal wie n-tv wählen. Insofern ist er also nicht auf ARD und ZDF angewiesen.

Man hat die Gebühren bei ARD und ZDF auch mit der höheren Qualität ihrer Programme und der Abwesenheit lästiger Werbung im Abendprogramm zu rechtfertigen versucht. Allerdings ist eine höhere Qualität des öffentlich-rechtlichen Programmangebots nie in quantifizierbarer Form nachgewiesen worden. Was die Werbung betrifft, so ist das Abendprogramm dieser Sender nicht frei von Werbung. Sie versteckt sich lediglich hinter dem dünnen Mäntelchen Sponsoring.

Es ist auch zu fragen, warum ein türkischer Mitbürger, der mittels Satellitenschüssel nur türkische Programme empfängt, für die öffentlich-rechtlichen

Programme in Deutschland zur Kasse gebeten wird. Oder der Engländer, der in Deutschland arbeitet, die deutsche Sprache nur unvollkommen beherrscht und zu Hause lieber das Programm von CNN oder Sky Channel ansieht.

Wenn es allerdings so sein sollte, daß der Bürger in Deutschland allein dafür Gebühren zahlen muß, weil er ein Fernseh- oder Rundfunkgerät betreibt, dann kann ich das nur als ein Relikt aus dem preußischen Obrigkeitsstaat bezeichnen. Es gehört abgeschafft.

Auf der anderen Seite ist nicht zu bestreiten, daß gute Unterhaltung und sorgfältig recherchierte Nachrichten viel Geld kosten. Diese Kosten müssen erwirtschaftet werden. Weil sich aber Pay TV über kurz oder lang sowieso einen festen Platz im Programmangebot erobern wird, wäre es vielleicht an der Zeit, über andere Strukturen in der deutschen Medienlandschaft nachzudenken. In den USA herrscht in dieser Hinsicht viel mehr Liberalität, und es gibt lediglich eine Aufsichtsbehörde, wie sie in Deutschland in vergleichbarer Form für den Telefonmarkt existiert.

Interessant ist auch, daß der erdnahe Weltraum zwar nicht den Gesetzen irgendeines Nationalstaats unterliegt, daß aber dennoch irdische Organisationen Vorschriften erlassen und Regelungen treffen, die diesen Raum betreffen. Denken wir nur an die ITU in Genf, die Frequenzen für Fernsehsatelliten vergibt. Oder an die amerikanische Aufsichtsbehörde FCC, die für Fernsehsatelliten über den USA einen Abstand von zwei Grad verlangt.

Es tun sich also auf diesem Gebiet eine Reihe von Fragen auf, die über den Nationalstaat hinaus reichen und in ihrer Substanz die Grundrechte von Menschen, etwa den freien Zugang zu Informationen, berühren. Gerade deswegen werden sie nicht leicht zu lösen sein. Wenden wir uns nun den Fernsehsatelliten zu.

3.1 Direkt strahlende Fernsehsatelliten

Die Geschichte des Satellitenfernsehens begann Anfang der achtziger Jahre in den USA. Damals wurden erstmals erschwingliche Satellitenschüsseln für den Empfang im C-Band angeboten. Die Attraktivität lag darin, daß die Käufer die Programme von Kabelgesellschaften, die unverschlüsselt über diese Frequenzen abgestrahlt wurden, umsonst empfangen konnten. Populär waren Satellitenschüsseln vor allem in ländlichen Gegenden, wo der Empfang terrestrischer Sender schlecht war, oder bei Technik-Freaks. Bis zum Jahr 1985 waren rund eine Million Satellitenschüsseln verkauft worden, und damit war für viele Amerikaner Satellitenfernsehen bereits eine Realität.

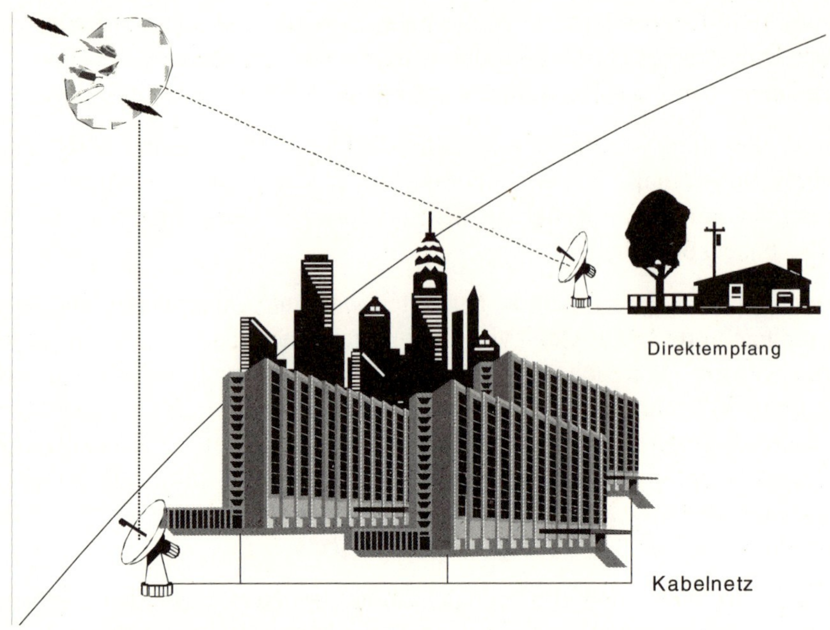

Abb. 3.1: Nutzung von Satellitenfernsehen

Abb. 3.1 zeigt diese Konstellation, in der sich die Empfänger und Fernsehgeräte sowohl auf dem flachen Land als auch in verdichteten städtischen Regionen befinden.

Für direkt strahlende Fernsehsatelliten hat sich in den USA der Ausdruck *Direct-to-Home* (DTH) Television eingebürgert. Man findet auch die Bezeichnung *Direct Broadcasting Services* (DBS). Die Kabelgesellschaften fingen im Jahr 1986 an, ihre Signale zu verschlüsseln, und damit entstand eine ganz neue Industrie. Die Verbraucher waren gezwungen, sich einen Decoder zur Entschlüsselung der Signale zu kaufen und eine monatliche Nutzungsgebühr an die Anbieter der Programme zu zahlen. Weil nun neue Einnahmequellen zur Verfügung standen, konnten weitere Gebiete erschlossen werden, zum Beispiel das K_u-Band. Heute drängen sich so viele Anbieter im geostationären Orbit über Nordamerika, daß kaum Platz für neue Satelliten bleibt.

In Europa verlief die Entwicklung etwas anders. Während in den USA im Bereich von Rundfunk und Fernsehen immer ein freier Markt herrschte, waren die sechziger Jahre in Europa die Zeit der staatlichen Monopole. Auf einer Konferenz der *European Launcher Development Organisation* (ELDO) im Jahr 1964 wurde erstmals die Absicht geäußert, eigene europäische Fernsehsatelliten zu bauen. Die Aufgabe fiel dann EUTELSAT zu, einem Konsortium europäischer Postbehörden. Im Jahr 1972 vereinbarten sieben europäische Staaten, das Projekt im Rahmen der europäischen Raumfahrtagentur ESRO voranzutreiben. Es wurden zunächst zwei Prototypen von Satelliten gebaut, Orbital Test Satellite (OTS) 1 und 2. Der erste davon wurde beim Start zerstört, mit dem zweiten, der im Jahr 1973 gestartet wurde, hatte man mehr Glück. Im Jahr 1979 bestellte EUTELSAT bei der europäischen Raumfahrtbehörde, die sich inzwischen ESA nannte, fünf Fernsehsatelliten. Der erste davon wurde am 16. Juni 1983 von Französisch Guyana aus mit einer ARIANE I in seine Bahn geschossen.

Das eigentlich überraschende in der Geschichte des Satellitenfernsehens in Europa ist nicht der Zusammenschluß der europäischen Postbehörden in der Form von EUTELSAT, sondern die Tatsache, daß ein völliger Newcomer wie ASTRA innerhalb weniger Jahre EUTELSAT den Rang ablief. ASTRA, ein in Luxemburg beheimatetes Unternehmen, machte einen klugen Schachzug, der EUTELSAT zum Mißerfolg verdammte. Es plazierte alle seine Satelliten auf 19,2 Grad östlicher Länge über dem Äquator. Damit mußten die Zuschauer auf der Erde ihre Satellitenschüsseln nur auf eine einzige Position ausrichten, nicht auf mehrere Positionen wie bei der Konkurrenz von der Post. Hinzu kam ein attraktives Programmangebot. Damit befand sich das Satellitenfernsehen in Europa auf dem Weg zum geschäftlichen Erfolg.

3.1.1 ASTRA

Den Start ins All trat der erste Satellit von ASTRA in den frühen Morgenstunden des 11. Dezember 1988 an. Ursprünglich hätte die ARIANE I bereits am Vortag starten sollen. Der Count-down wurde jedoch dreimal [16] abgebrochen. Das erste Mal war schlechtes Wetter der Grund, beim zweiten Mal riß die Verbindung zur Bodenstation in Ascension Island ab, und beim dritten Mal reagierte ein Meßinstrument in der dritten Raketenstufe nicht mehr. Um das Problem untersuchen zu können, mußte erst der Treibstoff aus der Rakete abgelassen werden.

Am nächsten Tag gab es noch ein Problem mit einen Ventil, doch schließlich brachte die ARIANE I den Satelliten von ASTRA ins All. Der Betreiber dieses und aller nachfolgenden Satelliten vom Typ ASTRA ist SES. Der Name bedeutet übersetzt etwa Gesellschaft für europäische Satelliten. In Luxemburg war man immer recht geschickt darin, sich von den Werbekuchen europäischer Unternehmen in Deutschland, Frankreich und England ein großes Stück zu sichern. Auch RTL, ein Unternehmen von Bertelsmann, wurde schließlich im Herzogtum Luxemburg geboren.

Zu den ersten Kunden von SES gehörte Robert Murdoch in Großbritannien mit seinem Programm Sky Channel und W. H. Smith Booksellers, ein zweiter wichtiger kommerzieller Programmanbieter. *Tabelle 3.1* zeigt die wichtigsten Fernsehsatelliten für Europa.

Tabelle 3.1: Satellitenbetreiber in Europa [8]

Betreiber	**Sitz des Anbieters**	**Zahl der Satelliten**	**Programm bestimmt für ...**
SES ASTRA	Luxemburg	5	Ganz Europa
Dt. Telekom, Kopernikus	Bundesrepublik	4	Deutschland
EUTELSAT	Frankreich	7	Ganz Europa
Hispasat	Spanien	2	Spanien, Nordafrika
Italsat	Italien	1	Italien
Sirius	Schweden	2	Schweden
Gorizont	Sowjetunion	11	Sowjetunion
Telecom	Frankreich	3	Frankreich
Thor	Norwegen	2	Skandinavien
Turksat	Türkei	1	Türkei

Astra ist in Europa der unbestrittene Marktführer. Im Gegensatz zu den Satelliten einzelner Nationen, die sich vorwiegend an eine bestimmte Sprachgruppe wenden, bietet Astra Programme in vielen Zungen an. Weil sich alle Satelliten auf derselben Position befinden, brauchen deutsche, türkische, italienische und spanische Zuschauer, wo immer sie in Europa auch wohnen, ihre Satellitenschüssel nur auf 19,2 Grad Ost auszurichten und können sicher sein, dort ein großes Angebot an Programmen zu finden.

Tabelle 3.2 enthält die wesentlichen Daten zu den Satelliten von SES vom Typ Astra, wie sie im Laufe der vergangenen Jahre gestartet wurden.

Das Programm der Satelliten von ASTRA deckt ein weites Spektrum ab, von Sportsendungen über Kinderprogramme bis hin zu Spielfilmen und Einkäufen per TV. Einige der Sendungen sind verschlüsselt und fallen unter Pay TV, aber ein Großteil des Programms fällt unter *Free TV.* Natürlich finanzieren sich diese Programmanbieter durch Werbung. Die weitaus meisten Programme folgen dem in Europa üblichen PAL-Format, es gibt allerdings auch ein paar Programme nach der D2-MAC-Norm.

Im Februar 1998 hat SES den Bau eines neuen Satelliten [17] namens ASTRA 1k angekündigt, der alle bisherigen Fernsehsatelliten in den Schatten stellen soll. Für ASTRA 1k sind die folgenden Funktionen angekündigt worden:

Tabelle 3.2: Daten zu den Satelliten vom Typ ASTRA [8]

Astra	**1a**	**1b**	**1c**	**1d**	**1e**	**1f**
Start	Dez. '88	März '91	Mai '93	Okt. '94	Okt. '95	April '96
Trägersystem	Ariane	Ariane	Ariane	Ariane	Ariane	Proton
Hersteller	GE Astro	GE Astro	Hughes	Hughes	Hughes	Hughes
Lebensdauer	10 Jahre	12 Jahre	15 Jahre	12 Jahre	14 Jahre	15 Jahre
Uplink [GHz]	14,45	14,45	13,25	13,0	17,67	17,67
Downlink [GHz]	11,45	11,45	11,2	12,95	12,07	12,07
Bandbreite Transponder	26 MHz	26 MHz	26 MHz	26 MHz	26 MHz	26 MHz
Zahl der Transponder	16	16	16	16	16	16
Leistung Transponder	45 W	60 W	63 W	63 W	85 W	85 W
Abgedeckter Bereich	Westeuropa	Westeuropa, Spanien	Westeuropa, Spanien	Westeuropa, Spanien	Westeuropa, Spanien	Westeuropa, Spanien

Mission 1: Bereitstellen einer Ersatz- und Reservekapazität. In dieser Funktion soll der neue Satellit die Programme von bis zu drei der bisherigen Satelliten übernehmen können. Damit ist gewährleistet, daß die Programmanbieter ihr analoges Programm bis weit in das nächste Jahrtausend hinein betreiben können.

Mission 2: Größere Ausleuchtzonen und höhere Übertragungskapazität durch Frequenz-Wiederverwendung. ASTRA 1k wird die Technik Frequency Re-use einsetzen und zwei Spotbeams bereit stellen. Davon deckt einer Großbritannien und Irland ab, während der zweite Mittel- und Osteuropa versorgen soll. Über jeden Beam können gleichzeitig bis zu 24 Kanäle übertragen werden.

Mission 3: Asymmetrische Zwei-Wege Kommunikation auf dem K_a-Band. Diese Funktion zielt darauf ab, stärker in Dienstleistungsbereiche einzudringen, in denen in digitaler Form Daten vom Benutzer zum Sender übertragen werden müssen.

Als Startdatum für ASTRA 1k wird das 3. Quartal 2000 angegeben. Weiterhin werden die folgenden Daten aus der Spezifikation genannt (siehe *Tabelle 3.3*).

Tabelle 3.3: Technische Daten von ASTRA 1k [17]

Trägersystem	**ARIANE oder Proton**
Startlokation	Kourou oder Baikonur
Startgewicht	4 650 oder 4 450 kg
Orbitposition	19,2 Grad Ost
Positionshaltung	3-Achsen-Stabilisierung
Nominelle Lebensdauer	13 Jahre
Elektrische Gesamtleistung	12,4 kW
Transponder-Bandbreite	26 MHz im K_u-Band, 500 MHz im K_a-Band

Damit dürfte gewährleistet sein, daß ASTRA seine Position als führender Anbieter von Satellitendienstleistungen und Partner für Programmanbieter in Europa behaupten kann.

3.1.2 EUTELSAT

Während EUTELSAT zunächst von den westeuropäischen Postbehörden gegründet wurde, haben sich nach dem Fall des eisernen Vorhangs in rascher Folge osteuropäische Länder angeschlossen. Haupteigner [8] von EUTELSAT sind die British Telecom mit zwanzig Prozent, die Deutsche Telekom mit 14,2 Prozent, Telefonica of Spain mit 9,8 Prozent und die italienische Telespazio mit 8,39 Prozent.

EUTELSAT ist der Hauptkonkurrent von Astra und versorgt eine Reihe von Kabelnetzbetreibern in ganz Europa. In *Tabelle 3.4* sind die Satelliten dieses Anbieters mit ihren wichtigsten technischen Daten aufgeführt.

Tabelle 3.4: Technische Daten von EUTELSAT-Satelliten [8]

Satellit	**EUTEL-SAT I F5**	**EUTEL-SAT II F3**	**EUTEL-SAT II F1**	**EUTEL-SAT II F1**	**EUTEL-SAT II F4**
Position im Orbit	21,5° Ost	16° Ost	13° Ost	10° Ost	7° Ost
Start	21-JUL-88	7-DEC-91	30-AUG-90	15-JAN-91	9-JUL-92
Lebensdauer [Jahre]	7	10	10	10	10
Zahl der Transponder	14	16	16	16	16
Bandbreite [MHz]	72	31, 36, 72	31, 36, 72	31, 36, 72	31, 36, 72
Elektrische Leistung	20 W	50 W	50 W	50 W	50 W

Der neueste Satellit des EUTELSAT-Konsortiums ist Hot Bird 4. Dieser Satellit [18] nutzt die Frequenzbereiche von 10,7 bis 10,94 GHz und von 12,5 bis 12,75 GHz. Er besitzt zwanzig Transponder, die sowohl analog als auch digital genutzt werden können. Die Position ist 13 Grad östlicher Länge über dem Äquator.

3.1.3 Andere europäische Satellitenbetreiber

Frankreich hat durch staatliche Förderung im Rahmen des *Telediffusion de France* (TDF) Projekts das Satellitenfernsehen unterstützt. An diesem Programm nahmen eine Reihe von französischen Unternehmen aus dem Rüstungsbereich teil. Darüber hinaus wurden Satelliten dieses Typs teilweise von deutschen und französischen Firmen in der Form von Konsortien entwikkelt, um Kosten zu sparen.

In *Tabelle 3.5* finden sich die wesentlichen technischen Daten dieser TDF-Satelliten.

Tabelle 3.5: Spezifikationsdaten von TDF-Satelliten [8]

Funktion		**Wert**
Start	TDF 1	Oktober 1988
	TDF 2	Juli 1990
Trägersystem	TDF 1	ARIANE II
	TDF 2	ARIANE IV (2 Satelliten)
Sendebeginn		1989
Lebensdauer		9 Jahre
Position		19 Grad West
Hersteller		Eurosatellite (Joint Venture)
Uplink		17,3 – 17,7 GHz
Downlink		11,7 bis 12,1 GHz
Bandbreite der Transponder		23 MHz
Zahl der Transponder		5
Leistung pro Transponder		230 W
Abgedeckter Bereich		Frankreich

Als Programmanbieter bei diesen Satelliten ist vor allem der französische Sender Canal Plus zu nennen. Als Norm wird D2-MAC verwendet. Wenden wir uns nun dem Norden Europas zu. Hier ist der Satellit Thor zu nennen. Er wurde von einem britischen Betreiber im Erdorbit erworben und versorgt jetzt Norwegen, Schweden, Dänemark und Finnland mit Fernsehprogrammen.

Ein neuerer Satellit, Thor IIA, stammt vom amerikanischen Hersteller Hughes und ist vom Typ HS 376, also ein *Spinner*. Die Sendeleistung der Serie von Thor-Satelliten ist so stark, daß die Kunden am Boden mit fünfzig Zentimeter Durchmesser bei der Satellitenschüssel auskommen. Nordeuropa stellt, was die Zahl der Zuschauer angeht, einen relativ kleinen Markt dar. Deshalb ist es für die werbetreibende Wirtschaft nicht so interessant wie Zentraleuropa.

3.1.4 Rußland

Die Sowjetunion stellt einen Pionier bei direkt strahlenden Fernsehsatelliten dar. Ein Grund dafür dürfte technischer Natur sein: Bei der Weite des Landes ist eine Versorgung durch Kabel nicht möglich, und selbst terrestrische Sendeformen würden einen relativ großen Aufwand erfordern. Ein zweiter Grund ist sicherlich politischer Natur. Wenn man sich in den siebziger und achtziger Jahren die Statistiken in Bezug auf die Versorgung mit Haushaltsgeräten ansah, dann fiel auf, daß im Ostblock verglichen mit westlichen Haushalten ein spürbarer Mangel an Kühlschränken und Waschmaschinen herrschte. Andererseits besaßen mehr als neunzig Prozent der Haushalte einen Fernseher, nur wenige Prozentpunkte weniger als im Westen. Der Grund für die hohen Produktionszahlen lag sicherlich darin, daß die kommunistische Führung dieser Länder das Fernsehen als ein exzellentes Mittel zur Beeinflussung der Bevölkerung in ihrem Sinne betrachtete.

Die russischen Fernsehprogramme werden von Satelliten des Typs Gorizont abgestrahlt und sind wegen ihrer hohen Sendeleistung auch in Mitteleuropa zu empfangen. Allerdings verwendet das russische Fernsehen die französische SECAM-Norm. Besonderer Erwähnung verdienen die drei Satelliten vom Typ Molniya. Sie befinden sich nicht auf geostationären Bahnen, wie man das von direkt strahlenden Fernsehsatelliten erwartet, sondern auf einer sehr extremen Bahn (siehe *Abb. 3.2*).

Die Bahn dieser Satelliten kommt am Perigäum der Erde bis auf 500 Kilometer nahe, während der erdfernste Punkt bei 40 000 Kilometer liegt. Der Grund für diesen Orbit liegt darin, daß mit geostationären Satelliten die Gebiete am Pol nicht mehr erreicht werden können. Ein Molniya-Satellit bewegt sich dagegen vor allem über der nördlichen Halbkugel, und damit sind auch Empfangsstationen jenseits des Polarkreises relativ leicht zu erreichen.

Neben der Versorgung mit den Programmen des russischen Fernsehens fungiert Molniya auch als Kommunikationssatellit für entfernte Regionen im hohen Norden.

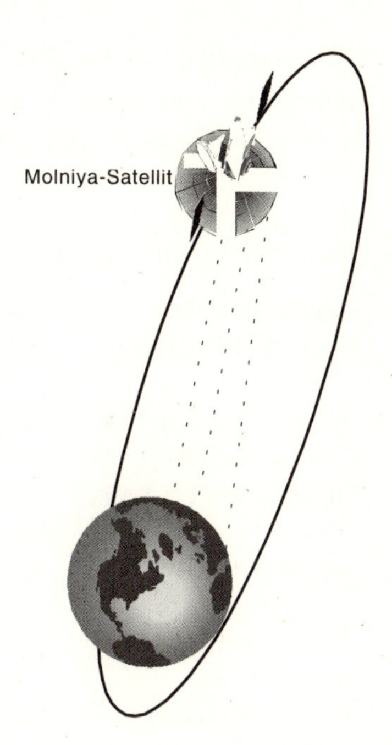

Abb. 3.2: Bahn von Molniya-Satelliten [16]

3.1.5 Asien und Pazifik

Wir in Europa wundern uns gelegentlich, daß Telefongesellschaften in Lateinamerika oder Asien beim Umsatz jährliche Zuwachsraten von dreißig oder vierzig Prozent aufweisen. Wir vergessen dabei allzu leicht, daß in diesen Regionen die Versorgung der Haushalte mit einem Telefon nicht nahezu hundert Prozent beträgt wie in Zentraleuropa oder Nordamerika. Es existiert auch kein Festnetz, und Telefonverbindungen in entlegene Gegenden des Landes funktionieren oft als reine Funktelefone.

Ähnlich ist es beim Fernsehen. Auch hier fehlt eine Infrastruktur, wie sie in Mitteleuropa über Jahrzehnte gewachsen ist. Für ein Land wie Indonesien, dessen Staatsgebiet aus Tausenden von Inseln besteht, ist daher ein Satellit trotz der hohen Kosten oft eine günstige Alternative zum Aufbau einer verzweigten und teueren Infrastruktur auf dem Land.

Erste Versuche mit Satellitenfernsehen stellte Indonesien im Jahr 1997 an. Dazu wurde der Palapa A1 Satellit verwendet. Obwohl die Satellitenschüssel den für heutige Verhältnisse riesigen Durchmesser von 4,5 Meter hatte, wurde mit diesen Experimenten bewiesen, daß ein qualitativ hochwertiges Signal unter den Bedingungen der Tropen empfangen werden konnte.

Für Australien verwendete man hingegen das K_u-Band. Dafür war eine Antenne mit einem Durchmesser von einem Meter ausreichend. In *Tabelle 3.6* sind die Satelliten der pazifischen Region aufgeführt.

Tabelle 3.6: Satelliten im pazifischen Raum [8]

Satellit, Betreiber	**Für Land**	**Zahl der Satelliten**	**Empfangsbereich**
Balapa B, PT Telkom	Indonesien	2 im C-Band	Indonesien und Nachbarländer
Optus und Aussat, Optus Communications	Australien	4 im K_u-Band	Australien und Neuseeland
ChinaSat, MPT	Volksrepublik China	4, C- und K_u-Band	China
Insat, ISRP	Indien	3, im C- und S-Band	Indien, Indischer Ozean
JCSat, Japan Satellite Systems	Japan	3, alle im K_u-Band	Japan, Ostasien
AsiaSat, Asia Satellite Telekom	Hongkong	2, C- und K_u-Band	Asien, mittlerer Osten
Superbird, Space Communication	Japan	3, K_u-Band, K_a-Band	Japan
Palapa C, Satelindo	Indonesien	2, C- und K_u-Band	Indonesien, Pazifik
APStar, APT Satellite	Hongkong	2, alle im C-Band	China, Asien
PSN, Pasifik Satelit Nusantara	Indonesien	1, im C-Band	Südostasien, Japan
Bsat, NHK-TAO	Japan	2, alle im K_u-Band	Japan
Taicom, Shinawatra	Thailand	2, im C- und K_u-Band	Thailand, Ostasien
Nstar, NTT	Japan	1, K_u- und K_a-Band	Japan
Measat, Binarang	Malaysia	2, im C- und K_u-Band	Malaysia, Indien, Ostasien
Koreasat, Korea Telecom	Korea	2, alle im K_u-Band	Korea
Mabuhai, PLDT	Philippinen	1, im C- und K_u-Band	Philippinen, Pazifik

Im Pazifik stellt Indonesien das Land mit der größten Nutzung von Fernsehsatelliten dar. Damit werden mehr als zehntausend Inseln versorgt. Meistens wird das C-Band benutzt, weil es sich um eine Region in den Tropen mit häufigen schweren Regenfällen handelt. Es existieren drei Betreibergesellschaften. Bei Satellit Telekommunikasi Indonesia (Satelindo) hält die Deutsche Telekom eine Beteiligung.

Japan hat sich relativ früh dem Satellitenfernsehen zugewandt. Seit dem Jahr 1980 werden japanische Haushalte auf diese Art mit Programmen versorgt. Inzwischen gibt es mehr als sieben Millionen Satellitenschüsseln. Das Programm wird durch Gebühren finanziert. Englischsprachige Programme wie CNN wurden in jüngerer Zeit in das Programmangebot aufgenommen. Der Einfluß der Regierung auf das Fernsehen geht mit zunehmender Vielfalt des Programmangebots weiter zurück.

3.1.6 Amerika

In den USA wurde zwar das Satellitenfernsehen erfunden, aber dennoch hatten die Betreiber von direkt strahlenden Fernsehsatelliten keinen leichten Start. Über die Bevölkerung in entlegenen Gegenden und auf dem Land hinaus fanden sie kein sehr großes, und vor allem zahlungskräftiges Publikum, das hohe Werbeeinnahmen garantiert hätte. Die Betreiber von Kabelnetzen in den Städten waren dem Satellitenfernsehen dadurch überlegen, indem sie bis zu hundert Programme anboten. Die Zuschauerzahl im Satellitenfernsehen stagnierte also.

Diese Situation begann sich erst zu ändern, als mit MPEG ein Standard für digitales Fernsehen verfügbar wurde. General Electric griff diesen Standard auf und schuf mit seiner Tochter DIRECTV ein Programm, das auf MPEG basiert. Mit diesem Service wurden im Jahr 1996 nach nur 36 Monaten Betrieb zwei Millionen Zuschauer erreicht. Marktuntersuchungen haben gezeigt, daß in den USA eine Zuschauerzahl für direkt strahelnde Fernsehsatelliten von etwa zehn Millionen Zuschauern existiert, wenn die folgenden Voraussetzungen gegeben sind:

1. Durchmesser der Satellitenschüssel nicht größer als 45 Zentimeter
2. Vielfältiges Programmangebot mit bis zu 150 Programmen
3. Aufwand für die Installation nicht höher als 1 000 Dollar, besser noch rund 700 Dollar
4. Eine monatliche Gebühr von nicht mehr als 25 Dollar.

Inzwischen kann in den USA das Satellitenfernsehen den Kabelgesellschaften, selbst in Ballungsgebieten wie New York oder San Francisco, durchaus Konkurrenz machen. *Tabelle 3.7* zeigt die technischen Details dieser Satellitendienste.

Die Positionen dieser geostationären Satelliten reichen von 62 Grad West bis 143 Grad West über dem Äquator. Ein Teil davon sind reine Fernsehsatelliten, andere nehmen auch andere Aufgaben wahr.

Tabelle 3.7: Daten für US-Fernsehsatelliten [2]

Eigenschaft	**K_u-Band**	**C-Band**
Downlink	12,2 – 12,7 GHz	3,7 – 4,2 GHz
Uplink	17,3 – 17,8 GHz	5,925 – 6,425 GHz
Abstand der Satelliten	2 Grad	2 – 3 Grad

Im Rest Amerikas konnten US-Fernsehprogramme, wenn es über Mexiko hinaus ging, nur sehr schlecht empfangen werden. Es sei denn, der Zuschauer baute sich eine Satellitenschüssel mit einem Durchmesser von 13 Metern. Dies hat sich in diesem Jahrzehnt geändert. Pionier auf dem südamerikanischen Markt war vor allem PanAmSat, das inzwischen zu Hughes gehört. *Tabelle 3.8* zeigt die Anbieter in diesem Marktsegment im Detail.

Tabelle 3.8: Angebot in Lateinamerika [8]

Satellit, Betreiber	**Sitz des Betreibers**	**Zahl der Satelliten, Band**	**Empfangsbereich**
Morelos-Soldaridad, Telecomm Mexico	Mexiko	3, im C- und K_u-Band	Mexiko, USA und Südamerika
Brasilsat, Embratel	Brasilien	2, C-Band	Brasilien
PanAmSat	USA	3, im C- und K_u-Band	Amerika, Europa, Pazifik
Galaxy 3R, Hughes	USA	1, im C- und K_u-Band	USA, Lateinamerika

Satellitenfernsehen ist also weltweit auf dem Vormarsch. Der Strahl eines Fernsehsatelliten, sein *Footprint*, macht nicht vor nationalen Grenzen Halt. Durch Standards wie MPEG ist gewährleistet, daß die technische Ausrüstung in größeren Stückzahlen gebraucht wird und daher relativ preisgünstig zu haben ist. Digitales Fernsehen wird sich also in diesem Bereich im Laufe der Jahre durchsetzen, und damit wird auch der Austausch von Programmen erleichtert.

3.1.7 Einrichten der Satellitenschüssel

Bei der Antenne für den Satellitenempfang handelt es sich um eine Parabolantenne. Das bedeutet, daß die Oberfläche der Antenne so gekrümmt ist, daß alle Signale auf einen Punkt reflektiert werden, den sogenannten Antennen-Feed. Dies ist in *Abb. 3.3* gezeigt.

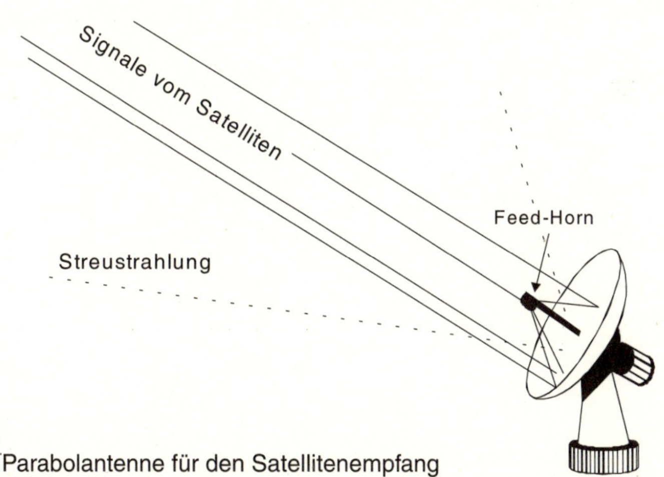

Abb. 3.3: Parabolantenne für den Satellitenempfang

Wenn der Zuschauer auf der Erde einwandfreien Empfang erwartet, dann wird das nicht ganz ohne mathematische Berechnungen möglich sein. In der Stadt hilft oft ein Blick auf die Satellitenschüssel des Nachbarn und deren Ausrichtung, doch auf dem flachen Land fehlen derartige Hilfen. Es wird notwendig sein, Azimut und Elevation zu berechnen.

Azimut ist dabei der Winkel zwischen der Antenne und der westlichen Richtung, während es sich bei der Elevation um den Winkel zwischen einer vertikalen Linie und der Antennenausrichtung handelt. In *Abb. 3.4* ist der Standort einer Antenne auf der nördlichen Halbkugel der Erde und ein geostationärer Fernsehsatellit dargestellt.

Dabei stellt a_E den Radius der Erde dar, R die Entfernung zwischen dem Mittelpunkt der Erde und einem Beobachter auf der Oberfläche, H die Höhe über Normalnull, e die Exzentrität der Erde und λ_E die geographische Breite.

Der Azimutwinkel β läßt sich nun mit der folgenden Formel berechnen.

$$\beta = 180° + \arctan\left(\frac{\tan(X - Y)}{\sin \lambda_S}\right) \qquad [3.1]$$

wobei

X: Geographische Länge des Beobachters plus 180°

Y: Geographische Länge des Satelliten, und zwar:
Bei östlicher Länge: 180° plus Satellitenposition
Bei westlicher Länge: 180° minus Satellitenposition

λ_S: Nördliche Breite

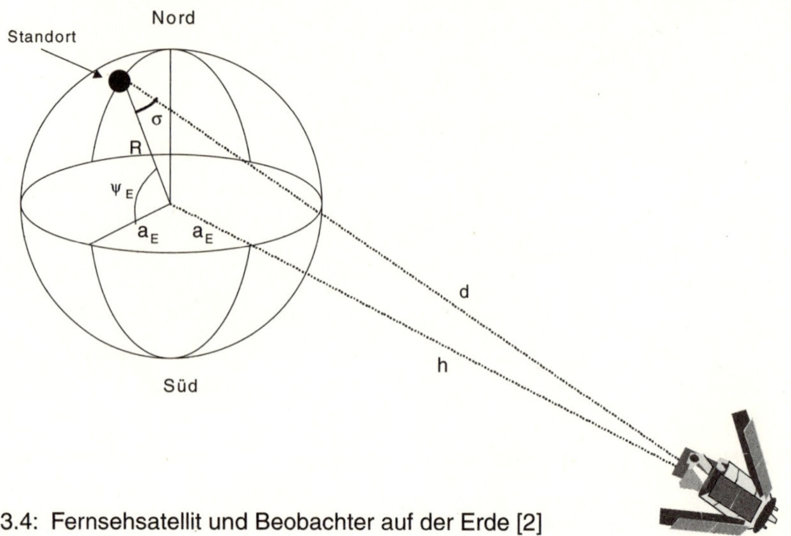

Abb. 3.4: Fernsehsatellit und Beobachter auf der Erde [2]

Spielen wir das an einem Beispiel durch. Der Beobachter, etwa ein Diplomat aus Saudi-Arabien, hält sich in Brüssel auf. Die Stadt liegt auf 50,83° nördlicher Breite und 4,35° östlicher Länge. Der Satellit ARABSAT 2f ist auf 26° östlicher Länge positioniert. Dann gilt:

X = 180° + 4,35° = 184,35°

Y = 180° + 26° = 206° (Der Satellit befindet sich in östlicher Richtung)

tan (184,35° – 206°) = tan (-21,65°) = -0,3969

sin 50,83° = 0,7753

(-0,3969) / 0,7753 = -0,5119

β = 180° + arctan (-0,5119) = 180° – 21,11° = 152,89°

Der Azimutwinkel beträgt also rund 153 Grad. In *Abb. 3.5* sind die beiden wichtigen Winkel in Bezug auf die Ausrichtung der Antenne dargestellt.

Der Winkel für die Elevation läßt sich mit dem folgenden Ausdruck berechnen:

$$\alpha = \frac{\cos\lambda_S \ \cos(X-Y) - 0{,}15}{\sqrt{1-(\cos\,\lambda_S \ \cos(X-Y)^2}} \qquad [3.2]$$

Für die Koordinaten X und Y gelten wieder die vorher erwähnten Konventionen. Für Brüssel würde sich für ARABSAT mit Gleichung 3.2 eine Elevation von 28,37 Grad ergeben.

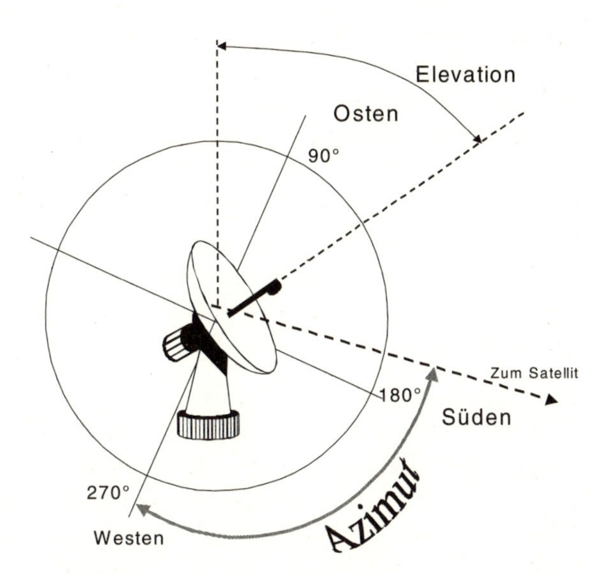

Abb. 3.5: Azimut- und Elevationswinkel

Eine Gegebenheit ist in Zusammenhang mit Antennenanlagen noch erwähnenswert. Wie terrestrische Sender können auch Satelliten ihre Signale mit verschiedenartigen Polarisationen abstrahlen. Man spricht in diesem Zusammenhang von linearer oder zirkularer Polarisation und meint damit die Schwingungsebene der elektromagnetischen Wellen. Die lineare Polarisation ist der Regelfall, alle Rundfunk- und Fernsehsender auf der Erde arbeiten damit.

Eine Fernsehantenne für den terrestrischen Empfang auf einem Hausdach ist horizontal ausgerichtet, und die vom Sender kommenden elektromagnetischen Wellen sind horizontal polarisiert. Bei einer Satellitenschüssel hängt die Polarisation lediglich von der Lage des kleinen metallischen Stabs im Feeder ab. Dessen senkrechte beziehungsweise waagerechte Lage bestimmt, ob vertikal oder horizontal polarisierte Wellen empfangen werden.

Bei zirkular polarisierten Wellen dreht sich die Schwingungsachse schraubenförmig um die Fortpflanzungsrichtung der Wellen. Dies wird hauptsächlich durch die Konstruktion der Sendeantenne erreicht. Es gibt rechts- und linksdrehende polarisierte Wellen.

Die amerikanischen Fernsehsatelliten im Bereich des C-Bands senden mit linearer, also mit horizontaler oder vertikaler Polarisation, während in der übrigen Welt vorwiegend zirkulare Polarisation angewendet wird. Deswegen ist eine Satellitenschüssel nach amerikanischem Standard in Deutschland nur sehr eingeschränkt oder überhaupt nicht zu gebrauchen.

3.1.8 Rechtliche Fragen

Für den Empfang von Rundfunk- und Fernsehsendungen gilt in der Bundesrepublik Deutschland [19] Artikel 5 des Grundgesetzes, der sich mit der Informationsfreiheit befaßt. Auch in der mitgeltenden Europäischen Menschenrechtskonvention ist dieses Grundrecht geschützt. Aus diesen Grundrechten kann man ableiten, daß staatliche Behörden ein Empfangsverbot bestimmter Programme nicht besitzen und den Empfang von Rundfunk- und Fernsehsendungen nicht stören oder behindern dürfen. Dies gilt sowohl für private Bürger als auch für Unternehmen.

Um einen direkt strahlenden Fernsehsatelliten empfangen zu können, bedarf es natürlich einer Antenne in der Form einer Satellitenschüssel. Auch hier besteht keine Genehmigungs- oder Gebührenpflicht gegenüber dem Bundesministerium für Post und Telekommunikation. Jeder kann in Deutschland eine solche Antenne installieren. Allerdings muß klar gesagt werden, daß jeder Bürger, der ein Programm von einem Fernsehsatelliten empfängt, zur Zahlung von Rundfunkgebühren verpflichtet ist. Nach der geltenden Rechtsprechung besteht die Gebührenpflicht unabhängig davon, welche Rundfunk- oder Fernsehprogramme mit dem Empfangsgerät empfangen werden sollen.

Hier liegt meiner Meinung nach eine gewisse Ungereimtheit vor, denn es muß jeder Bürger die Rundfunk- und Fernsehgebühr zahlen, selbst wenn er objektiv das Programm von ARD und ZDF, denen diese Gebühren zu Gute kommen, gar nicht nutzen kann.

Weiterhin ist zu prüfen, ob die Anbringung einer Satellitenschüssel mit dem geltenden Baurecht in den deutschen Bundesländern zu vereinbaren ist. Es gilt Länderrecht, es kann also gewisse Unterschiede zwischen Bayern und Berlin geben. In der Regel sind allerdings die handelsüblichen Satellitenschüsseln mit 0,60 Meter Durchmesser bis hin zu einem Durchmesser von 1,2 Meter genehmigungsfrei. Bei größeren Anlagen kann eine Genehmigung nach dem Baurecht des jeweiligen Bundeslands in Frage kommen.

Bei den Altstädten deutscher Kommunen, die als Ensemble denkmalschutzwürdig anzusehen sind, kann unter Umständen die Anbringung einer Satellitenschüssel verweigert werden, wenn das in den Satzungen der jeweiligen Gemeinde so festgelegt ist. Allerdings wäre im Einzelfall zu prüfen, ob nicht Grundrechte eines Bürgers nach der Verfassung diesen Bausatzungen entgegen stehen.

Kommen wir damit zum Mietrecht. In der Regel wird sich der Vermieter, bei Eigentumswohnungen die Wohngemeinschaft, das Recht vorbehalten, an der

Außenfassade von Gebäuden Veränderungen vorzunehmen. Hier haben sich in der Rechtsprechung die folgenden Grundsätze herausgebildet.

- Besteht keine Gemeinschaftsversorgung durch ein Kabelnetz oder eine gemeinsam benutzte Satellitenempfangsanlage, so hat der Mieter einen Anspruch auf Duldung der individuell angebrachten Parabolantenne für den Satellitenempfang durch den Vermieter.
- Ist ein Kabelanschluß vorhanden oder besteht eine gemeinschaftlich genutzte Satellitenempfangsanlage, so ist zwischen den Interessen des Mieters und Vermieters abzuwägen.
- Hier ist davon auszugehen, daß dann eine individuell genutzte Satellitenschüssel geduldet werden muß, wenn ein besonderes Informationsbedürfnis des Mieters oder des Eigentümers einer Eigentumswohnung besteht. Ein solches Informationsbedürfnis kann dann angenommen werden, werden es sich um ausländische Mitbürger handelt oder wenn der Mieter berufliche Gründe geltend machen kann. Dies könnte zum Beispiel bei einem Journalisten, Dolmetscher oder einem beim Fernsehen tätigen Manager der Fall sein.

Weil die Zahl der Sendungen, die im Kabelnetz übertragen werden kann, auf rund dreißig begrenzt ist, mit einer Satellitenschüssel aber rund fünfhundert Fernsehprogramme empfangen werden können, wird sich der Vermieter in vielen Fällen schwer tun, die Genehmigung zur Installation einer Parabolantenne für den Satellitenempfang zu verweigern.

In einem rechtskräftigen Urteil vom 28. November 1996 [20] ging das Amtsgericht Darmstadt sogar über die bisherige Rechtsprechung hinaus und stellte fest, daß ein Mieter ein Recht auf das Anbringen einer Satellitenschüssel hat, wenn er mit der im Haus installierten Gemeinschaftsantenne so populäre Programme wie Premiere, MDR, Superchannel, VIVA, TV5, n-tv und Euronews nicht empfangen kann. Begründet wurde dieses Urteil mit dem Informationsrecht im Grundgesetz der Bundesrepublik Deutschland.

3.2 Der Bildungsbereich

Über den Bereich des Fernsehens als Massenmedium hinaus stellt die Übertragung von Videodaten natürlich auch eine Möglichkeit dar, bewegte Bilder für Unterrichtszwecke einzusetzen. Das mag zwar wenig spektakulär sein, aber in unserer Zeit gibt es einen großen Bedarf an Weiterbildung. Dieser kann mit Videofilmen oft viel effektiver gedeckt werden als mit anderen Formen des Unterrichts.

3.2.1 Universitäten

Im Bereich der Universitäten ist das Projekt Instructional Television Fixed Services (ITFS) der Universität Stanford in Kalifornien zu nennen. Diese Eliteuniversität in Palo Alto, also am Eingang zum *Silicon Valley*, gilt gemeinhin als die Bildungsstätte, die den Erfolg der Unternehmen im Bereich der Mikroprozessoren und anderer Chips erst ermöglicht hat.

Die Stanford University bekam von der US-Aufsichtsbehörde FCC ein Frequenzspektrum im S-Band zugewiesen. Das Bildungsprogramm der Universität ist für Bürger im Raum um San Francisco konzipiert, die tagsüber arbeiten müssen. Andere Universitäten im Norden und Süden Kaliforniens sind dem Beispiel von Stanford inzwischen gefolgt. Die Chico State University begann im September 1984 damit, ihre Vorlesungen im Bereich Computer Science zu übertragen. Das geht soweit, daß ein Student den *Master of Science* (M.S.) erwerben kann, ohne jemals den Campus der Universität betreten zu haben. Bis zum Jahr 1987 hatten sich eine Reihe von Unternehmen diesem Projekt angeschlossen, darunter Hewlett-Packard, Texas Instruments und General Dynamics. Das Netzwerk umfaßt zwanzig Standorte, mit dem nördlichsten im Staat Washington und dem östlichsten in Pennsylvania. Rein technisch gesehen kann jeder das Programm betrachten, der eine passende Satellitenschüssel besitzt.

Die meisten Universitäten sehen Bildungsfernsehen als eine Ergänzung ihres bestehenden Angebots für die Studenten auf dem Campus an. Schwierig ist dabei die Abhaltung von Prüfungen. Deshalb ist es in den meisten Fällen so, daß Prüfungen weiterhin in der Universität abgehalten werden. Ein Nachteil des Fernsehens ist natürlich, daß es nicht interaktiv ist. Es findet also kein Gedankenaustausch mit dem Professor statt, der eine Vorlesung hält. Um diesen Nachteil zu überwinden, hat man mit Rückrufen über Telefonleitungen experimentiert. Generell ist das Feedback über Telefon allerdings nicht ideal. Für die Zukunft wird deshalb gefordert:

1. Eine Anzeige für den Vortragenden, aus der er oder sie ersehen kann, woher eine bestimmte Frage kommt
2. Einen Mechanismus oder Zähler, um bei Fragen mit mehreren möglichen Antworten feststellen zu können, wie sich die Antworten mit den Standorten, an denen das Programm empfangen wird, korrelieren lassen
3. Die Möglichkeit, einen Kanal zu bestimmten entfernten Standorten zu öffnen oder zu schließen
4. Eine Möglichkeit, um Studenten an entfernten Standorten die Möglichkeit

zu geben, ihre Ideen oder Vorschläge interaktiv in graphischer Form darstellen zu können

5. Die Nutzung eines Netzwerks, etwa des INTERNETs, um Texte und Dateien austauschen zu können.

Ein weiteres Bildungsprogramm [8] wird von einer Institution ausgestrahlt, die weder einen Campus besitzt noch eigene Professoren beschäftigt. Die *National Technical University* (NTU) stützt sich vielmehr auf Vorlesungen, die in anderen Universitäten der USA gehalten werden. Die Professoren von 25 teilnehmenden Universitäten bilden Kurse an, die von Informatik über Elektrotechnik bis zu Fertigungstechnik reichen. Die NTU, die man als virtuelle Universität bezeichnen könnte, hat bereits über zweitausend Studenten.

Ein Vorteil solcher Vorlesungen ist es, daß ein Programm aufgezeichnet werden kann. Der Student kann sich die Vorlesung anhören, wenn es ihm paßt oder er gerade Zeit hat. Bei Berufstätigen ist das ein nicht zu übersehender Vorteil.

3.2.2 Konzerne

Weil die Hälfte des Wissens, die ein Student an der Universität lernt, schon nach wenigen Jahren im Berufsleben veraltet ist, besteht ein Bedarf zur Weiterbildung. Dieser Bedarf wird besonders bei jenen Unternehmen spürbar sein, die im High-Tech-Bereich tätig sind. Auf der anderen Seite kann es sich ein Unternehmen oft nicht leisten, einen Großteil der Belegschaft auf Kurse und Kongresse in anderen Städten oder Erdteilen zu senden. Neben den Kosten für die Weiterbildung fallen weitere Kosten an, zum Beispiel für Flüge und Unterbringung.

Den Bedarf an Fort- und Weiterbildung zu vernachlässigen, ist allerdings auch keine Lösung. Gute Mitarbeiter könnten abwandern und ihr Wissen und Know-how mitnehmen. Vielversprechende Hochschulabgänger könnten vermutlich gar nicht für das eigene Unternehmen gewonnen werden, und nach ein paar Jahren könnte es passieren, daß Umsatz und Gewinn beide eine fallende Tendenz zeigen.

Bildungsprogramme können einen kostengünstigen Ausweg aus dieser Situation zeigen. Sie lassen sich zentral organisieren und es ist leicht möglich, gute Fachleute mit dem nötigen Spezialwissen zu engagieren. Einer der ehrgeizigsten Versuche in dieser Richtung wurde zwischen 1983 und 1993 von Hughes in den USA gestartet. Das Interactive Satellite Education Network (ISEN) wurde von IBM von für Hughes betrieben. Seine Topographie ist in *Abb. 3.6* zu sehen.

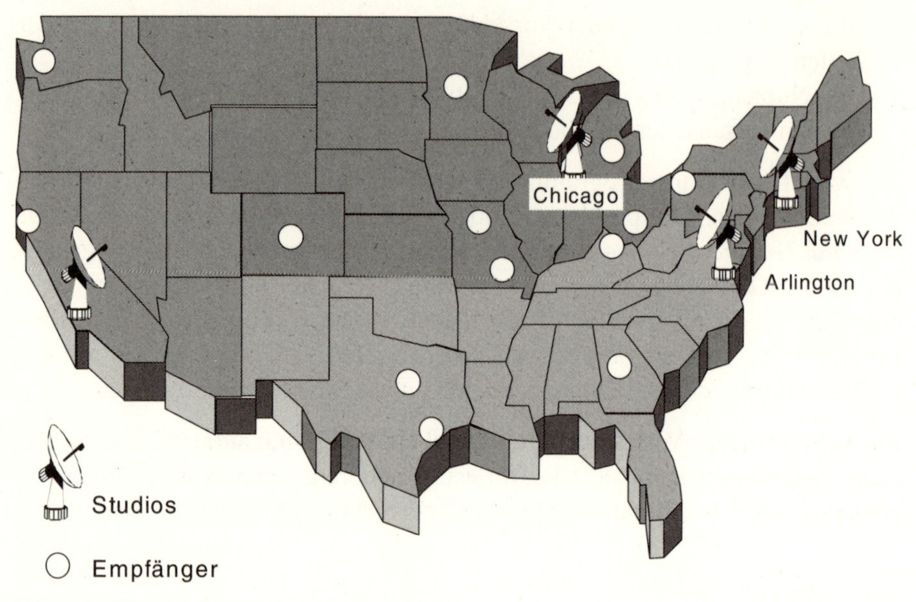

Abb. 3.6: Bildungsfernsehen in den USA [8]

Bei diesem Programm gab es zwanzig Orte in den USA, an denen das firmeneigene Bildungsprogramm von Hughes empfangen werden konnte. Ein typischer Kurs hatte sechzehn Teilnehmer, und das Klassenzimmer enthielt zwei Bildschirme. Einer davon war für ein Image des Gesichts des Vortragenden bestimmt, ein zweiter zeigte das Material des Vortrags. Feedback durch die Studenten war möglich.

Technisch wurde das Programm über das C-Band eines Kommunikationssatelliten abgewickelt. Ein Transponder von GALAXY II war ausreichend, um vier Videokanäle von den Studios zu den Klassenzimmern zu bringen. Für die Rückmeldungen wurden TV-Kanäle mit einer Datenübertragungsrate von 1,5 Mb/s eingesetzt. Die Verfügbarkeit dieses Bildungskanals wird mit 99,95 Prozent angegeben.

Die Umstellung herkömmlicher Bildungsgänge auf das Fernsehen ist nicht ohne Probleme. So mancher Zeitgenosse erschrickt, wenn er zum ersten Mal die eigene Stimme über einen Lautsprecher oder im Radio hört. Aus diesem Grunde ist ein gewisser Aufwand notwendig, bevor der Vortragende das erste Mal vor die Kamera tritt und sich an ein größeres Publikum wendet. Die folgenden Ratschläge können dazu dienen, einen solchen Fernsehauftritt zum Erfolg zu machen.

1. Proben Sie, bevor der Vortragende das erste Mal vor einem Publikum spricht. Machen Sie ihn darauf aufmerksam, wie er sich vor der Kamera verhalten soll.
2. Bringen Sie den Vortragenden mit dem Verwalter des Netzwerks zusammen und diskutieren sie alle Erfordernisse, die beide Seiten haben.
3. Versichern Sie den Vortragenden, daß sie ihren Unterrichtsstil dem neuen Medium Schritt für Schritt anpassen können. Einige Professoren mögen zunächst Schwierigkeiten haben, wenn keine Studenten im Raum sind, an die sie sich wenden können.
4. Zeigen und demonstrieren Sie alle Einrichtungen des Studios bereits während der Proben. Geben Sie dem Vortragenden Zeit, mit Teilnehmern am anderen Ende der Leitung zu üben.
5. Planen Sie die Vorlesungen und terminieren Sie sie so, daß es am Tag der Sendung keine Überraschungen gibt. Termine sind verbindlich, und das „akademische Viertel" hat im Fernsehen keine Berechtigung. Falls bestimmte Materialien für den Vortrag gebraucht werden, müssen sie vor dem Termin bereit stehen.
6. Machen Sie allen Teilnehmern klar, welche Vorteile das neue Medium besitzt.

Wenn ein Unternehmen Bildungsfernsehen einsetzt, dann kann das zu erheblichen Einsparungen im Bereich der Fort- und Weiterbildung führen. Das sollte allerdings nie der wichtigste Aspekt bei der Einführung sein. Der größte Vorteil liegt wohl darin, daß zeitgemäße, sehr spezialisierte Inhalte innerhalb einer kurzen Zeitspanne zu einer Vielzahl von Mitarbeitern an den unterschiedlichsten Standorten rund um den Globus transportiert werden können.

3.3 Applikationen im geschäftlichen Bereich

Über den Bereich der Fortbildung hinaus, der spezialisiertes Fachwissen erfordert und unter Umständen nur mit Hilfe externer Trainer, Moderatoren und Wissenschaftler durchgeführt werden kann, besteht eine viel breitere Einsatzmöglichkeit für Satellitenfernsehen in einem Unternehmen. Hier wären in erster Linie nicht-öffentliche Programme und Videokonferenzen zu nennen.

Nicht-öffentliche Fernsehprogramme für Unternehmen unterscheiden sich von der technischen Seite her nicht grundsätzlich von Programmen für Bildungszwecke. Es gibt weiterhin einen oder wenige Vortragende und ein großes Publikum, das sich die Vorträge anhört. Es gibt weiterhin ein Studio mit entsprechender Ausrüstung, und die Sendung kann an viele Standorte ausgestrahlt werden, wenn das notwendig ist. Zum Empfang der Programme eignen sich Schulung- oder Konferenzräume mit entsprechender Ausstattung.

Derartige Programme eignen sich besonders für Unternehmen, in denen aktuelle Nachrichten schnell an die Belegschaft weitergegeben werden sollen. Gegenüber gedrucktem Material hat ein Videoprogramm den Vorteil, daß grafisches Material eingebracht werden kann. Die Mitarbeiter können direkt angesprochen werden. Als Gebiete für Videoprogramme kommen in Betracht:

1. Produktvorstellungen: Ankündigung neuer Produkte, neuer Versionen von Software oder signifikanter Verbesserungen und Updates an bestehenden Produkten
2. Rasche Verteilung von geschäftlichen Informationen, etwa im Bereich der Börse, bei Maklern oder Banken
3. Erklärungen zu neuen Produkten, zum Beispiel im Bereich von Baumärkten oder bei Automobilhändlern
4. Pressekonferenzen von Regierungsstellen

Wenn die Organisation groß genug ist, wenn es sich um ein wichtiges Produkt mit großem Marktpotential handelt, dann rechtfertigt dies die Produktion und das Ausstrahlen eines Videoprogramms. Liegt es erst einmal in digitaler Form vor, dann kommt auch eine Zweitnutzung als Videokassette oder CD-ROM in Betracht. Der Vorteil bei dieser Form der Verteilung liegt darin, daß sich die Zuschauer das Programm ansehen können, wenn sie gerade Zeit haben.

Wenn ein internationaler Konzern ein neues Produkt gegenüber der eigenen Belegschaft ankündigt, dann besteht in der Regel keine Notwendigkeit zur Rückkopplung durch die Zuschauer. Das verbietet sich oft allein schon deswegen, weil die Zuschauer aus Tausenden von Menschen bestehen können. Anders stellt sich die Situation dagegen dar, wenn in einem Automobilkonzern über die Funktionen eines neuen Automobils beraten werden soll. Handelt es sich dabei um ein Weltauto, so ist es durchaus wünschenswert, daß Marketingfachleute, Entwickler und Konstrukteure aus drei Erdteilen an einer solchen Runde beteiligt werden. Will man nicht alle diese Mitarbeiter an einem Platz versammeln, was mit erheblichen Kosten verbunden wäre, dann bietet sich eine Videokonferenz an. Die wesentlichen Elemente einer solchen Ausrüstung sind in *Abb. 3.7* dargestellt.

Videokonferenzen wurden in den achtziger Jahren erstmals organisiert und durchgeführt. Sie dienen bei internationalen Konzernen vor allem dazu, größere Gruppen von Mitarbeitern miteinander in Kontakt zu bringen, Ziele zu vermitteln, offene Fragen zu diskutieren, Arbeitsergebnisse zu präsentieren

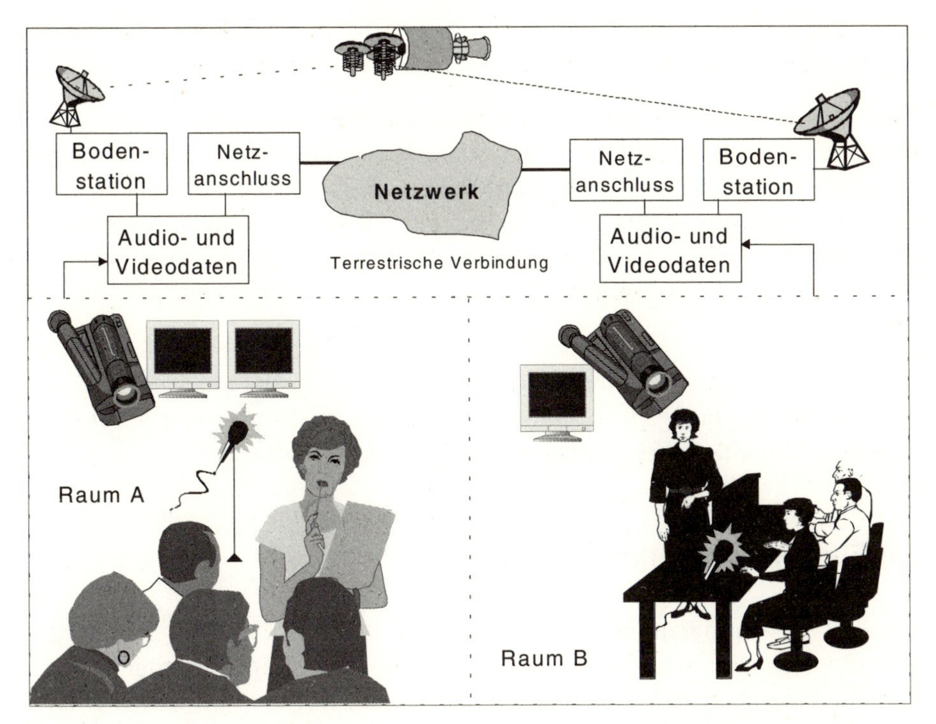

Abb. 3.7: Videokonferenz [8]

und Produktdetails zu erörtern. Sie sind nicht ganz unproblematisch, weil sich viele Mitarbeiter vor einer Kamera nicht wohl fühlen. Sie sind oft gehemmt und sprechen Punkte vor der Kamera und einem größeren Publikum nicht an, die sie im kleineren Kreis ohne weiteres offen äußern würden. Es hilft in vielen Fällen, wenn sich die Teilnehmer vorher zumindest einmal persönlich getroffen haben, weil dann auf diesem persönlichen Kontakt aufgebaut werden kann.

- Videokonferenzen eignen sich besonders dann, wenn die folgenden Gegebenheiten vorliegen:
- Tägliche, wöchentliche oder monatliche Status Meetings bei großen Gruppen, die an einem gemeinsamen Projekt arbeiten, das an verschiedenen Standorten, oft sogar auf verschiedenen Kontinenten bearbeitet wird. Es könnte sich zum Beispiel um ein neues Automodell, ein revolutionäres Telefonsystem oder ein militärisches Projekt handeln.
- Treffen zur Abstimmung in einem internationalen Joint Venture, in dem eine Reihe von Entwicklergruppen in mehreren Ländern oder Kontinenten an einem gemeinsamen Projekt arbeiten.

- Routinetreffen großer Konzerne im Bereich des Finanzwesens, der Banken oder Versicherungen zur Vorstellung von Ergebnissen und deren Diskussion.

Bei Videokonferenzen kann die Verbindung zwischen den verschiedenen Gruppen entweder nur mit Satelliten, oder mit einem Satelliten und einer terrestrischen Verbindung hergestellt werden. Das wird im Einzelfall von den angebotenen Leitungen, deren Preisen und der zu übertragenden Datenmenge abhängen. In den USA bieten Telefongesellschaften wie Sprint inzwischen die Bereitstellung der notwendigen Übertragungskapazitäten als ein Bündel von Leistungen an.

Wer im internationalen Umfeld als Projektmanager tätig ist und weiß, daß sich ein Projekt über Jahre hinziehen wird, der sollte die Einrichtung von Videokonferenzen erwägen. Sie wirken sich auf alle Fälle kostensenkend aus.

3.4 Eine Renaissance des Radios?

Neben Fernsehprogrammen [21] können geostationäre Satelliten natürlich auch Radioprogramme übertragen. Dazu ist relativ wenig Kapazität notwendig. Die luxemburgische SES tut dies auf ihren Satelliten mit einem Dienst, der sich ASTRA Digital Radio (ADR) nennt.

Für den Empfang dieser Hörfunkprogramme ist ein Radiogerät notwendig, das digitale Signale verarbeiten kann. Solche Geräte sind für ein paar hundert Mark im Fachhandel erhältlich. Neben den Hörfunkprogrammen von ASTRA werden auch die Programme der öffentlich-rechtlichen Rundfunkanstalten über Satellit abgestrahlt. Damit stehen deutsche Sender, wenn der Empfänger eine entsprechende Ausrüstung besitzt, in ganz Europa zur Verfügung. Das ist zum Beispiel für die Besitzer von Wohnwagen interessant, die in ihrem Feriendomizil am Gardasee erfahren wollen, was zu Hause los ist.

Für das gute alte Dampfradio spricht die Tiefe der Information und das Aufgreifen von Themen, die beim Fernsehen ausgelassen werden, weil sie nicht für eine genügend große Zahl von Zuschauern interessant sind. So erfährt man im Radio mehr über Hintergründe politischer Entscheidungen, lernt die Ansichten von Politikern aus der zweiten Reihe kennen und kann auch erfahren, wie ein Zweitligist in der Bundesliga gespielt hat.

Eine wichtige Rolle kann das Radio auch in den Ländern der dritten Welt spielen. Es ist nicht zu erwarten, daß sich Beduinen in der Sahara, Wanderhirten wie die Zulus in Südafrika oder Naturvölker im brasilianischen Amazonasbek-

Abb. 3.8: Footprint von Worldspace-Satelliten [22]

ken ein Fernsehgerät anschaffen werden. Dazu fehlt es allein schon an Strom. Ein Radiogerät kann allerdings mit Batterien betrieben, oder es kann durch eine simple Handkurbel genügend Strom für den Betrieb erzeugt werden.

Eine sehr interessante Applikation der neuen digitalen Technologie stellt in diesem Zusammenhang das WorldSpace-Projekt [22] dar. Der Zweck dieses Vorhabens liegt darin, die Länder der dritten Welt in Afrika, Asien, Südamerika und der Karibik mit Rundfunkprogrammen zu versorgen. In *Abb. 3.8* sind die Ausleuchtzonen der drei geplanten Satelliten des Systems dargestellt.

Nach Angaben des Gründers von WorldSpace kann das Programm des Senders viereinhalb Millionen Menschen in den Ländern der dritten Welt erreichen. Der Empfänger soll *StarMan* heißen und rund fünfzig Dollar kosten. Mit den Programmen von WorldSpace soll sowohl die Bevölkerung in den ländlichen Gebieten erreicht, als auch reichere Schichten in den Ballungszentren Afrikas angesprochen werden. Für das Projekt gelten die folgenden technischen Daten (siehe *Tabelle 3.9*).

Tabelle 3.9: Übertragungsfrequenzen von WorldSpace [22]

Funktion	**Eigenschaft**
Frequenzbereich	7,05 – 7,75 GHz
Kanäle pro Satellit	Bis 288
Übertragungskapazität pro Kanal	16 kb/s
Zugriffsverfahren	Frequency Division Multiple Access
Downlink	1467 – 1492 MHz

In Afrika können zum Beispiel [22] dreißig Prozent der Menschen, die südlich der Sahara leben, keine Radioprogramme aus dem eigenen Land empfangen, weil es sie einfach nicht gibt. Gegenüber dem Aufbau eines eigenen Rundfunks ist WorldSpace daher für viele arme Länder in Afrika wesentlich günstiger, behauptet Noah Samara, der Gründer von WorldSpace. Samara, der als Sohn eines sudanesischen Diplomaten in Äthiopien geboren wurde, kennt die Probleme Afrikas aus eigener Erfahrung. Er wurde in England erzogen und arbeitete in den USA als Anwalt. WorldSpace ist seine Vision von Entwicklungshilfe auf globaler Basis.

Man sollte das Radio nicht als die Technik von gestern abtun. In bestimmten Gesellschaften, unter bestimmten Bedingungen, ist der Rundfunk ein wertvolles Informationsmedium. Er wird um so wichtiger, desto mehr sich das Fernsehen auf ein immer breiteres Publikum auszurichten versucht.

3.5 Wirtschaftliche Erwägungen

It's just like having a licence to print your own money
(Lord Thomson of Fleet).

Wenn eine Technologie völlig neu ist, dann ist das damit verbundene Risiko meist so groß, daß selbst kapitalkräftige Konzerne es sich nicht leisten können, die notwendigen Investitionen zu tätigen. Wenn allerdings die Technologie vielversprechend ist, springt häufig der Staat als Kapitalgeber ein. So war es auch in den Anfangsjahren der Raumfahrt. Allerdings muß festgestellt werden, daß der Staat nie ein guter Unternehmer war, und zu viel staatliche Einmischung tut einer Branche selten gut. Die Unternehmen gewöhnen sich leicht an Subventionen und entwickeln nicht die besten technischen Lösungen.

Ein Paradebeispiel für einen Industriezweig, der im wesentlichen ohne staatliche Hilfen auf die Beine kam, ist die Luftfahrtindustrie in den USA. Die Gebrüder Wright waren zwei flugbegeisterte Amateure, die Atlantiküberquerung von Charles Lindbergh wurde von wohlhabenden Geschäftsleuten in San Louis finanziert, und auch PANAM kam ohne Subventionen aus. In Europa herrscht, ganz im Gegensatz zu den Vereinigten Staaten, eine gewisse Subventionsmentalität vor. Allerdings ließ der kommerzielle Erfolg von SES mit ASTRA aufhorchen. Innerhalb weniger Jahre hat auf diesem Markt ein gewinnorientiertes Unternehmen, das noch dazu gegen ein Konsortium von Postmonopolen mit tiefen Taschen angetreten war, den Markt erobert. Wenn man eine Schlußfolgerung daraus ziehen kann, dann ist es diese: Wir befinden uns mit einer Reihe von Projekten der Luft- und Raumfahrt an der Gewinnschwelle. Nicht länger ist ein Eingreifen des Staates zur Förderung dieser Technologie unbedingt eine Voraussetzung für den Erfolg. Die junge Branche hat gelernt, sich an den Erfordernissen des Markts zu orientieren.

Die Einnahmen aus dem Betrieb von Satelliten in geostationären Bahnen beliefen sich im Jahr 1996 auf 4,5 Milliarden US-Dollar. Für das Jahr 2002 werden Einnahmen von 31 Milliarden Dollar [1] vorausgesagt. Gewiß ist ein Satellitensystem nicht billig. Der Kostenrahmen spannt sich von 200 Millionen US$ für einen Satelliten im geostationären Orbit bis zu 10 Billionen US$ für eine Konstellation von Satelliten im erdnahen Orbit. Hierbei könnte es sich um ein Telefonsystem handeln.

Der große Vorteil eines Systems, das aus einem Satelliten im Erdorbit oder einer Reihe gleichartiger Satelliten besteht, liegt in der Flexibilität des Systems. Während bei einem vergleichbaren Service auf der Erde Kabel verlegt, Geräte angeschafft und Verbindungen geschaltet werden müssen, ist ein Satellit im Erdorbit, obwohl er Tausende von Kilometern weit weg ist, dennoch ein relativ flexibles System. Er stellt Kanäle für die Übertragung von Telefongesprächen, Videodaten und binär kodierten Daten zur Verfügung. Der Anteil der jeweiligen Datenart steht dabei nicht fest, sondern kann noch während des Betriebs geändert werden.

Ein weiterer Vorteil liegt darin, daß mit einem Satelliten eine sehr große Zahl von Haushalten erreicht werden kann. Ein einziger Satellit kann ganz Nordamerika mit einer Reihe von Fernsehprogrammen versorgen. Dagegen wäre es unsinnig, zu jedem entlegenen Gehöft, zu jeder Farm in Montana ein Koaxialkabel zu verlegen. Die Telekom-Unternehmen haben ganz richtig erkannt: Die letzte Meile ist die teuerste.

Obwohl die Lebensdauer eines Satelliten begrenzt ist, schon wegen des schwindenden Vorrats an Treibstoff für die Positionshaltung, konnten doch einige Satelliten viel länger genutzt werden, als das vorherzusehen war. Ein Beispiel dafür ist MARISAT. Dieser Satellit, der ursprünglich mobilen Nutzern dienen sollte, wurde im Jahr 1976 in den Orbit geschossen und konnte für volle 20 Jahre genutzt werden. Einer der Satelliten dieser Serie ist noch heute in Betrieb.

Wie bei allen Entwicklungsvorhaben im Bereich neuer Technologien [5] sollte auch beim Bau von Satelliten eine detaillierte Planung erfolgen, und die Entwicklung sollte sich an einem bestimmten Vorgehensmodell orientieren. In *Abb. 3.9* wird ein gängiges Modell vorgestellt.

Die beste Vorgehensweise ist stets, das System als eine Investition zu betrachten, die über kurz oder lang Gewinne abwerfen soll. Dafür können die Metho-

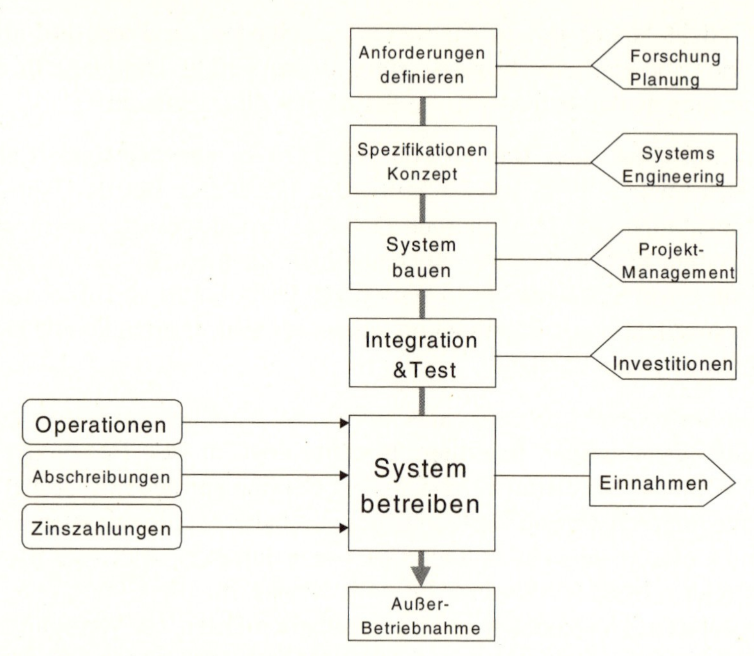

Abb. 3.9: Geplante Systementwicklung [1]

den übernommen werden, wie man sie auch für andere Einrichtungen der Telekommunikation, etwa ein terrestrisches Kabelnetz, einsetzt. Was Kommunikationssatelliten einmalig macht, ist das mit dem Start und den Operationen im Weltall verbundene Risiko.

Der erste Schritt für ein geplantes System sollte stets darin bestehen, die Notwendigkeit zu definieren. Dabei sollte man allerdings nicht zu engstirnig sein. Natürlich kann man behaupten, daß ein Telefonservice via Satellit unnötig ist, weil es in der westlichen Welt in fast jedem Haushalt ein Telefon gibt. Allerdings wurde die Idee für IRIDIUM, das erste weltumspannende Telefonnetz mit Erreichbarkeit unter nur einer Nummer, gerade deswegen geboren, weil die Ehefrau eines Managers von Motorola ihren Ehemann bei einem Urlaub in der Karibik nicht per Telefon erreichen konnte. Das Vorhandensein eines bestimmten Services beweist noch nicht, daß verschiedene Netze miteinander kompatibel sind oder daß die Kunden auch das bekommen, was sie gerne hätten.

Die Wünsche und Erwartungen der Kunden müssen in eine Spezifikation [23] mit den technischen Details und Leistungsparametern münden, die später als Grundlage für den Test des Systems dienen kann. Was Systems Engineering oftmals schwierig macht, ist das Abwägen zwischen verschiedenen, gelegentlich widersprüchlichen Forderungen. Es ist vielfach auch schwierig, die Einsatzfähigkeit einer bestimmten Technologie abzuschätzen. Auf der einen Seite will man, gerade in der Elektronik, die neuesten Prozessoren und Speicherbausteine verwenden. Auf der anderen Seite liegen gerade für diese Bauteile keine Erfahrungen vor.

Über den Satelliten hinaus sind alle Teile des Systems einzubeziehen, die Kosten verursachen werden. Dazu gehört der Start, also die Kosten für das Trägersystem. In dieser Hinsicht sind Satelliten im Vorteil, die für erdnahe Bahnen (LEO) bestimmt sind. Hier kann es gelingen, zwei oder sogar drei Kommunikationssatelliten mit einem Start in ihre Umlaufbahn zu befördern. Es ist auch zu untersuchen, ob das Trägersystem den Satelliten in seine endgültige Position bringen kann, oder ob zusätzliche Komponenten wie ein Apogee-Kick-Motor gebraucht werden.

Ein nicht zu vernachlässigender Faktor bei den Investitionen stellen die Kosten für die Versicherung beim Start dar. Sollte der Start mißlingen, wird der Satellit zerstört werden. Man rechnet derzeit für diese Art der Versicherung mit

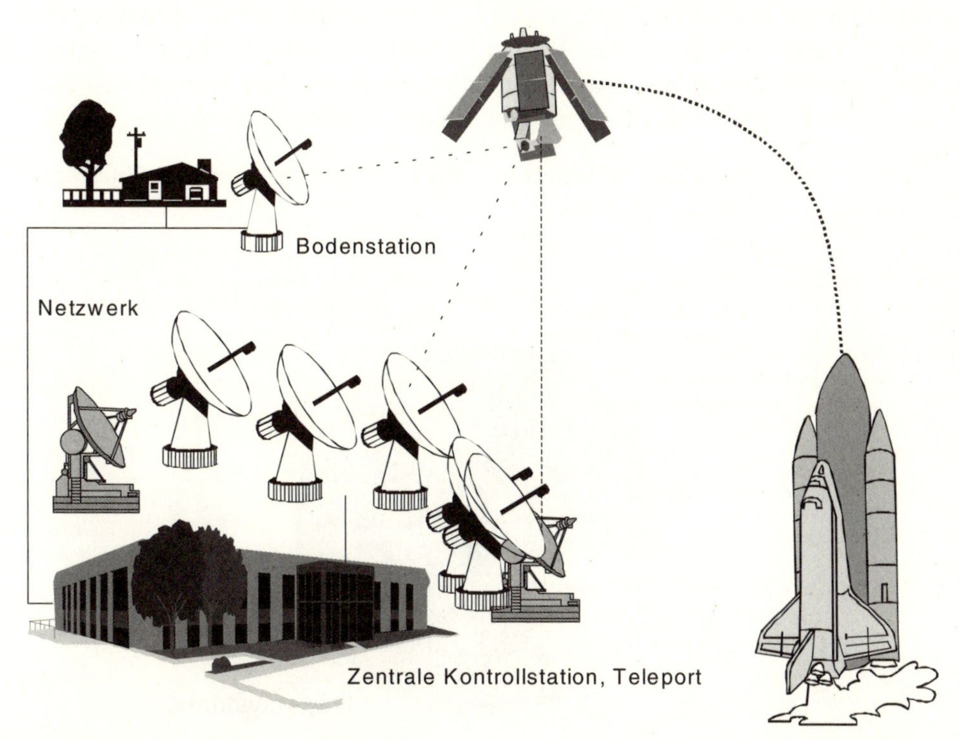

Abb. 3.10: Elemente des Systems [1]

zwölf bis zwanzig Prozent der gesamten Investitionen. Eine andere Form der Versicherung betrifft den Satelliten im Erdorbit. Auch während dieser Zeit kann er versagen, und dafür werden ebenfalls Versicherungen angeboten.

Abb. 3.10 zeigt die verschiedenen Elemente, die für die Investitionen und Kalkulation der Kosten zu berücksichtigen sind.

Bei den Kommunikationssatelliten ist deutlich ein Trend zu immer komplexeren und technisch aufwendigeren System festzustellen. Generell kann man behaupten, daß sich die Kosten eines Satelliten parallel mit größer werdender Masse bewegen. Um so schwerer der Satellit, desto teurer wird er. Die Zahl der Komponenten und Subsysteme, die Komplexität der Nutzlast und die Ausgereiftheit des Designs wirken sich auf den Endpreis aus. Alle Satelliten werden in Handarbeit von hochqualifizierten Technikern und Ingenieuren gefertigt, und diese Arbeit schlägt sich im Preis nieder.

Eine gewisse Änderung in der Fertigungstechnik ist erst mit dem System IRIDIUM von Motorola eingetreten. Hier hat man bei den einzelnen Satelliten, und es waren ja mindestens 66 Stück zu fertigen, ganz bewußt eine Minderung der vorhergesagten Zuverlässigkeit in Kauf genommen, um die Satelliten als Serie fertigen zu können. Als Ausgleich für die verminderte Zuverlässigkeit wurden mehr Satelliten gebaut und in den Orbit geschossen. Es wird sich zeigen, ob sich diese Art der Fertigung auf breiter Front durchsetzen kann.

In *Abb. 3.11* ist gezeigt, wie sich bei einem Kommunikationssatelliten die Kosten typischerweise verteilen.

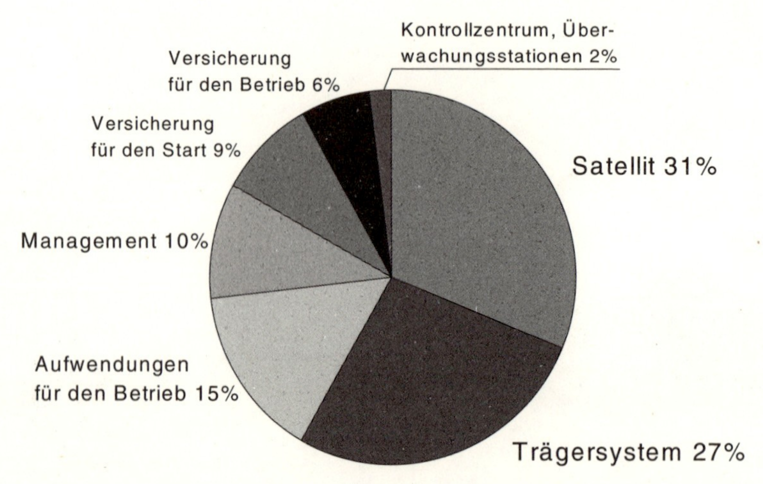

Abb. 3.11: Aufteilung der Investitionen bei einem Kommunikationssatelliten [1]

Man sollte bei den Kosten bedenken, daß sich die Branche zu wandeln beginnt. Während früher oftmals die Regierung der Kunde war, und der Auftragnehmer über Jahrzehnte hinweg mit ein und derselben Behörde zu tun hatte, wird es bei einem Telefonsystem im Orbit darum gehen, diesen Service an Tausende einzelner Kunden zu verkaufen. Bei der Regierung ist professionelles Marketing vielleicht kein Muß, bei einem Produkt für einen Massenmarkt aber sehr wohl. Dementsprechend muß sich die Organisation des Satellitenbetreibers wandeln.

Bei den Operationen am Boden, also dem Kontrollzentrum und den einzelnen Überwachungsstationen, die über den gesamten Globus verteilt sein mögen, sollte man auf größte Zuverlässigkeit und eine hohe Verfügbarkeit achten. Dabei ist es vorteilhaft, wenn Verbindungen über Land mit Glasfaserkabeln ausgeführt werden, weil bei dieser Technologie ein Abhören der gesendeten Signale und Kommandos nur unter erheblichem finanziellem Aufwand möglich ist. Man kann es nicht ganz ausschließen, aber es würde wohl die Ressourcen des Geheimdienstes eines größeren Staates wie der USA erfordern.

Wenn es vom Management als notwendig erachtet wird, kann man die Bodenkontrolle auch auslagern und einer Organisation übertragen, die sich auf solche Dienstleistungen spezialisiert hat. Man spricht bei solchen Einrichtungen, mit denen eine Reihe von Satelliten unterschiedlicher Betreiber kontrolliert werden, von Teleports.

In den USA wird kein Projekt mit revolutionär neuer Technologie oder einem völlig neuen Konzept gestartet, ohne einen *Business Plan* aufzustellen. In diesem Plan werden die folgenden Punkte behandelt.

1. Art der Dienstleistung
2. Beschreibung des Satelliten oder der Konstellation
3. Geräte für den Endbenutzer: Design, Hersteller, Verteilung
4. Frequenzspektrum, Übertragungsverfahren, Orbits, Gesetze und Lizenzen
5. Ergebnisse der Marktforschung: Inanspruchnahme der Dienstleistung
6. Analyse vergleichbarer Dienstleistungen
7. Marketing und Verkauf
8. Finanzierung
9. Quelle für fremde Mittel
10. Risiken, kritische Punkte und Management des Risikos
11. Organisationsstruktur und Umsetzung des Plans

Obwohl bei neuartiger Technologie nicht alle Risiken vollkommen ausgeschaltet werden können, haben Unternehmen wie SES mit ASTRA doch bewiesen, daß es unter den Gesetzen der Marktwirtschaft möglich ist, mit Systemen im erdnahen Raum Geld zu verdienen. Auf mittlere und lange Sicht werden diejenigen Firmen im Wettbewerb die Nase vorn haben, die sowohl die Operationen mit ihren Satelliten im Erdorbit beherrschen als sich auch ihrer Ressourcen auf der Erde sicher sind, sich also jeweils die besten Ressourcen ihrer Vertragspartner beim Bau der Satelliten zu sichern wissen.

4 Kommunikationssatelliten

If you have a penny and I have a penny and we exchange pennies,
you still have one cent and I still have one cent.
But if you have an idea and I have an idea and we exchange ideas,
you now have two ideas and I now have two ideas.

Die Idee für Kommunikationssatelliten war den potentiellen Kunden zunächst gar nicht leicht zu verkaufen. Thomas Hudspeth und Harold A. Rosen [1] von Hughes versuchten auf der Pariser Luft- und Raumfahrtausstellung im Jahr 1961, Käufer für einen Satelliten im geostationären Orbit zu gewinnen. Sie hatten zunächst keinen Erfolg. Erst als die NASA und das US-Verteidigungsministerium einsprangen, konnte SYNCOM (Synchronous Orbit Communication Satellite) gebaut werden. Der Einschuß in den Orbit klappte erst beim zweiten Versuch im Juli 1963. Obwohl es die Konstrukteure damals nicht wußten: Sie hatten den Grundstein für eine ganz neue Industrie gelegt.

SYNCOM erwies sich als ein Erfolg. Die Idee für die kommerzielle Nutzung derartiger Satelliten geht zurück auf die Regierungszeit von John F. Kennedy. Der Präsident plädierte für ein privatwirtschaftlich finanziertes System von Kommunikationssatelliten, von dem auch kleine Nationen profitieren sollten. Die rechtlichen Grundlagen dafür wurden in den USA im Jahr 1962 geschaffen. Im selben Jahr wurde die Communication Satellite Corporation (COMSAT) gegründet. Dieses Unternehmen entwickelte ein System für den Einsatz von Nachrichten- und Kommunikationssatelliten und sorgte dafür, daß sich andere Nationen an diesen Programmen beteiligen konnten. Ein Teil der Aktien von COMSAT ging an AT&T, der größten Telefongesellschaft der USA. Natürlich sind Telefongesellschaften für den internationalen Fernsprechverkehr die wichtigsten Kunden für die Betreiber von Kommunikationssatelliten.

Zunächst glaubte man bei den Telefongesellschaften, daß die Zeitverzögerung, die durch den Einsatz von Funk beim Uplink und Downlink von einem Satelliten entsteht, für die Kunden unannehmbar wäre. In der Tat ist nicht zu bestreiten, daß sich diese Verzögerung manchmal als störend erweist. Die Kunden der Telefongesellschaften akzeptierten die neue Technik allerdings rasch. Ein zweiter Einwand wurde damals gegen die unerprobte Technik erhoben. Es gab im Laufe der Jahre zwar Rückschläge, aber im großen und ganzen erwiesen sich Kommunikationssatelliten als zuverlässig.

4.1 INTELSAT

Weil die neue Technologie in erster Linie im internationalen Rahmen eingesetzt werden sollte, regte die US-Regierung im Jahr 1964 die Gründung einer neuen Organisation an, dem International Telecommunications Satellite Consortium (INTELSAT). Das Wort Consortium wurde später durch Organisation ersetzt. Der internationale Vertrag zur Gründung von INTELSAT wurde im Jahr 1971 unterzeichnet. Die Mitglieder von INTELSAT waren zum Zeitpunkt der Gründung nationale Postgesellschaften, die sich in Regierungsbesitz befanden. Nur in den USA war mit COMSAT eine Aktiengesellschaft Gründungsmitglied.

INTELSAT verhält sich im Grunde wie ein Großhändler. Die Organisation besitzt und betreibt Satelliten, deren Leistung sie auf Zeit an ihre Mitglieder vermietet. Diese Mitglieder unterhalten ihre eigenen Bodenstationen. Die Gebühren variieren je nach Typ, Umfang und Dauer der Leistung eines benutzten Satelliten. Auch Nichtmitglieder von INTELSAT können deren Satelliten benutzen, und in einigen Ländern greift mehr als eine Telefongesellschaft auf die Satelliten von INTELSAT zurück. Gegenwärtig hat die Organisation mehr als dreihundert Mitglieder. Die Einigung bei einer derart großen Zahl von Mitgliedern – und divergierenden Interessen – mag nicht immer einfach sein, doch hat INTELSAT in den vergangenen dreißig Jahren dem Publikum einen recht guten Service geboten.

Im Jahr 1984 führte INTELSAT eine neuartige Dienstleistung ein, den INTELSAT Business Service (IBS). Damit sind auch Nichtmitglieder von INTELSAT, etwa große Firmen oder internationale Konzerne, in der Lage, die Kommunikationssatelliten des Konsortiums direkt für ihre Telefonnetze zu nutzen. Sie benötigen dazu allerdings eine Bodenstation.

Diese Dienstleistung erwies sich auf dem Markt als sehr erfolgreich, weil damit die zu der Zeit noch relativ teuren Ferngespräche über die nationalen Postdienste spürbar verbilligt werden konnten. IBS basierte auf digitaler Technik, und weil sich dieser Dienst als erfolgreich erwies, ging INTELSAT in den Folgejahren daran, alle seine Telefongespräche auf digitale Technik umzustellen. Damit wurden Datenraten von 2 Mb/s erreicht.

In der Bundesrepublik Deutschland wurden zur Kommunikation mit den Satelliten von INTELSAT am Rande der Alpen eine Reihe von Sende- und Empfangsanlagen errichtet. Die Eigenschaften dieser Anlagen der Bodenstation in Raisting in Bayern sind in *Tabelle 4.1* aufgeführt.

Tabelle 4.1: Empfangsanlagen in der BRD [24]

	Raisting 1	**Raisting 2**	**Raisting 3**	**Raisting 4**	**Raisting 5**
Durchmesser Satellitenschüssel	25 m	28,5 m	28,5 m	32 m	32 m
Gewicht [t]	280	450	370	300	300
Inbetriebnahme	28-JUN-65	10-OKT-69	25-AUG-72	4-JUN-81	8-JUN-81

INTELSAT definiert die Forderungen an jeden neuen Satelliten in einem langwierigen Prozeß und beauftragt anschließend ein Unternehmen wie Hughes oder TRW mit dem Bau des Satelliten. Die NASA hat den Bau der Serie II von INTELSAT-Satelliten unterstützt, um den Forderungen nach weltweiter Kommunikation entgegen zu kommen, die sich aus dem Apollo-Programm ergaben. Bis INTELSAT IV wurde das ursprüngliche Design von Hughes, also der Spinner, beibehalten, während mit INTELSAT V zum ersten Mal ein Satellit mit ausklappbaren Sonnenpaddeln auftauchte. Bei INTELSAT VI kehrte man wieder zu dem alten und bewährten Design zurück. In *Tabelle 4.2* sind die verschiedenen Satelliten dieser internationalen Organisation aufgelistet.

Tabelle 4.2: Technische Daten von INTELSAT-Kommunikationssatelliten [2]

INTELSAT	**I**	**II**	**III**	**IV**	**IV-A**	**V**	**V-A, V-B**	**VI**
Start	1956	1966	1968	1971	1975	1980	84/85	86/87
Hersteller	Hughes	Hughes	TRW	Hughes	Hughes	Ford	Ford	Hughes
Durchmesser [m]	0,7	1,4	1,4	2,4	2,4	2,0	2,0	3,6
Höhe [m]	0,6	0,7	1,0	5,3	6,8	6,4	6,4	6,4
Trägersystem	Thor Delta			Atlas Centaur		Atlas Centaur, Ariane		Ariane
Masse [kg]	68	182	293	1385	1489	1946	2140	12 100
Payload [kg]	13	36	56	185	190	235	280	800
Design-Lebensdauer [a]	1,5	3	5	7	7	7	7	10
Zahl der Sprachkanäle	480	480	2400	8000	12 000	25 000	30 000	80 000
Bandbreite [MHz]	50	130	300	500	800	2137	2480	3520

Ein großer technischer Fortschritt gegenüber den Vorgängermodellen wurde mit INTELSAT IV erreicht. Dieser Satellit wurde von Hughes gebaut, und für das Design wurden technische Lösungen übernommen, die erstmals in einem militärischen Kommunikationssatelliten namens *Tacsat* eingeführt worden waren. Bei früheren Designs drehte sich der Repeater mit dem Rumpf des Satelliten und lediglich die Antenne blieb auf die Erde ausgerichtet. Bei INTELSAT IV wurden nun sowohl die Antenne als auch der Repeater vom Rest des Satelliten entkoppelt. Der Fachbegriff für diese Technik heißt GYROSTAT.

INTELSAT IV sendet im C-Band und besitzt 12 individuelle Kanäle, von denen jeder eine Bandbreite von rund 36 MHz bereitstellt. Die Wahl dieser Bandbreite war durch das Signal von Fernsehprogrammen bestimmt und ist inzwischen standardisiert worden. INTELSAT IV sorgte für die notwendige Infrastruktur, um Ferngespräche und Fernsehsendungen zwischen den verschiedenen Kontinenten übertragen zu können. Das Volumen nahm bald so zu, daß weitere Kapazitäten nötig wurden. Die beste technische Lösung besteht darin, daß alle Bodenstationen ihre Sendeeinrichtungen und Antennen auf einen geostationären Satelliten ausrichten, der sich über dem Atlantik oder über dem Indischen Ozean befindet. Im Jahr 1970 überschritten allerdings die Anforderungen von fünfzig Bodenstationen die Kapazität von INTELSAT IV. Man suchte eine neue Lösung.

Dr. Rosen von Hughes [1] schlug vor, das grundsätzliche Design der Satelliten beizubehalten, aber *Frequency Re-use* einzuführen. Bei diesem Konzept wird die vorhandene Bandbreite von 500 MHz praktisch verdoppelt, indem zwei voneinander unabhängige Strahlen (Beams) auf die Landmassen der Erde gerichtet werden. Diese zwei Strahlen decken die Kontinente Europa und Amerika ab. Der Atlantik wird nicht angestrahlt, um Interferenzen zu vermeiden.

Der neu entwickelte Satellit INTELSAT IV-A enthielt 24 Transponder mit gleicher Leistung, von denen je die Hälfte auf Nord- und Südamerika sowie Europa und Afrika ausgerichtet wurden. Hinzu kamen Verbesserungen in der Effizienz der Solarzellen, so daß INTELSAT IV-A praktisch die Aufgaben von zwei seiner Vorgängermodelle erledigen konnte.

Weil der Telefon- und Datenverkehr über die Satelliten weiterhin wuchs, verwendete INTELSAT beim nächsten Satelliten auch das K_u-Band. Dadurch wurden im C-Band wieder Kapazitäten frei. INTELSAT V wurde von Ford Aerospace gebaut und im Jahr 1980 in Dienst gestellt. Von dieser Serie wurden zwölf Satelliten gebaut. Sie erledigten den Großteil des internationalen Telefon- und Datenverkehrs in den achtziger Jahren.

Im Jahr 1982 gewann Hughes die Ausschreibung für INTELSAT VI. Dieser Typ setzt noch stärker auf Frequency Re-use. Hinzu kommt als Übertragungstechnik zum ersten Mal *Time Division Multiple Access*. Die Zeitscheiben für die Übertragung werden dabei durch die Software des Satelliten vergeben. Eine Rekonfiguration im Erdorbit ist möglich.

Bei INTELSAT VI und INTELSAT VII kommt weiterhin das C-Band und das K_u-Band zum Einsatz. Neben immer leistungsfähigeren Satelliten hat das INTELSAT-Konsortium auch Innovationen im Bereich des Bodensegments eingeführt, darunter den Einsatz von Time Division Multiple Access (TDMA) und *Demand Assignment Multiple Access* (DAMA). Bei diesem Verfahren werden bestimmte Kanäle und Transponder erst dann zugewiesen, wenn sie tatsächlich gebraucht werden.

INTELSAT hat sich in den neunziger Jahren zu wandeln begonnen, weg von einer Gruppe von Postbehörden zu einem Unternehmen, das marktwirtschaftlichen Gesetzen unterliegt. Ein sichtbares Zeichen für diesen Wandel ist der Auftrag für K-TV. Dieser Satellit soll Fernsehprogramme ausstrahlen und ist für den Markt in Asien bestimmt, vor allem China und Indien.

INTELSAT wird sich den Herausforderungen eines freien Weltmarkts stellen müssen und damit der Konkurrenz anderer Anbieter. Allerdings werden die von kleineren Ländern in Afrika und Südamerika angeforderten Telekommunikationsleistungen nicht so groß sein, daß sich mächtige Konzerne dafür interessieren. Deswegen ist zu erwarten, daß INTELSAT noch lange auf dem Markt bleiben wird.

4.2 PanAmSat

Diese Firma wurde im Jahr 1984 von Rene Anselmo gegründet. Dieser Mann genoß in der Branche einen geradezu legendären Ruf. Er wagte es, gegen ein Konsortium wie INTELSAT anzutreten, das in großen Teilen der Welt auf dem Telekommunikationsmarkt ein Monopol besaß. Anselmo setzte sein eigenes Vermögen ein, um seine ehrgeizigen Pläne zu realisieren. Der erste Satellit wurde von General Electric Astro gekauft und mit der ersten ARIANE IV in seine Bahn geschossen.

PAS-1 wurde im Jahr 1988 in Betrieb genommen und diente zur Übermittlung von Telefongesprächen über dem Nordatlantik, also zwischen den USA und Europa. Zu den ersten Kunden von PanAmSat gehörte Cable News Network (CNN). Es benutzte diesen Satelliten dazu, um sein Programm nach Südamerika ausstrahlen zu können.

Wenn es ein Fernsehprogramm gibt, das man als Weltfernsehen bezeichnen könnte, dann handelt es sich um das Programm von CNN. Es ist ein reiner Nachrichtensender, der *News* zu seinem Geschäft gemacht hat. CNN wendet sich in erster Linie an Geschäftsleute, an Reisende und Manager. Man findet das Programm in vielen Hotels auf der ganzen Welt, gelegentlich auch noch in deutschen Kabelnetzen.

Anselmo tat sich am Anfang gegen INTELSAT sehr schwer, weil das Abkommen mit COMSAT eine Wettbewerbsklausel enthielt. Nun widerspricht allerdings das Monopol eines Anbieters auf dem Telekommunikationsmarkt den Grundsätzen einer freien Marktwirtschaft, und Anselmo konnte die Politiker in Washington im Laufe der Jahre davon überzeugen, daß INTELSAT nicht alleine diesen Markt beanspruchen kann. Der Streit mit INTELSAT führte zuweilen so weit, daß Raketen in Cape Canaveral, die einen Satelliten von Anselmo an Bord hatten, an der Außenhülle mit Hetzsprüchen gegen INTELSAT verziert waren.

Nach Anselmos Tod im Jahr 1995 schloß sich PanAmSat mit Hughes Communications zusammen. Heute ist das Unternehmen der größte Anbieter von Satellitendienstleistungen auf der Welt. Es besitzt vierzehn Satelliten, darunter PAS 1, 2, 3 und 4, sieben direkt strahlende Fernsehsatelliten vom Typ GALAXY. Mit diesen Satelliten werden so populäre Programme wie CNN und Disney Channel ausgestrahlt. Hinzu kommen drei Satelliten für den Geschäftsverkehr.

Die Satelliten vom Typ PAS verwenden das C-Band und das K_u-Band. PanAmSat drang zunächst in den englischen Telefonmarkt ein, bedient inzwischen allerdings auch den asiatischen Raum mit Fernsehprogrammen. Das Unternehmen hat weitere Satelliten im Bau, unter anderem bei Loral, und will weiter wachsen.

4.3 Orion

Wie PanAmSat war es auch das Anliegen von Orion, in den Telekommunikationsmarkt einzudringen und der mächtigen INTELSAT Marktanteile abzujagen. Das Unternehmen wurde im Jahr 1982 von John Puente gegründet. Orion verbündete sich mit dem europäischen Rüstungskonzern British Aerospace. Auf diese Art und Weise kam es auf der einen Seite zu mehr Kapital. Auf der anderen Seite profitierte es von der Technologie des britischen Konzerns.

British Aerospace baute auch den ersten Satelliten von Orion, der am 1. November 1994 in seine Bahn geschossen wurde. Für den zweiten Satelliten,

Orion 2, wandte sich der Satellitenbetreiber an das französische Unternehmen Matra.

Orion 1 befindet sich in einem geostationären Orbit auf 37,5 Grad West über dem Äquator. Der Satellit dient zur Übertragung von Telefongesprächen und Videodaten, also Fernsehprogrammen. Orion 2 steht auf 12 Grad West, während Orion 3 für den pazifischen Raum bestimmt ist. Für seine Position ist 139 Grad Ost vorgesehen.

Orion wurde im Jahr 1998 von Space Systems/Loral in Texas aufgekauft und hat Pläne für sechs weitere Kommunikationssatelliten.

4.4 Andere Anbieter von Kommunikationssatelliten

In den siebziger und achtziger Jahren bemühten sich verstärkt nationale Regierungen, die neue Satellitentechnologie für ihre Zwecke einzusetzen. Darunter finden sich auch Länder, die man der dritten Welt zuordnen würde.

Kanada ging voran und schloß mit Hughes einen Vertrag über die Lieferung eines Kommunikationssatelliten ab. Dieser Satellit war in seinen technischen Subsystemen mit INTELSAT IV vergleichbar, wog allerdings nur noch die Hälfte. Der Satellit wurde im Jahr 1974 gestartet. Er wird von einer Gesellschaft namens Telesat Canada betrieben, die einen Telefonservice innerhalb Kanadas anbietet. Der Satellit hat sich für den Aufbau von Verbindungen im hohen Norden des Landes, darunter der Polarregion, als sehr hilfreich erwiesen. Er strahlt auch Fernsehprogramme aus.

Sein Name, *Anik*, stammt aus der Sprache der Eskimos und bedeutet Bruder. Während ursprünglich nur das C-Band benutzt wurde, kam mit Anik B das K_u-Band hinzu. Telesat hat sich inzwischen einen Ruf als kompetenter Betreiber von Satelliten erworben und bietet anderen Unternehmen Beratungsleistungen an. Weitere Satelliten mit höherer Leistung befinden sich in der Entwicklung.

In den USA dauerte es bis zum Jahr 1972, um die mit dem Betrieb von Kommunikationssatelliten verbundenen politischen und rechtlichen Fragen zu lösen. Dann wurde die sogenannte *Open Skies* Politik angenommen. Das bedeutet, daß jedes Unternehmen mit genügend finanziellen Ressourcen Kommunikationssatelliten bauen und betreiben konnte. Mit der Aufsicht über diesen neuen Markt wurde die Federal Communications Commission (FCC) beauftragt. Eine Reihe von Firmen bemühten sich um eine Lizenz, um dieses Feld bearbeiten zu können.

- Western Union Telegraph Company. Diese Firma setzte auf das Design, das Hughes bereits für die kanadischen Anik-Satelliten verwendet hatte. Die ersten zwei WESTAR-Satelliten von Union Telegraph gingen im Jahr 1974 in Betrieb. Sie ergänzen das terrestrische Mikrowellennetz von Western Union.
- Das zweite Unternehmen war AT&T im Verein mit COMSAT. Deren Satelliten basieren auf dem INTELSAT IV-A und werden für Ferngespräche eingesetzt. GTE, eine weitere Telefongesellschaft, nutzte zunächst ebenfalls diesen Satelliten, ging später aber eigene Wege. Die Satelliten von COMSTAR wurden zu Beginn der achtziger Jahre außer Betrieb genommen und durch Satelliten der Serie Telstar 3 ersetzt.
- Die von Hughes eingeführte Technik Frequency Re-use wurde von RCA American Communications (Americom) aufgegriffen und für ihre eigenen Kommunikationssatelliten, aber auch Wettersatelliten, eingesetzt. Diese Satelliten waren sehr klein und kompakt gebaut. Dadurch konnte als Trägersystem die Delta-Rakete, anstatt der viel teueren Atlas Centaur, eingesetzt werden. Die Satelliten von Americon wurden in erster Linie für die Verteilung von Fernsehprogrammen eingesetzt, die dann im Kabelnetz vertrieben wurden.

In den achtziger Jahren expandierte der Markt in den USA rasch, doch inzwischen ist eine gewisse Konsolidierung eingetreten. Western Union hat sein Satellitengeschäft an Hughes verkauft. Dieser Bereich firmiert in diesem Konzern unter dem traditionsreichen Namen PanAmSat.

Der zweite kapitalkräftige Anbieter ist General Electric Capital Corporation. Die Satelliten von AT&T wurden von Space Systems/Loral in Texas erworben und bilden den Grundstock für den Eintritt dieses Unternehmens in die Fertigung und das Betreiben von Kommunikationssatelliten.

Im Jahr 1976 wurde ein weiterer Satellitenservice gestartet, diesmal am anderen Ende der Welt, in Indonesien. Das Projekt wurde innerhalb von achtzehn Monaten durchgezogen. Zum Einsatz kommen zwei Satelliten, die dem Design von Westar oder Anik entsprechen. *Abb. 4.1* zeigt die Inseln, die das Staatsgebiet von Indonesien ausmachen, und ihre Abdeckung durch die Signale der beiden Kommunikationssatelliten.

Zu dem System gehören über fünfzig Bodenstationen. Die beiden Palapa-Satelliten dienen zur Versorgung der indonesischen Bevölkerung mit Fernsehprogrammen und stellen Telefonverbindungen in diesem Gebiet her, das sich über fünftausend Kilometer erstreckt. Gegenüber dem Aufbau eines Telefonsystems mit herkömmlichen Leitungen hat sich die realisierte Lösung als kostengünstiger erwiesen.

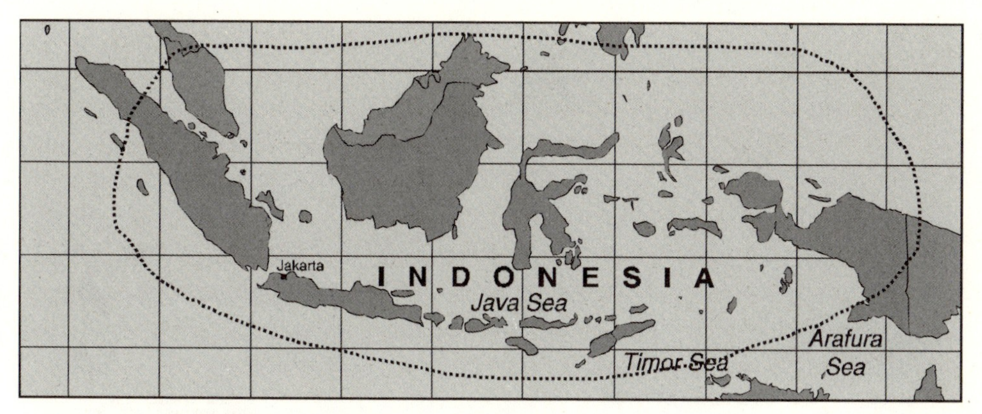

Abb. 4.1: Indonesien und Footprint von Palapa [1]

Das Palapa-System ist inzwischen so erweitert worden, daß es tausend Bodenstationen einbinden kann. Es wurde außerdem auf die Nachbarländer ausgedehnt. Im Jahr 1984 wurde der erste Satellit Palapa B Serie in Betrieb genommen. Er hat gegenüber Palapa A die doppelte Kapazität. Der zweite Palapa B Satellit erreichte dagegen nie seine richtige Bahn und wurde vom amerikanischen Space Shuttle wieder geborgen. Er wurde im Jahr 1987 durch einen gleichwertigen Satelliten ersetzt.

4.5 DirecPC

Die am meisten gefragte Dienstleistung von Kommunikationssatelliten ist das Übertragen von Fernsehprogrammen. Daneben spielt aber auch das Übertragen von Datenpaketen eine zunehmend wichtige Rolle. Was diese Pakete enthalten, ist weitgehend eine Frage der Interpretation: Es kann sich um EDV-Daten, Zahlen, Buchstaben oder auch Grafiken oder Images handeln. Natürlich können es auch Videoprogramme sein, die nach einem Standard wie MPEG komprimiert wurden.

In den letzten Jahren hat das INTERNET, und dabei ganz besonders das World Wide Web (WWW) mit seinen grafischen Fähigkeiten, zunehmend an Bedeutung gewonnen. Allerdings stellt die Datenübertragung, die im Bereich des Endkunden über Telefonleitungen aus Kupfer erfolgt, einen ausgesprochenen Engpaß bei der Übertragung von Inhalten des WWW dar. Man hat deshalb verschiedentlich vorgeschlagen, das Akronym WWW als *World Wide Wait* zu übersetzen.

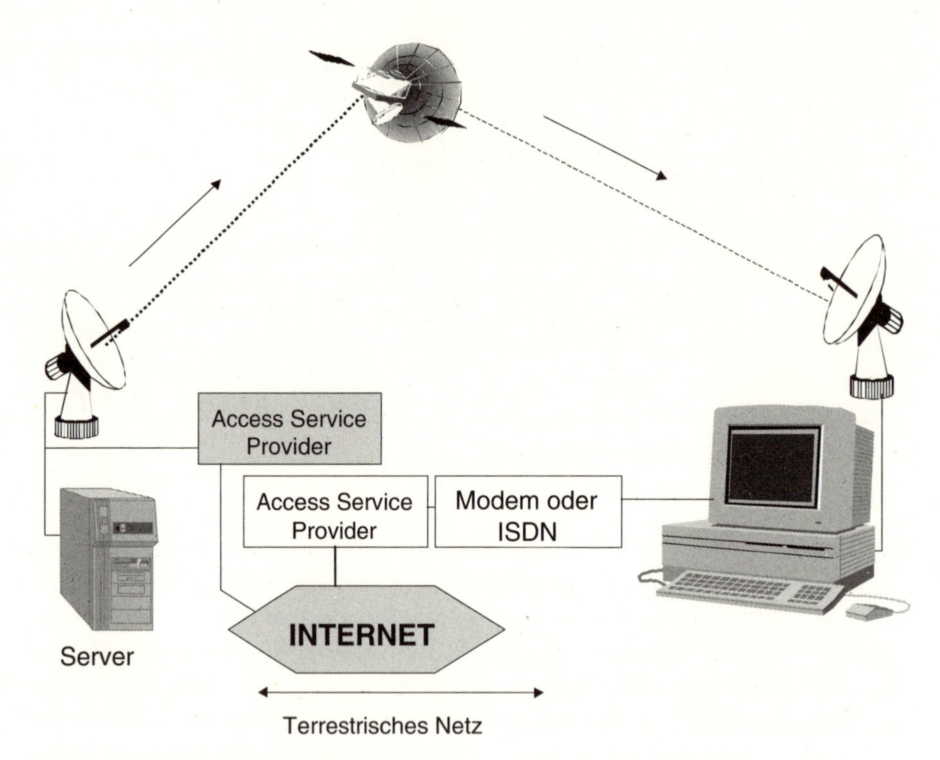

Abb. 4.2: Multipoint-to-Point-Verbindung [1]

Leider wird sich die Übertragung von Datenpaketen im INTERNET nicht wesentlich steigern lassen, so lange es auf der derzeitigen Infrastruktur beruht. Nur mit Glasfaser- oder Koaxialkabeln wäre eine signifikante Steigerung der Geschwindigkeit möglich. Um den Engpaß INTERNET zu umgehen, hat man sich deshalb bei Hughes eine innovative Lösung des Problems einfallen lassen. Sie ist in *Abb. 4.2* gezeigt.

Im obigen Beispiel nimmt der Besitzer des PC, der mittels eines Modems oder über ISDN mit dem INTERNET verbunden ist, mit einem anderen Nutzer des INTERNET Kontakt auf. Nehmen wir einmal an, es wäre eine große virtuelle Buchhandlung wie *amazon.com* in den USA. Dieser Händler könnte nun seinen Katalog, in dem der Besitzer des PC in Deutschland gern blättern würde, über das INTERNET zur Verfügung stellen. Weil allerdings *amazon.com* einen umfangreichen Katalog mit vielen bunten Seiten und Fotos von Autoren besitzt, würde es sehr lange dauern, diesen Katalog zu laden. Wie macht das nun DirecPC?

Bei dieser Lösung wird der Katalog über einen direkt strahlenden Satelliten versandt. Der PC-Besitzer in Deutschland empfängt über seine Satellitenschüssel den Katalog, der anschließend auf dem Bildschirm betrachtet werden kann. Daten geringer Bandbreite und mit niedrigem Volumen werden weiterhin über das INTERNET versandt, aber große Datenpakete nehmen den Weg über das Weltall. Damit ist der Engpaß im INTERNET weitgehend beseitigt.

Die Datenübertragungsrate bei diesem Service beträgt für das Downlink 400 kb/s. Diese Dienstleistung für das INTERNET wird inzwischen in den USA, Europa und Japan angeboten.

4.6 INTERSPUTNIK

Die Sowjetunion gehört zu den Pionieren bei direkt strahlenden Fernsehsatelliten. Es lag daher nahe, diese Satelliten auch als Kommunikationssatelliten zu nutzen. Im Jahre 1971 wurde dazu unter der Leitung der Sowjetunion eine Organisation gegründet, der vierzehn sozialistische Staaten angehörten. Sie ist im Westen unter der Bezeichnung Intersputnik bekannt. Außer den Ländern des Ostblocks wird das Netzwerk von Intersputnik auch von ein paar arabischen Staaten wie etwa Syrien und in Nordafrika von Libyen benutzt.

Intersputnik hat Normen für den Austausch von Daten geschaffen und unterstützt den Austausch von Fernsehprogrammen. Technisch stützt es sich auf die Satelliten vom Typ Gorizont. Für den Austausch von Nachrichten und Videofilmen existieren in jedem Land Bodenstationen, ähnlich wie bei INTELSAT. Wenn zwei Länder nicht unmittelbar miteinander in Verbindung treten können, weil sie zu weit voneinander entfernt liegen, kann auch eine zusätzliche Bodenstation dazwischen geschaltet werden. Das ist etwa dann der Fall, wenn Nordkorea mit Kuba Informationen austauschen möchte. Ein solches Beispiel ist in *Abb. 4.3* dargestellt.

Besonders stark beansprucht werden die Satelliten vom Typ Gorizont natürlich immer dann, wenn internationale Ereignisse in den Ländern des Ostblocks stattfinden, etwa Olympische Spiele oder andere Sportveranstaltungen. Die großen Programmanbieter wie CNN mieten zum Teil Transponder dieser Satelliten an, um unmittelbar von den Brennpunkten des Geschehens berichten zu können. Nur mit Hilfe der Satellitentechnik war es möglich, während des Golfkriegs fast in Echtzeit auf CNN verfolgen zu können, wie amerikanische Cruise Missiles in Bagdad einschlugen. Ob das allerdings genau der Fortschritt ist, den wir als Gesellschaft wollen, mag dahingestellt bleiben.

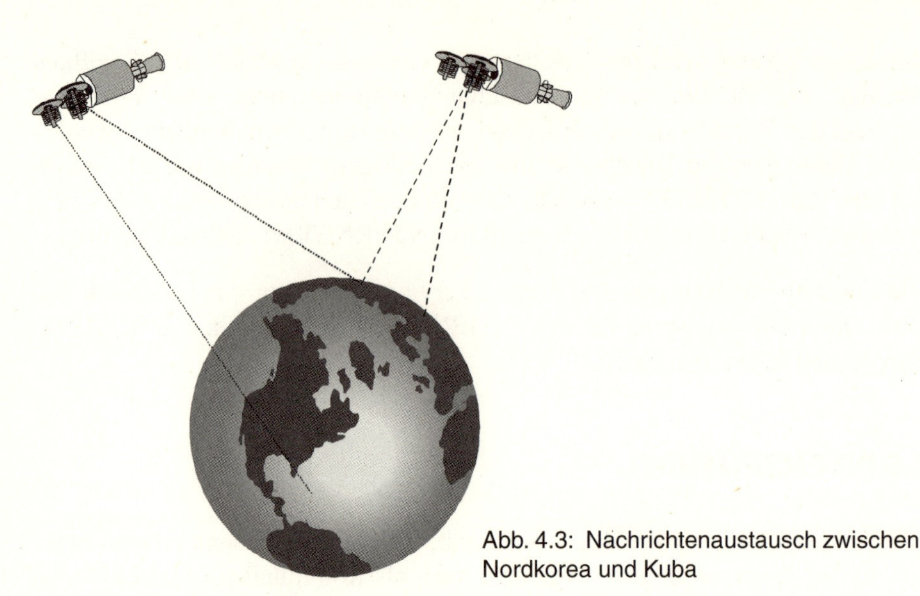

Abb. 4.3: Nachrichtenaustausch zwischen Nordkorea und Kuba

Kommunikationssatelliten haben jedenfalls im Bereich der interkontinentalen Telefonverbindungen eine Alternative zu Unterseekabeln und zu terrestrischen Mikrowellennetzen eröffnet. Sie sind sehr flexibel, lassen sich für eine Vielzahl von Applikationen einsetzen und sind inzwischen aus der Welt der Telekommunikation nicht mehr wegzudenken. Über derartige Satelliten kommen Radio- und Fernsehprogramme zu den Konsumenten, und es finden sich zunehmend auch neue, innovative Anwendungen.

5 Telefon-Service

Three men may keep a secret, if two of them are dead (Benjamin Franklin).

Der Erfolg der Anbieter von Kommunikationssatelliten, aber auch das Vordringen des Global Positioning System (GPS) in den zivilen Markt hat einige große Konzerne ermutigt, sich an gänzlich neues System heranzuwagen: Ein Telefondienst aus dem erdnahen Orbit.

Wer einmal ein in Deutschland gekauftes Funktelefon in die USA oder nach Japan mitgenommen hat, der kennt das Problem: Es funktioniert dort nicht, man ist also trotz Funktelefon nicht erreichbar. Obwohl auch in den USA teilweise der GSM-Standard eingesetzt wird, heißt das noch lange nicht, daß die in Europa und den USA aufgebauten Funknetze kompatibel sind. In den USA gilt trotz gleicher Technik eine unterschiedliche Frequenz.

Der Telefon-Service aus dem All verspricht, mit diesem Ärger Schluß zu machen. Weltweite Erreichbarkeit unter nur einer Nummer, immer und überall.

In den USA haben sich in den Jahren 1990 und 1991 sechs große Unternehmen, Konzerne oder Konsortien um eine Lizenz für ein globales Telefonnetz beworben. Darunter befindet sich IRIDIUM, ein von Motorola unterstütztes Konsortium, TRW, Loral und Qualcomm. Über den Telefonservice hinaus sind eine Reihe damit verbundener Dienstleistungen versprochen worden.

- Übermittlung von Faxen und digitalen Daten
- Suche vermißter Personen, die mit einem Handy ausgestattet sind
- Überwachung der Umwelt
- Verfolgung von Gefahrenguttransporten

Das erste dieser Telefonsysteme, IRIDIUM , ist inzwischen in Betrieb genommen wurden. Der Name wurde vom Element Iridium abgeleitet, das die Ordnungszahl 77 besitzt. Ursprünglich waren nämlich für das Satellitensystem 77 Satelliten vorgesehen. Inzwischen wurde diese Zahl auf 66 reduziert, aber der Name wurde beibehalten.

Die anderen Organisationen befinden sich im Stadium der Planung oder der Entwicklung. *Tabelle 5.1* zeigt diese Organisationen und wesentliche Eigenschaften der geplanten Konstellation.

Tabelle 5.1: Anbieter von Telefondiensten via Satellit [25]

System	Anbieter	Land	Zahl der Satelliten	Höhe [km]	Zahl der Orbits	Gewicht [kg]	Lebensdauer [a]
Ellipso	Mobile Comm.	USA	10/6	8 040	2	300	5
Globalstar	Loral, Qualcomm	USA	48 + 8	1 414	8	426	7,5
ICO	ICO Global Comm.	UK	12	10 355	2	1 600	10 – 12
IRIDIUM	Motorola	USA	66 + 6	785	6	689	8

Ob alle diese Projekte realisiert werden können, ist angesichts der Investitionen in Milliardenhöhe fraglich. Wir wollen uns deshalb vor allem mit dem System befassen, das Ende 1998 seinen Dienst aufnahm: IRIDIUM. Auch Loral macht mit Globalstar gute Fortschritte, so daß in Kürze mit der Aufnahme des Betriebs zu rechnen ist.

5.1 IRIDIUM

Dieses System wurde von Motorola, dem bekannten Hersteller von Halbleitern, initiiert und wird mit einer Reihe von Partnern durchgeführt, um die hohen Investitionskosten auf mehrere Organisationen verteilen zu können. Es besteht aus 66 operationellen Satelliten in sechs Bahnen, die über den Pol führen. Die Höhe über Grund beträgt 785 Kilometer, und eine Umlaufperiode ist rund hundert Minuten lang.

Der Benutzer des Systems mit seinem Funktelefon kann sich irgendwo auf der Erde (oder auf hoher See) aufhalten und wird immer einen Satelliten zur Verfügung haben, der wenigstens acht Grad über dem Horizont steht. Jeder Satellit besitzt drei Antennen im L-Band und deckt die Erdoberfläche mit 48 Strahlen (Beams) ab. Damit errechnen sich für 66 Satelliten 3 168 Zellen, von denen 2 150 aktiv sein müssen, um die gesamte Erdoberfläche zu erfassen. Der Durchmesser einer dieser Zellen beträgt rund 600 Kilometer. Weil sich die Satelliten über dem Benutzer bewegen, wird sein Telefongespräch etwa jede Minute von einer Zelle zur nächsten weitergereicht. Nebeneinanderliegende Strahlen benutzen verschiedene Frequenzen, aber andere Zellen können verhandene Frequenzen erneut benutzen. Das zugewiesene Frequenzspektrum ist in zwölf Subbänder eingeteilt worden, wobei jedes Subband von jedem Satelliten bis zu viermal wieder benutzt wird. Daraus errechnet sich ein Faktor für das Re-use von 2150 / 12, also 180.

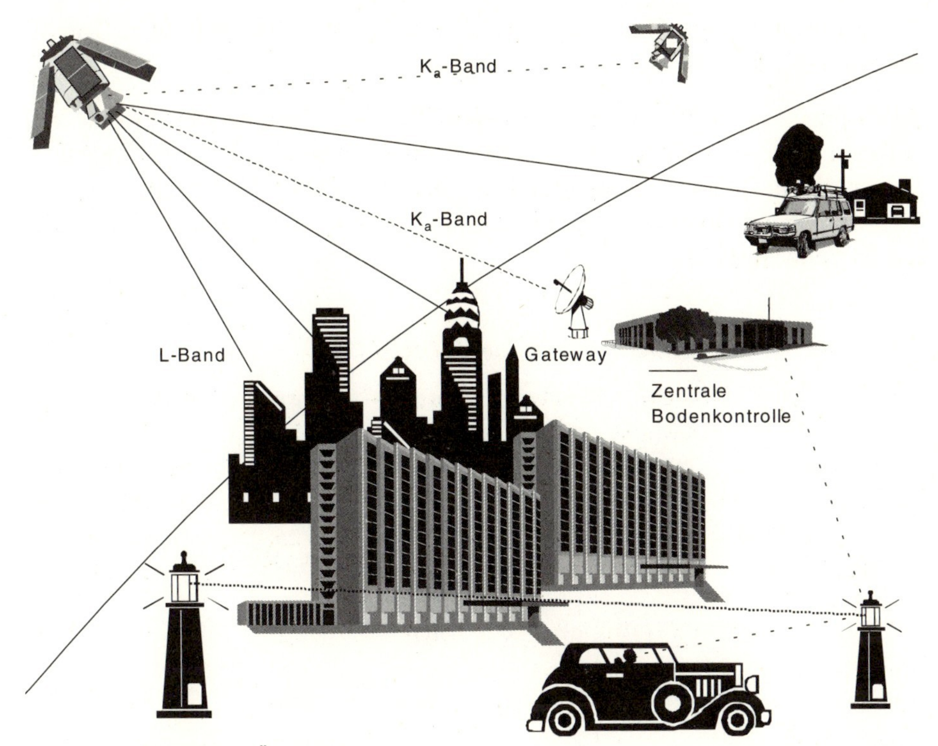

Abb. 5.1: IRIDIUM im Überblick

Die Frequenz für Uplink und Downlink liegt zwischen 1 610 und 1 626,5 MHz. Für beide Bereiche wird Time Division Multiple Access eingesetzt. Für Sprache beträgt die Datenrate 4 800 b/s, während für Daten 2 400 b/s angegeben werden. *Abb. 5.1* zeigt das System im Überblick.

Für den Funkverkehr mit den Benutzern des Systems wird das L-Band verwendet, während für interne Zwecke das K_a-Band eingesetzt wird. Weil es zu teuer wäre, für alle Fälle Satellitentelefonie zu verwenden, macht IRIDIUM in dicht besiedelten städtischen Ballungsgebieten von vorhandenen Netzen Gebrauch. Es kann also durchaus sein, daß ein Anruf zunächst einmal über ein terrestrisches Netz vermittelt wird.

Die Höhe der Investitionen für IRIDIUM wird mit 3,4 Milliarden US$ angegeben. Die Satelliten wurden von Motorola nach einem Verfahren gebaut, das zum ersten Mal mit der herkömmlichen handwerklichen Fertigung brach und eine Serienfertigung verwendete. Es rollte alle fünf Tage ein Satellit vom Fließband. Bei dieser Art der Fertigung mußten Abstriche bei der Zuverlässigkeit gemacht werden. Dies wurde durch eine größere Zahl gefertigter Satelliten ausgeglichen.

Als Trägersysteme für den Start der Satelliten wurden eine ganze Reihe von Raketen eingesetzt, um das Risiko zu verteilen. In Rußland wurde die Proton verwendet, in China die Long March 2C und in den USA die bewährte Delta II von McDonnell Douglas. In *Tabelle 5.2* sind wesentliche technische Parameter des Systems aufgelistet.

Tabelle 5.2: Technische Eigenschaften von IRIDIUM [2]

Funktion	**Satellit – Benutzer**		**Satellit – Gateway**		**Satellit – Satellit**
	Downlink	Uplink	Downlink	Uplink	
Mulitplexing	TDMA/FDMA		TDMA/FDMA		TDMA/FDMA
Modulation	QPSK		QPSK		QPSK
Datenrate [Mb/s]	0,05	0,05	6,25	6,25	25,0
Bandbreite pro Kanal [kHz]	31,5	31,5	4375	4375	17 500
Frequenzzentrum [GHz]	1,62125	1,62125	20,0	29,4	23,28
Gesamte Bandbreite [MHz]	10,5	10,5	100,0	100,0	200,0

Bei *Quadrature Phase-Shift Keying* (QPSK) werden die binären Daten in zwei Bit lange Symbole umgewandelt, die anschließend benutzt werden, um die Trägerfrequenz zu modulieren. Weil sich mit zwei Bits vier Zustände darstellen lassen, können die Ziffern Null bis Drei auf die Trägerfrequenz geprägt werden.

Laut Motorola ist IRIDIUM nicht so sehr eine Konkurrenz zu bestehenden Festnetzen, sondern stellt eine sinnvolle Ergänzung dar. Die folgenden Vorteile werden genannt:

- IRIDUM wird bei Katastrophen wie Erdbeben, Flächenbränden und Überschwemmungen nicht beeinträchtigt sein und kann daher in Fällen einspringen, wenn terrestrische Festnetze ausfallen
- IRIDIUM steht auch in schwach besiedelten Gegenden zur Verfügung, in denen es bisher überhaupt kein Telefonnetz gibt
- IRIDIUM steht auch in unwirtlichen Gegenden wie Wüsten oder auf der hohen See zur Verfügung

- In städtischen Verdichtungsräumen kann ein Gespräch zunächst über bestehende Netze vermittelt werden. Dadurch sinken die Kosten.
- Mit Hilfe von IRIDIUM kann in Regionen, die bisher überhaupt keinen Telefonservice besitzen, sehr schnell ein solcher Service aufgebaut werden.

Die letzten fünf Satelliten des Systems wurden am 17. Mai 1998 mit einer Delta-Rakete von der Vandenberg Air Force Base in Kalifornien in ihre Bahn geschossen. Danach begann eine intensive Testphase. Der Start des Service war ursprünglich für den 23. September 1998 geplant. Es kam zu einigen Schwierigkeiten mit Radioastronomen, deren Signale von fernen Sternen durch das Telefonsystem gestört wurden. Im November 1998 ging IRIDIUM dann endgültig in Betrieb.

Es werden Endgeräte angeboten, die im Grunde aus zwei Telefonen bestehen. In städtischen Gebieten benutzt man ein Handy, das seine Gespräche über ein GSM-Netz absetzt. Ist man unterwegs, etwa in den USA oder Asien, dann steckt man das Handy auf das IRIDIUM-Telefon und kann damit weltweit telefonieren. Als Kosten [26] werden zweitausend bis dreitausend Dollar für das Telefon und rund drei Dollar pro Minute für ein Gespräch angegeben. Für Pager werden 500 bis 600 US$ genannt.

Unter der Vorwahl 8816 ist es jetzt also möglich, mit nur einer Rufnummer weltweit erreichbar zu sein. Gegenüber den bisherigen Satellitentelefonen, die sehr unhandlich waren und ständig direkt auf einen Satelliten ausgerichtet werden mußten, stellt IRIDIUM gewiß einen großen Fortschritt dar. Es ist zu erwarten, daß die Telefonapparate im Lauf der Zeit kleiner werden und die Kosten für Ausrüstung und Gespräche sinken.

5.2 Globalstar

Der wohl potenteste Konkurrent für IRIDIUM stellt Loral mit Globalstar dar. Einer der wesentlichen Unterschiede zu IRIDIUM besteht darin, daß Globalstar Code Division Multiple Access (CDMA) als Übertragungsverfahren einsetzen wird. Damit ist eine Verschlüsselung des Gesprächsinhalts leicht möglich. Der Einsatz dieser Technologie für den Telefondienst wurde von Qualcomm entwickelt.

In *Tabelle 5.3* sind wesentliche Eigenschaften des neuen Systems aufgelistet.

Tabelle 5.3: Eigenschaften von Globalstar [8]

Eigenschaft	Wert
Höhe der Orbits	1389 km
Geometrie des Orbits	Um 52 Grad geneigt
Zahl der Bahnen	8
Satelliten pro Bahn	6
Abdeckung des Globus	Bis 70 Grad nördlicher Breite
Gesamtzahl der Satelliten	48, einschließlich Ersatzsatelliten
Zahl der Beams pro Satellit	48
Verbindungen Satelliten	Keine
Übertragungsverfahren	CDMA
Lebensdauer eines Satelliten	7,5 Jahre

Qualcomm profitiert beim Einsatz von CDMA von den Erfahrungen, die mit terrestrischen Netzen gemacht wurden. Loral hat den Service von Globalstar in verschiedenen Regionen der Welt an lokale Organisationen vergeben, die dort das Marketing übernommen haben. In Europa sind France Telecom und der britische Operator Vodaphone beteiligt. Bei der Fertigung von Telefonen ist Daimler Aerospace zu nennen.

Wie bei IRIDIUM fliegen auch bei Globalstar die Satelliten relativ niedrig, in 1 114 Kilometern Höhe. Die Länge eines Erdumlaufs beträgt 114 Minuten. Für die Datenübertragung können vier verschiedene Übertragungsraten eingesetzt werden, nämlich 1200, 2400, 4800 und 9600 Bits pro Sekunde. Wenn auf einem Kanal nicht gesprochen wird, kann die Übertragungsrate auf 1200 b/s reduziert werden. Erste Versuche deuten darauf hin, daß nicht unbedingt die hohe Rate von 9600 b/s gebraucht werden, sondern daß 2400 b/s durchaus ausreichend sind.

Bei Globalstar wird ein länger andauerndes Telefongespräch alle zwei bis vier Minuten von einem Satelliten zum nächsten weitergereicht werden. Der Einschuß der Satelliten von Globalstar in ihre Bahnen wird derzeit durchgeführt. Am 6. Februar 1998 wurden von Cape Canaveral in Florida aus vier Satelliten mit einer Delta II [27] in den Weltraum befördert. Für den Start werden Kosten von 100 Millionen US$ angegeben, während für jeden der vier Satelliten eine Investition in Höhe von 13 Millionen US$ genannt wird.

Die Inbetriebnahme erster regionaler Netze kündigt Bernhard L. Schwartz, der Vorsitzende von Globalstar, für das dritte Quartal 1999 an, während Globalstar [28] weltweit bis März 2000 zur Verfügung stehen soll. Einer der Hersteller

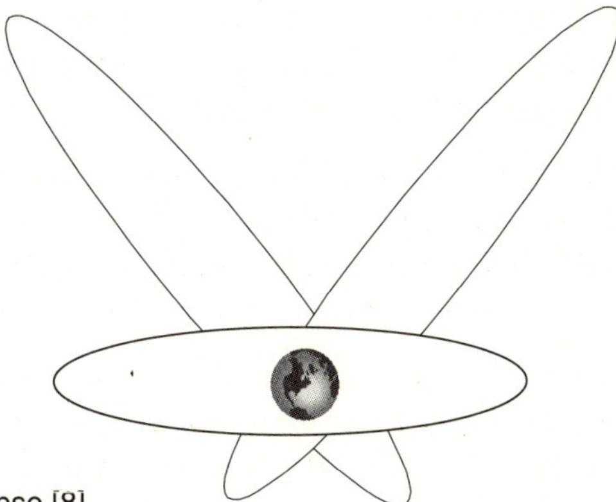

Abb. 5.2: Bahnen von Satelliten bei Ellipso [8]

der Telefone für Globalstar ist Ericson, ein Unternehmen, das im Bereich von Funktelefonen zu den Pionieren der Branche zählt. Auch bei Globalstar werden die Telefone in verschiedenen Modi nutzbar sein; es können also auch terrestrische GSM-Netze benutzt werden.

Eine interessante Funktion der Telefone von Globalstar liegt darin, daß der Besitzer damit auch seine eigene geographische Position in Länge und Breite ermitteln kann. Das ist bei einem Notfall, wie er im mobilen Bereich immer passieren kann, eine sehr nützliche Zusatzfunktion des Telefons.

5.3 Ellipso

Das Projekt der Mobile Communications Holding ist insofern recht ungewöhnlich, weil zum einen die Bahnen der Satelliten aus dem üblichen Rahmen fallen. Zum zweiten soll dieser Service nur rund einen halben Cent pro Minute [8] kosten. Hinzu kommt eine Grundgebühr von 35 $ pro Monat.

Weil auf der Erde die Landmassen vorwiegend auf der nördlichen Halbkugel liegen, hat man sich bei dem Anbieter ein Schema überlegt, mit dem diese Landmassen effektiv mit einem Telefonservice versorgt werden können. Die Bahnen der Satelliten sind in *Abb. 5.2* zu sehen.

Zum einen gibt es bei Ellipso Satelliten in einem Orbit über dem Äquator, wie wir sie von Kommunikationssatelliten her kennen. Interessanter sind die zwei elliptischen Bahnen. Die als Ellipso-Borealis bezeichneten Bahnen enthalten zehn Satelliten und sind 116,5 Grad gegenüber dem Äquator geneigt. Der Apogee wird mit 7 846 Kilometer angegeben, während der Perigee nur 520

Kilometer von der Erdoberfläche entfernt ist. Mit diesem Orbit wird sichergestellt, daß sich die entsprechenden Satelliten sehr lange Zeit über der nördlichen Hemisphäre aufhalten.

Der andere Orbit heißt Ellipso-Concordia und verläuft über dem irdischen Äquator. Es ist allerdings keine geostationäre Bahn, weil die Höhe lediglich 8 040 Kilometer beträgt. Mit diesen sechs Satelliten werden die Tropen sowie Länder bis zu 47 Grad südlicher Breite versorgt.

Auch bei Ellipso wird als Übertragungsverfahren CDMA eingesetzt, womit eine gegenseitige Störung verschiedener Netzteilnehmer ausgeschlossen ist. Den Vertrag zum Bau der Satelliten gewann im April 1998 [29] überraschend Boeing, nachdem vorher die Orbital Sciences Corporation im Gespräch gewesen war.

5.4 ICO

Beim vierten Bewerber handelt es sich um INMARSAT. Das ist eine internationale Organisation im Bereich der Schiffahrt mit Sitz in London. Ihr gehören so gut wie alle Länder an, die Schiffahrt auf den sieben Weltmeeren betreiben. INMARSAT hat bereits Erfahrung mit dem Einsatz von Satelliten, weil es das sogenannte INMARSAT Overlay betreibt. Das ist ein Zusatzfunktion zum Global Positioning System, mit dem die Genauigkeit der Positionsbestimmung noch verbessert werden kann.

ICO steht für *Intermediate Circular Orbit*, und die ICO Global Communications Ltd. ist eine privatwirtschaftlich agierende Tochter von INMARSAT. Es sollen Telefondienste, Datenübertragungen und *Global Paging* bereitgestellt werden. Es ist der Einsatz von zehn Satelliten und zwei Ersatzsatelliten geplant. Diese Satelliten sollen sich in zwei Orbits befinden, die 45 Grad gegenüber dem Äquator geneigt sind. Jeder Satellit des Systems soll 4 500 Telefongespräche gleichzeitig vermitteln können.

5.5 Teledesic

Von allen vorgeschlagenen oder bereits in der Realisierungsphase befindlichen Satellitensystemen führt Teledesic, bezüglich der Anzahl der Satelliten, eindeutig die Liste an. Das System besteht aus 288 Satelliten.

Teledesic will Verbindungen für Daten und Sprachkanäle für Unternehmen, Institutionen und Privatleute mit hohen Übertragungsraten zu günstigen Preisen zur Verfügung stellen. Einer der größten Auftragnehmer ist Motorola. Dieses Unternehmen will den Prozeß, der bei der Fertigung der IRIDIUM-Satelliten erstmals eingesetzt und erprobt wurde, für die Herstellung der Teledesic-Satelliten anwenden. Für die Trägersysteme ist Boeing im Gespräch.

Ein Satellit soll zwischen 1 600 und 2 000 Kilogramm wiegen und eine Leistung im Bereich von zwei bis vier Kilowatt besitzen. Zur Energieversorgung sollen Silicon-Sonnenzellen eingesetzt werden. Als Material für die Sonnenzellen ist allerdings auch noch Galiumarsenid im Gespräch.

Der erste Start für Teledesic soll im Jahr 2002 erfolgen, und der Beginn des Service ist für das Jahr 2003 vorgesehen.

Bisher haben wir uns mit satellitengestützten Telefonnetzen beschäftigt, die einen weltweiten Service für die besiedelten Regionen dieses Planeten anbieten wollen. Wir kommen nun zu einem System, das diesen Anspruch nicht erhebt.

5.6 Asian Cellular Satellite System und Thuraya

Obwohl in den westlichen Industrieländern die Versorgung der Haushalte mit Telefonen nahezu hundert Prozent beträgt, liegt sie in den Ländern der dritten Welt oftmals noch unter zehn Prozent. Diese Länder haben mit moderner Satellitentechnologie die Chance, sofort mit moderner Technologie in das Fernmeldewesen einzusteigen. Ein ausgezeichnetes Beispiel dafür ist das Asia Cellular Satellite System (AceS).

Die Region, die der Satellit Garuda-1 abdecken soll, erstreckt sich vom Norden Australiens bis hinüber nach Indien, deckt einen großen Teil Chinas ab, umfaßt Japan und die Inselstaaten Indonesien, Malaysia und die Philippinen. Insgesamt ergibt sich in diesem Teil der Welt eine Bevölkerung von rund drei Milliarden. Es werden die üblichen Dienstleistungen angeboten, also Sprache, Fax, Datenübertragung und Paging. Das System benutzt den weltweit eingesetzten Standard für das Global System for Mobile Communication (GSM) und soll zu regionalen terrestrischen Netzen kompatibel sein.

In *Abb. 5.3* ist die geographische Region gezeigt, die Garuda-1 mit seinem Strahl abdecken soll.

Garuda-1 wird von Lockheed Martin in Maryland gebaut und benutzt das C- und das L-Band des Frequenzspektrums. Es sind Gateways, also Bodenstationen, in Indonesien, auf den Philippinen und in Thailand geplant. Der Uplink

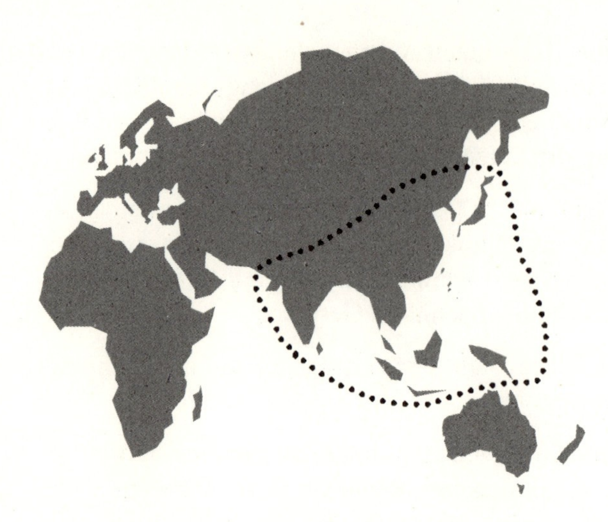

Abb. 5.3: Footprint von Garuda-1 [30]

benutzt den Bereich von 6425 bis 6725 MHz, während für den Download der Bereich von 1525 bis 1559 MHz verwendet wird.

Bei Thuyara [31] handelt es sich ebenfalls um ein Satellitensystem, das nur für eine bestimmte Region vorgesehen ist. Der Satellit soll auf einer Position von 44 Grad östlicher Länge über Somalia stationiert werden und kann potentiell 1,8 Milliarden Menschen auf der arabischen Halbinsel und in Nordafrika mit Telefon-Dienstleistungen versorgen. Das Projekt wird von einer Organisation in Abu Dhabi vorangetrieben, die vierzehn arabischen Staaten gehört. Der Beginn der Operationen ist für den September 2000 vorgesehen.

Obwohl bis dahin ein paar internationale Konzerne mit ihren Systemen auf dem Markt sein dürften, fürchten die Manager in Abu Dhabi diese Konkurrenz nicht. Sie rechnen mit einem Minutenpreis von einem halben Dollar für ihren Service.

5.7 Wirtschaftliche Erwägungen

Die Betreiber von Satelliten konkurrieren natürlich zum Teil mit Anbietern, die nur terrestrische Netzwerke zur Verfügung haben. Sie werden sich schwer tun, diesen etablierten Anbietern Marktanteile abzujagen, wo ihr neuer Service für den Benutzer keinen zusätzlichen Nutzen bringt. Auf der anderen Seite ist sicherlich ein Kundenkreis im Bereich des Managements und der international operierenden multinationalen Konzerne vorhanden, die diesen neuartigen Service nutzen werden.

In vielen Ländern der Welt ist das Telefon durchaus nicht selbstverständlich. Mehr als die Hälfte der Bewohner dieses Planeten hat noch nie am Telefon [32] eine Unterhaltung geführt. Für die Bevölkerung in vielen Teilen der Welt stellen die Kosten eines Telefongesprächs noch einen Faktor dar, der zu bedenken ist. Die Weltbank hat geschätzt, daß in solchen Ländern die Minute Gesprächsdauer nicht mehr als 10 Cent kosten darf, wenn der Service Erfolg haben soll. Hinzu kommen die Kosten für die Ausrüstung mit Endgeräten oder Telefonapparaten. Es ist natürlich möglich, diese Kosten auf den Minutenpreis für Gespräche umzulegen. Das geschieht zur Zeit in Europa in großem Umfang, um Funktelefone verkaufen zu können. Letztlich muß sich die Dienstleistung aber für den Anbieter rechnen, wie auch immer man die Kosten verteilt.

In *Tabelle 5.4* ist auf der Basis der Preise von 1997 aufgelistet, was Endgeräte im Telefonbereich bei verschiedenen Anbietern kosten.

Tabelle 5.4: Kosten von Endgeräten [32]

Anbieter	**Typ**	**Antenne**	**Kosten in US$**
Globalstar	Telefon	Verfolgt Satelliten	1 000
Odyssey	Telefon	Verfolgt Satelliten	1 000
INTELSAT VII	Voice Terminal	Stationär	4 000
INTELSAT VII-A	Voice Terminal	Stationär	4 000
Astrolink	Reflektor	Stationär	1 000
VoiceSpan	Reflektor	Stationär	1 000

Den Anschaffungskosten eines Terminals oder Endgeräts stehen natürlich die laufenden Kosten für den Service gegenüber. Hier werden für eine Reihe von Anbietern im Bereich der satellitengestützten Systeme die folgenden Kosten für den Verbraucher genannt (siehe *Tabelle 5.5*).

Obwohl es durchaus sinnvoll und nützlich ist, solche Berechnungen anzustellen, kann doch der Erfolg eines neuartigen Service nicht mit letzter Sicherheit vorhergesagt werden. Das Benutzerverhalten beim Gebrauch des Telefons hängt von zu vielen Unwägbarkeiten ab. Hinzu kommt, daß die Länge von Gesprächen von Kulturkreis zu Kulturkreis verschieden sein kann. Deshalb sind Voraussagen zu den Einnahmen eines neuen Service nur in begrenztem Umfang gültig.

Man kann allerdings die neuen satellitengestützten Dienstleistungen auch mit den bereits eingeführten Verbindungen über das terrestrische Funknetz und den Angeboten von INTELSAT vergleichen. Dies ist in *Tabelle 5.6* aufgezeigt.

Tabelle 5.5: Kosten für Telefongespräche via Satellit [32]

Anbieter	Invest-ment in Mill. US$	Lebens-dauer Satellit [a]	Telefon-leitungen	Kosten pro Leitung und Jahr in US$	Datenrate bei Spra-che [b/s]	Kosten pro Minute in Cent	Durch satz [Gb/s]
Globalstar	2 500	7,5	60 000	5 556	2 400	50	0,25
Odyssey	2 700	12	172 800	1 302	4 200	50	0,73
INTEL-SAT VII	1 215	12,4	270 000	363	12 800	17	3,46
INTEL-SAT VII-A	715	12,4	112 500	513	12 800	17	1,44
Astrolink	3 994	12	959 375	347	64 000	10	61,40
Voicespan	4 306	12	1 125 000	319	64 000	10	72,00
Teledesic	9 871	10	2 000 000	494	16 000	10	32,00

Tabelle 5.6: Gebühren im Vergleich [33]

Technologie	Ausrüstung in US$	Preis pro Einheit
Funktelefon	200 – 1000, falls nicht durch Anbieter subventioniert	0,38 – 0,99 Cents pro Minute
INMARSAT A: Sprach- und Datenverbindung in Echtzeit, hohe Geschwindigkeit	30 000 – 45 000	7 – 10 $/Minute
INMARSAT C: Datenübermittlung mit mäßiger Geschwindigkeit	10 000	1 Cent pro Byte
IRIDIUM	3 000	Grundgebühr 50 $ pro Monat; 2 – 3 $ pro Minute
Globalstar	600	65 Cent pro Minute, Aufschlag für Ferngespräche
ORBCOMM: Notrufe, Finden von Vermißten, Austausch von Nachrichten	100 – 400	19 Cents für eine 250 Bytes lange Nachricht, Gebühren abhängig von der Tageszeit

Abgesehen von den angeführten Preisen, die sich im Laufe der Zeit sicher ändern werden, kann man durchaus behaupten, daß der erste Anbieter eines neuen Service oftmals den Markt erobert hat. Deshalb dürften sich die Anstrengungen großer Konzerne, mit einem Telefonservice aus dem Erdorbit der erste zu sein, über kurz oder lang in klingender Münze auszahlen.

6 Satellitennavigation

Wer den Hafen nicht kennt, zu dem er segeln will, für den ist kein Wind ein günstiger (Seneca).

Wer in einer Stadt wohnt, wer sich kaum aus der gewohnten Umgebung heraus bewegt, für den wird die Bestimmung der eigenen Position und das Finden von Zielen kein großes Problem darstellen. Aber selbst der Stadtmensch orientiert sich an der ein oder anderen Wegmarke, an markanten Gebäuden oder Kreuzungen. Wer in fremde Gebiete vordringt, wer das Unbekannte erforschen will, der tut sich bereits schwerer. Er ist auf Karten angewiesen, muß seinen Weg mittels Hilfsmitteln und Werkzeugen suchen, muß Schritt für Schritt ins Land der Drachen vordringen.

In alten Karten wurde unbekanntes und gefährliches Terrain durch Drachen markiert. Wer es wagte, dahin vorzudringen, riskierte sein Leben. Während sich auf dem Land fast immer Wegmarken finden lassen, mit deren Hilfe sich der Forscher, Reisende und Händler orientieren kann, fehlen auf offener See solche Orientierungshilfen völlig. Der Reisende ist auf die Sonne, und des Nachts auf die Sterne angewiesen. Wenn wir nach den ersten Reisenden fragen, die sich weit hinaus auf die offene See gewagt haben, so tauchen in ferner Vergangenheit die arabischen Seefahrer auf. Sindbad und seine Freunde wurden nicht zuletzt deshalb zu guten Navigatoren, weil sie aus einem Land stammten, das wenig oder gar keine natürlichen Wegmarken kennt: Der arabischen Wüste.

Machen wir einen gewaltigen Zeitsprung in die Gegenwart. Das Global Positioning System (GPS), ein aus Satelliten im Erdorbit bestehendes Navigationssystem der Neuzeit, hat seine erste große Bewährungsprobe im Golfkrieg, also in den Wüsten Arabiens, bestanden. Damit schließt sich der Kreis. Aus den Weltgegenden, in denen vor Jahrtausenden die ersten Navigatoren in die Weite des Weltmeeres vordrangen, spielte ein Konflikt, zu dessen schneller Beendigung das Global Positioning System einen wesentlichen Beitrag leistete.

6.1 Navigationssysteme

Navigation kann man als Methode begreifen, mit deren Hilfe eine Person oder ein Fahrzeug von einem Punkt A zum Punkt B gelangen kann. Oft kommen dabei Bedingungen hinzu, wie etwa die Forderung nach der schnellsten, bequemsten oder einer besonders sehenswerten Route.

In der europäischen Welt wurden Navigationssysteme zu Beginn der Neuzeit ein Thema, als kühne Seefahrer wie der Portugiese Magellan oder Vasco da Gama versuchten, über Afrika hinaus vorzudringen und jenes sagenhafte Land im fernen Osten – Indien – zu finden. Ein Genueser im Dienst der spanischen Krone, Christoph Kolumbus, versuchte es auf einem anderen Weg. Er entdeckte zwar nicht Indien, aber Amerika war bestimmt die Entdeckung wert. Während diese Seefahrer die Sonne und des Nachts die Sterne zur Orientierung benutzten, spielte bereits für sie das Vorhandensein präziser und zuverlässiger Uhren zur Zeitmessung eine wesentliche Rolle. Deshalb waren die daheim gebliebenen Gefährten der kühnen Forscher durchaus nicht ohne Bedeutung: Martin Behaim stellte in Lissabon den ersten Globus her, und deutsche und holländische Uhrmacher versuchten, ihre mechanischen Uhren zu vervollkommnen, um den rauhen Bedingungen auf hoher See zu genügen.

Auch beim Global Positioning System finden wir wieder die Forderung nach sehr präzisen Uhren, obwohl wir schnell erkennen werden, daß althergebrachte Mechanik die Anforderungen nicht mehr wird erfüllen können. Allerdings ist GPS in seiner Grundstruktur einfach: Es beruht auf der Messung der Laufzeit von Signalen.

Damit wird mit Satellitennavigation ein System aufgegriffen, das uns aus der Seefahrt her bekannt ist. Wir können uns die Navigation und das Festlegen der eigenen Position wie folgt vorstellen (siehe *Abb. 6.1*).

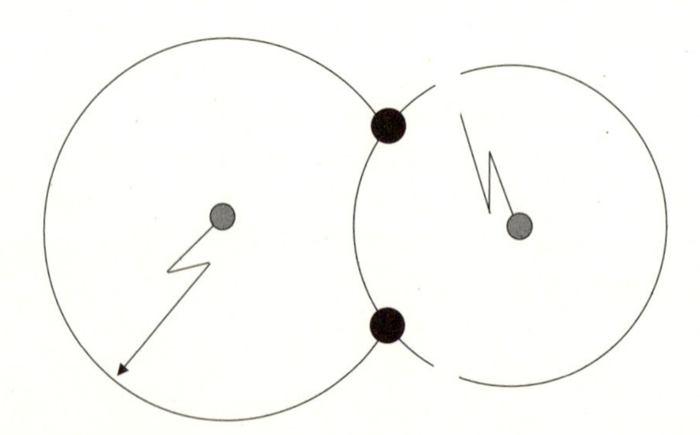

Abb. 6.1: Navigation mit Nebelhörnern

In der gezeigten Darstellung sucht ein Boot seinen Weg, indem die Besatzung die Signale von zwei Nebelhörnern auswertet. Dabei werden die Nebelhörner immer zu festgesetzten Zeiten, etwa jede Minute, und für eine bestimmte Dauer zu hören sein. Mit der Schallgeschwindigkeit, einer Konstanten, und der zeitlichen Differenz zwischen dem Aussenden des Signals an der Position des Nebelhorns und dem Eintreffen beim Beobachter auf unserem Boot, kann sich der verantwortliche Offizier die Entfernung vom Nebelhorn ausrechnen. Dauert es zum Beispiel fünf Sekunden, bis das zur vollen Minute ausgesandte Signal des Nebelhorns das Ohr des Beobachters auf dem Boot erreicht, dann kann sich dieser mit der Schallgeschwindigkeit von 335 m/s ausrechnen, daß sich sein Schiff 1675 Meter von der Quelle des Signals entfernt befindet. Im obigen Fall würden wir zwei Lösungen bekommen, weil sich für eine derartige Gleichung zwei Schnittstellen ergeben.

Diese Ungewissheit kann auf zwei Arten aufgelöst werden: Zum einen mag der Schiffsführer bereits Informationen über seine ungefähre Position besitzen, etwa durch das Einzeichnen seines Kurses in eine Seekarte. In diesem Fall kann er eine der berechneten Positionen als unwahrscheinlich verwerfen. Die zweite Möglichkeit, seine Position zu konkretisieren, besteht darin, ein drittes Signal hinzuzunehmen. In diesem Fall wird die Lösung des Problems eindeutig (siehe *Abb. 6.2*).

Während wir das mathematische Problem durch mehr Signale leicht in den Griff bekommen können, natürlich verbunden mit höheren Kosten, erkennen wir in Abbildung 6-2 bereits ein weiteres Problem: Die Positionsbestimmung wird mit gewissen Unsicherheiten belastet sein. Die Uhr des Beobachters mag ungenau oder nicht mit der Uhr im Leuchtturm synchronisiert sein. Dadurch

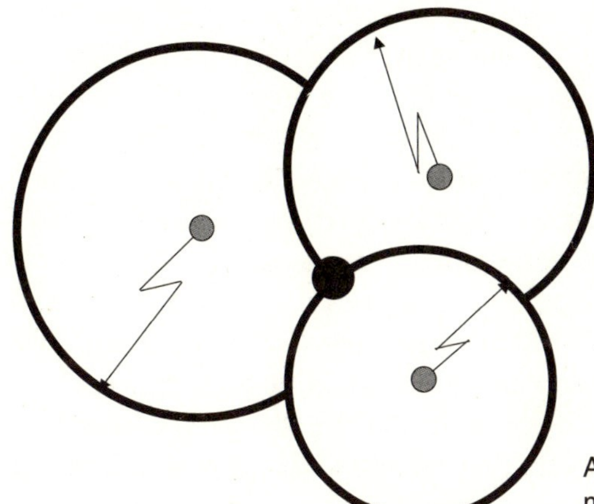

Abb. 6.2: Lösung der Positionsbestimmung durch drei Signale

kann sich ein Fehler in die Berechnungen einschleichen, durch den die genaue Positionsbestimmung erschwert wird.

Bei der Satellitennavigation werden wir mit ähnlichen Problemen zu kämpfen haben. So modern ein System auch sein mag, eine präzise Positionsbestimmung bis in den Zentimeterbereich bleibt schwierig. Andererseits wissen wir natürlich, daß in der Praxis eine Genauigkeit der Positionsbestimmung auf zehn oder zwanzig Meter meist vollkommen ausreichen wird.

6.2 Navigationssysteme vor GPS

Nebelhörner mögen im Bereich der Küste eine gewisse Berechtigung haben, aber auf hoher See sind sie natürlich kein geeignetes Mittel der Navigation. Dort haben die Seefahrer traditionell mit dem Kompass gearbeitet. Bei Nacht waren ihnen Fixsterne eine zusätzliche Navigationshilfe. Selbst in modernen Verkehrsflugzeugen wie Boeings 747 findet man noch ein kleines Fenster im Cockpit, durch das der Bordingenieur gewisse Sternkonstellationen anpeilen konnte, um den Weg über den Atlantik oder den Pazifik zu finden.

Während für Flugzeugführer die Weltmeere bis in die zweite Hälfte unseres Jahrhunderts im wesentlichen ohne Orientierungshilfen blieben, hat sich die Situation beim Flug über Land drastisch geändert. Hier ist Radionavigation inzwischen längst Stand der Technik.

6.2.1 Radionavigation

In der Fliegerei, die sich in den USA nach der Erfindung der Gebrüder Wright rasch als ein kommerziell erfolgversprechendes Unternehmen etablierte, waren in den Anfangsjahren ein Kompass, ein barometrischer Höhenmesser und ein Geschwindigkeitsanzeiger die einzigen Navigationsinstrumente im Cockpit. Hinzu kamen Anfang der zwanziger Jahre Lichtstrahlen als optische Hilfe für die Flugzeugführer. Im Jahr 1929 tauchten die ersten Radiosender auf, die wir als Funkfeuer bezeichnen wollen. Frankreich, Südamerika und Nordafrika folgten rasch dem amerikanischen Beispiel. In den dreißiger Jahren setzten sich Radioempfänger in den Cockpits der Verkehrsflugzeuge zur Navigation beim Flug über Festland auf breiter Front durch. Dabei wurde das bei der Bahn bewährte System von festen Streckenabschnitten kopiert. Wie Züge werden Flugzeuge von Punkt zu Punkt, von einem Funkfeuer zum nächsten geleitet, und in einem Streckenabschnitt dürfen sich zu einem bestimmten Zeitpunkt nur eine begrenzte Zahl von Flugzeugen aufhalten. Aus Gründen der Sicherheit muß ein Mindestabstand gewahrt werden.

Im 2. Weltkrieg lernte man, die über dem Atlantik herrschenden Winde auszunützen und den Kurs so zu setzen, daß das Flugzeug von den gerade herrschenden Winden profitieren konnte. Dadurch konnten Einsparungen an Treibstoff von bis zu 25 Prozent erreicht werden. Heutzutage werden solche kostengünstigen Routen regelmäßig mit Hilfe meteorologischer Daten errechnet.

Die Navigationshilfen für Flugzeuge waren zunächst darauf ausgerichtet, dem Piloten die Richtung zum Ziel, also zu einem Flughafen oder zum nächsten Funkfeuer, zu zeigen. Solch einfache Funkfeuer sind so billig, daß sie auch von Entwicklungsländern in Afrika und Südamerika beschafft und unterhalten werden können. Im Notfall kann allerdings einem Piloten jede Radioquelle, sei es nun ein Radio- oder Fernsehsender oder sogar eine Radarinstallation, dazu dienen, seinen Kurs zu setzen und sein Ziel zu finden.

Die Navigationshilfen in der Luftfahrt fallen in den Frequenzbereich von 118 bis 156 Megahertz. Man bezeichnet diese Frequenzen mit den Begriffen Very High Frequency (VHF) und Ultra High Frequency (UHF). Inzwischen hat sich ein System durchgesetzt, das mit dem Ausdruck VHF Omnidirectional Range (VOR) bezeichnet wird. Dabei wird Navigation und Kommunikation in einem Frequenzbereich kombiniert. VOR-Stationen operieren im Frequenzbereich zwischen 108 und 118 MHz, wobei zwischen den einzelnen Kanälen ein Abstand von 100 kHz belassen wird.

VOR-Stationen existieren zu Tausenden auf allen Kontinenten. Mit ihrer Hilfe wird der kommerzielle und private Flugverkehr abgewickelt. Darüber hinaus gibt es rund achthundert sogenannte TACAN-Installationen. TACAN steht dabei für **Tac**tical **A**ir **N**avigation. Diese Funkfeuer operieren im Frequenzbereich von 960 bis 1215 MHz und sind für die Streitkräfte der USA und der NATO bestimmt. Sie können allerdings auch von der zivilen Luftfahrt mitbenutzt werden.

Während also die Navigation über Land in der zweiten Hälfte unseres Jahrhunderts in der Fliegerei schnell Fortschritte machte, blieb ein Bereich der Radionavigation mit Funkfeuern doch versperrt: Die Navigation auf hoher See. Dafür mußten andere technische Lösungen gefunden werden.

6.2.2 LORAN

LORAN steht für **Lo**ng **Ra**nge **N**avigation und stellt ein System dar, das sowohl in der Luftfahrt als auch im Bereich der Hochseeschiffahrt eingesetzt wird. Die ersten Anfänge reichen zurück in die vierziger Jahre. Das heute eingesetzte System wird als LORAN-C bezeichnet.

LORAN-C operiert im Bereich von 90 bis 110 kHz und zählt damit zu den niederfrequenten Systemen. Es besteht aus Sendestationen, die Ketten bilden. Eine dieser Sendestationen wird als *Master* designiert, während andere Stationen als sekundäre Sender bezeichnet werden. Die Positionsbestimmung erfolgt durch die Berechnung der Zeitdifferenz der Ankunftszeit des Signals der *Master Station* im Vergleich zu einer oder mehreren Sekundärstationen.

Der Empfang von LORAN-C-Signalen ist nicht unter allen Umständen gewährleistet. Atmosphärische Störungen sowie geographische Gegebenheiten können den Empfang des Radiosignals beeinträchtigen. Die Signale von LORAN-C-Stationen identifizieren sich selbst durch einen charakteristischen Signalton. Man bezeichnet dieses Verfahren als *Group Repetition Interval* (GRI). Sender, deren Signal gestört ist und vom Empfänger nicht verwertet werden kann, identifizieren sich selbst durch Modulation des Signaltons. *Tabelle 6.1* zeigt LORAN-C-Stationen in den USA und deren charakteristisches *Group Repetition Interval.*

Tabelle 6.1: LORAN-C-Stationen in den USA [34]

Station	**GRI in µs**
Kanadische Ostküste (5930)	59 300
Nordöstliche Vereinigte Staaten (9960)	99 600
Südöstliche Vereinigte Staaten (7980)	79 800
US-Westküste (9940)	99 400
Westküste (5990)	59 900
Große Seen (8970)	89 700
Norden der USA (8920)	89 200
Süden der USA (9610)	96 100

Die Linien gleicher Zeitdifferenz zwischen einer *Master Station* und dem Signal einer Sekundärstation bilden, wenn man sie als Kurven darstellt, Hyperbeln. Kartenwerke mit solchen Kurven sind zum Beispiel bei der US-Küstenwache erhältlich.

6.2.3 Omega

Ein weiteres Radionavigationssystem, das neueren Datums ist als LORAN, nennt sich Omega. Es besteht aus acht Sendestationen, die über den gesamten Globus verteilt sind. Jedem Sender sind dabei vier Frequenzen zugeteilt, die er mit allen anderen Sendern teilt, während eine weitere Frequenz nur für einen bestimmten Sender zugeteilt ist und ihn damit eindeutig identifiziert. Die von allen Sendern gemeinsam benutzten Frequenzen werden nach dem *Time-Sharing*-Verfahren von allen Sendern genutzt. Es sendet also ein Sender nur in einem bestimmten, ihm vorher zugeteilten, Zeitintervall.

Die Signale der Omega-Stationen verbreiten sich unterhalb der Ionosphäre und haben eine Reichweite von 9 300 bis 27 800 Kilometern. Im günstigsten Fall kann mit Omega eine Präzision der Positionsbestimmung von 500 Metern erreicht werden. Bei Verkehrsflugzeugen werden Omega-Empfänger meist mit dem *Inertial Navigation System* (INS) kombiniert. Das Omega-System begrenzt damit die möglichen Fehler von INS bei einem lang andauernden Flug. *Abb. 6.3* zeigt die Verteilung der Omega-Sendestationen auf dem Globus.

Abb. 6.3: Omega-Stationen [34]

Die Radiosignale der Omega-Stationen stehen rund um die Uhr zur Verfügung und werden von einer Station in der Nähe des Senders automatisch überwacht. Die Antennen sind in ihrer Bauart nicht gleich, sondern weisen signifikante Unterschiede auf. Die Präzision der Positionsbestimmung [34] wird bei Omega, wenn allein dieses System eingesetzt wird, mit fünf bis sechs Kilometern Abweichung von der wahren Position angegeben.

6.2.4 Inertial Navigation System

Während für einen Frachter im Atlantik die Präzision von Omega durchaus ausreichend sein mag, um die Mündung des Amazonas zu finden und so den nächsten Hafen anlaufen zu können, wird sie in anderen Fällen nicht ausreichen. Bei solchen Applikationen müssen Alternativen in Betracht gezogen werden. Eine davon ist das Inertial Navigation System (INS).

Bei INS gehen wir davon aus, daß uns die Position eines Fahrzeugs oder Flugzeugs zunächst einmal mit hoher Präzision bekannt ist. Wir messen in der Folgezeit alle Änderungen gegenüber der bekannten Ausgangsposition und ermitteln daraus die gegenwärtige Position. Es dürfte klar sein, daß diese Berechnungen nur mit Hilfe eines Computers durchgeführt werden können.

INS weist gegenüber den vorher besprochenen Navigationssystemen eine Reihe von Vorteilen auf. Dabei wären zu nennen:

- Die Position kann jederzeit berechnet werden. Geschwindigkeits- und Richtungsänderungen lassen sich immer feststellen.
- Das System kann für relativ lange Zeit ohne Input auskommen, es hängt also nicht von Radiosendern und dem ungestörten Empfang eines Signals ab. Es sendet selbst keine Strahlung aus und kann daher auch nicht von außen beeinflußt beziehungsweise gestört werden.
- Die Funktion des Systems hängt nicht vom Wetter ab.
- Die Positionsbestimmung gelingt auch in den Polarregionen der Erde einwandfrei.
- Bei den berechneten Größen kann es sich um die Position, die Geschwindigkeit sowie die horizontale und vertikale Bewegung handeln. Für ein Fahrzeug oder ein Flugzeug ist damit durch INS eine sehr genaue Positionsbestimmung möglich.

Natürlich hat INS auch Nachteile. Hätte das System nur Vorteile, würde es wohl jeder von uns mit sich herumtragen wie eine Armbanduhr. Bei den Nachteilen von INS sind zu nennen:

- Die Genauigkeit der Positionsbestimmung nimmt mit der Zeit ab. Bei einem Flugzeug, das etwa vom Rhein-Main-Flughafen in Frankfurt nach New York fliegt, ist beim Erreichen des amerikanischen Festlands mit einem Fehler von ein paar Kilometern zu rechnen.
- Die Ausrüstung ist teuer. Für ein Verkehrsflugzeug kann man bei Preisen von 1996 mit fünfzigtausend bis hundertzwanzigtausend Dollar rechnen.
- Es ist eine Kalibrierung notwendig. Dies gelingt nur bei stationären Fluggeräten in mittleren Breiten einwandfrei.

- Die Manöver des Flugzeugs können unter Umständen die Genauigkeit der Navigationsdaten und der Positionsbestimmung beeinflussen.

INS ist bei bestimmten Anwendungen zwar weiterhin das bevorzugte System, es kommt aber für einen Massenmarkt wegen des hohen Preises nicht in Betracht. Für ein Verkehrsflugzeug stellt der Preis von INS bei den hohen Kosten des Gesamtsystems kein Problem dar, für einen Mittelklassewagen wäre INS allerdings sicher viel zu teuer.

6.3 Die Notwendigkeit für GPS

Obwohl die oben skizzierten Navigationssysteme für viele Fälle ausreichend sein mögen, haben sie auch Nachteile. Wir dürfen nicht vergessen, daß das Global Positioning System wie das INTERNET ein Kind des amerikanischen Pentagon ist. Wer Interkontinentalraketen präzise ins Ziel steuern oder die Sprengladung eines Marschflugkörpers mitten in den Bunker eines Diktators im Nahen Osten abliefern will, der wird sich mit einer Genauigkeit der Positionsbestimmung im Bereich von einem Kilometer nicht zufrieden geben können. Er wird auch fordern müssen, daß ein solches System rund um die Uhr, vierundzwanzig Stunden am Tag zur Verfügung steht und daß die Signale immer einwandfrei zu empfangen sind.

In *Tabelle 6.2* sind die Nachteile der vorher genannten Systeme im Vergleich mit dem Global Positioning System dargestellt.

Tabelle 6.2: Vergleich von GPS mit anderen Systemen

System	**Genauigkeit der Position [m]**	**Genauigkeit der Geschwindigkeit [m/s]**	**Gebiet**	**Kommentar**
GPS	16 SEP	> 0,1	Weltweit	24 Stunden, bei jedem Wetter
LORAN	180 CEP	-	US-Küste	Lokale Verfügbarkeit, Störungen durch Wolken
Omega	2200 CEP	-	Weltweit	24 Stunden, störanfällig
INS	< 1500 CEP nach 1 Stunde	0,8 nach 2 Std.	Weltweit	24 Stunden, in Polarregion störanfällig
Transit (GPS-Vorgänger)	200 CEP	-	Weltweit	90 Minuten Intervall zwischen Fixes

Die in der Tabelle angeführten Maße CEP und SEP stehen für *circular probable error* und *spherical probable error*. Man führt dabei in der Regel eine ganze Reihe von Versuchen durch und kalkuliert dann, wie oft der gemessene Wert in einen Kreis oder eine Kugel um den wahren Wert gefallen ist. Meistens werden 95% Wahrscheinlichkeit genannt, daß der Meßwert in diesen Bereich fällt.

Doch kommen wir zurück zu der Aussage von Tabelle 6-2. GPS ist sowohl im Bereich der genauen Positionsbestimmung, der weltweiten Verfügbarkeit als auch des zuverlässigen Empfangs des Signals das eindeutig überlegene Navigationssystem.

6.4 Das Global Positioning System

If you don't know where you are, a map won't help (Watts Humphrey).

Navigationssysteme werden zwar von vielen Zeitgenossen nicht wahrgenommen, aber in bestimmten Branchen stellen sie ein unentbehrliches Hilfsmittel dar. Denken wir an Schiffe auf den Ozeanen, Verkehrsflugzeuge oder den weiten Bereich militärischer Anwendungen. Aber selbst der Angler, der Besitzer einer Yacht im Mittelmeer oder der Wanderer in den Alpen kann von solchen Systemen profitieren.

Nach der Erfindung des Telefons, das inzwischen für unsere Gesellschaft fast unentbehrlich geworden ist, dachte man kurz nach der Erfindung daran, es als Medium zur Verkündung allgemein interessierender Nachrichten zu gebrauchen, also eine Art Drahtfunk. Es könnte auch beim Global Positioning System so sein, daß es noch viele Applikationen des System gibt, an die wir im Moment noch gar nicht denken.

6.4.1 Anfänge des GPS: NAVSTAR

Zu Beginn der sechziger Jahren waren eine Reihe von US-Teilstreitkräften, die Weltraumbehörde NASA und das amerikanische Handelsministerium an der Entwicklung eines satellitengestützten System zur Positionsbestimmung interessiert. Das optimale System sollte die folgenden Anforderungen erfüllen:

- Verfügbarkeit der Signale auf dem gesamten Globus
- Kontinuierliche Operation bei jedem Wetter

- Fähigkeit zum Empfang und Auswertung des Signals durch Flugkörper und Fahrzeuge, die sich schnell bewegen
- Hohe Genauigkeit der Positionsbestimmung

Die amerikanische Marine entwickelte zunächst ein satellitengestütztes System, das sich *Transit* nannte. Es erlaubte eine Positionsbestimmung in geographischer Länge und Breite. Obwohl die Positionsbestimmung mit Transit relativ genau war, variierte die Zahl der möglichen Positionsfeststellungen mit der geographischen Breite. Am Äquator dauerte es 110 Minuten, bis eine Peilung vorlag, auf einer Position von 80 Grad geographischer Breite verbesserte sich dieser Wert auf dreißig Minuten. Ein Nachteil des Systems lag auch darin, daß die reine Rechenzeit zehn bis fünfzehn Minuten betrug und bereits vor Beginn der numerischen Auswertung eine Schätzung der Position voraussetzte. Damit war Transit – und auch das russische Konkurrenzprodukt Tsikada – für langsam fahrende Schiffe, nicht aber für Flugkörper wie Raketen brauchbar. Diese Schwächen beider Systeme führte in den USA zur Entwicklung des Global Positioning System und in der Sowjetunion zur Entwicklung des russischen GLONASS.

In den USA versuchte die Marine beziehungsweise deren Entwicklungsgruppe an der John Hopkins Universität zunächst das System Transit weiterzuentwikkeln, um dessen offensichtliche Schwächen zu beseitigen. Parallel dazu experimentierte man am *Naval Research Laboratory* mit neuartigen Uhren, um die Zeitmessung im erdnahen Orbit verbessern zu können. Dieses Programm lief unter der Bezeichnung *Timation.*

Während die Marine versuchte, ihr System zu verbessern, blieb die Luftwaffe nicht untätig. Die US AIR FORCE hatte ein Programm namens 621B in der Entwicklung. Es war vorgesehen, daß die Satelliten dieses Systems elliptische Bahnen haben würden. Man versuchte, die Abdeckung der Erdoberfläche durch die Signale der Satelliten zu optimieren und dachte dabei an eine Zahl von fünfzehn bis zwanzig Satelliten. Zu dieser Zeit wurde als Verfahren zur Datenübertragung das erste Mal *Pseudorandom Noise* (PRN) vorgeschlagen. System 621B sollte eine Positionsbestimmung mit drei Parametern (Länge, Breite, Höhe) ermöglichen und auf der ganzen Welt verfügbar sein. Es wurden Versuche in der Holloman Air Force Base und auf dem Versuchsgelände White Sands in New Mexico angestellt. Gleichzeitig führte die amerikanische Armee Versuche durch, um die beste technische Lösung zur Positionsbestimmung zu finden.

Im Jahr 1969 stellte das US-Verteidungsministerium alle bisherigen, konkurrierenden Systeme der Teilstreitkräfte unter sein direktes Kommando und gründete ein gemeinsames Programmbüro. Das Projekt lief fortan unter der Bezeichnung Defense Navigation Satellite System (DNSS). Das Pentagon setzte außerdem ein Komitee ein, das das Konzept auf Brauchbarkeit untersuchen und die Entwicklung leiten und vorantreiben sollte. In dieser Gruppe entstand das Konzept für NAVSTAR GPS. Mit der Durchführung war das Projektbüro im Pentagon betraut. Nach Abschluß der Entwicklung wurden die Satelliten des Global Positioning Systems nach und nach in den Erdorbit geschossen. Mitte der neunziger Jahre war das System betriebsbereit.

6.4.2 Aufbau und Konfiguration im Überblick

Das Global Positioning System besteht aus drei Komponenten: Den Satelliten im Erdorbit, den über den ganzen Globus verteilten Kontrollstationen für die Satelliten und der Zentrale auf dem Territorium der USA. Gewiss stellen die Satelliten dabei das spektakulärste Element dar. Wir wollen uns zunächst mit ihnen beschäftigen.

Insgesamt besteht das System aus vierundzwanzig operationellen Satelliten im Erdorbit, wobei allerdings Reservesatelliten vorgehalten werden können. Diese kommen dann zum Einsatz, wenn ein operationeller Satellit ausfallen sollte. Die vierundzwanzig Satelliten bewegen sich auf sechs Bahnen um die Erde. Daraus folgt, daß sich in jeder Bahn vier Satelliten befinden. Im Gegensatz zu geostationären Satelliten, die sich auf einer festen Position über dem Äquator befinden, umkreisen die Satelliten des GPS-Systems in einer Höhe von 20 183 Kilometern die Erde. Sie brauchen für eine Erdumrundung knapp einen halben Tag, genau 11 Stunden und 58 Minuten.

Der Abstand zwischen den einzelnen Bahnen beträgt 60 Grad, und die Bahn ist gegenüber dem Äquator um 55 Grad geneigt. Es sind eine Reihe von Verfahren im Einsatz, um jeden einzelnen Satelliten der Konfiguration zu identifizieren. Die US AIR FORCE hat ihre Satelliten traditionell durchnumeriert. Man spricht in diesem Fall zum Beispiel von *Space Vehicle Number* (SVN) 5.

Andererseits muß man wissen, daß alle Satelliten auf derselben Frequenz senden. Ein Satellit muß sich also gegenüber einem Empfänger auf der Erde selbst identifizieren können. Dies geschieht durch einen *Pseudorandom Number Generator* an Bord jedes Satelliten. Damit wird eine Zahl erzeugt, die jeden Satelliten eindeutig identifiziert.

Die dritte Möglichkeit besteht darin, den Satelliten durch seine Bahn zu identifizieren. Die sechs möglichen Bahnen werden mit den Großbuchstaben A bis F bezeichnet, und die vier Satelliten werden in jeder Bahn durchnumeriert. Dann

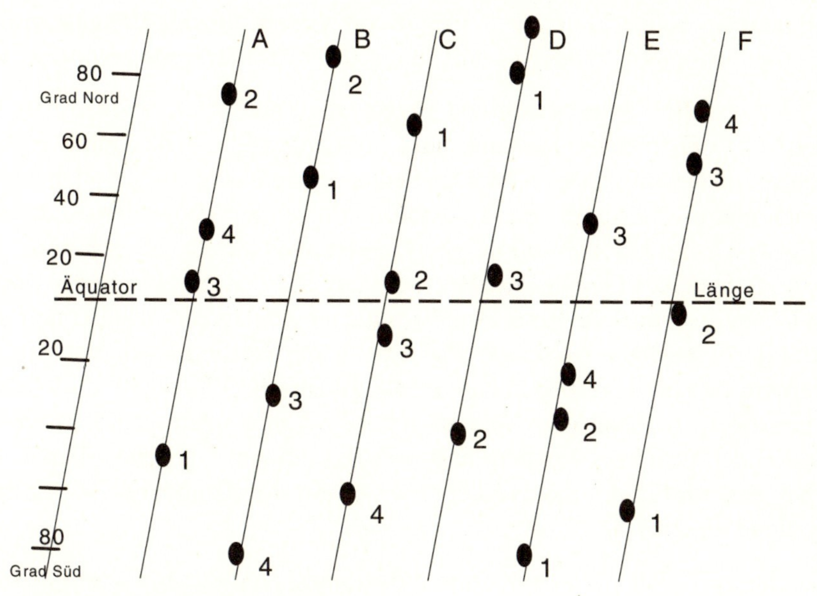

Abb. 6.4: Operationelle GPS-Satelliten [35]

ist B3 zum Beispiel der dritte Satellit in der zweiten Bahn. Die vierundzwanzig Satelliten des Global Positioning System hüllen unsere Mutter Erde ein wie ein Netz, das jemand um diese Kugel gespannt hat. Wenn man diese dreidimensionale Darstellung auf eine Ebene projiziert, dann ergibt sich *Abb. 6.4*.

Jeder Satellit hat eine eigene Energieversorgung, die durch Sonnenzellen gespeist wird. Dazu kommt Elektronik, Software und nicht zuletzt eine Reihe von Antennen. Während in den ersten Satelliten des Systems noch häufige Bahnkorrekturen durch das Kontrollsegment auf der Erde notwendig waren, sind nachfolgende Generationen immer stärker autonom geworden, können also für lange Zeit ohne Kommunikation mit dem Kontrollsegment auf der Erde operieren.

Wenden wir uns nun dem Service zu, den wir als Nutzer des Global Positioning System von diesen Satelliten im Erdorbit erwarten können.

6.4.3 Militärische und zivile Nutzung

Das Global Positioning System ist eine militärische Entwicklung. Das kann und soll nicht bestritten werden. Bestimmte Signale der Satelliten sind auch nur Nutzern im militärischen Bereich zugänglich. Deswegen tauchen in der

Öffentlichkeit, selbst in seriösen Magazinen, immer wieder Berichte auf, in denen die Verfügbarkeit des Systems für zivile Nutzer in Frage gestellt wird.

Das ist zweifellos eine berechtigte Frage, aber man muß wissen, daß das System inzwischen einem Lenkungsausschuss untersteht, in dem auch das US-Handelsministerium vertreten ist. Das Pentagon kann aber immer noch mitbestimmen und die Leistung des Projektbüros im Verteidigungsministerium bei der Entwicklung soll keinesfalls geschmälert werden. Es ist gelungen, ein komplexes System trotz mancher Rückschläge, etwa der Explosion der Raumfähre *Challenger* im Jahr 1986, innerhalb kurzer Zeit zu entwickeln und funktionsfähig zu machen. Wer sich also wegen der Verfügbarkeit der Signale Sorgen macht, sollte bedenken, daß die amerikanische Wirtschaft, die schließlich in großem Ausmaß vom Verkauf von GPS-Empfängern profitiert, inzwischen bei der Weiterentwicklung und dem Betrieb von GPS einen Fuß in der Tür hat. Sie wird durch das Handelsministerium ihre kommerziellen Interessen geltend machen.

Vielleicht entwickelt sich das Global Positioning System so wie ein anderes System, das in der Zeit des Kalten Krieges geboren wurde: Das INTERNET entstand ursprünglich als ARPANET und war dazu gedacht, die Kommunikation zwischen US-Hochschulen, Labors und wichtigen Militärbasen im Fall eines sowjetischen Angriffs aufrecht zu erhalten. Und was ist daraus geworden?

Ein Kommunikationsnetz, dessen letzte Verästelungen inzwischen in viele deutsche Wohnungen reichen. Keiner macht sich Sorgen, daß Knotenrechner abgeschaltet werden könnten. Der INTERNET-Zugang ist fast zur Selbstverständlichkeit geworden, und Al Gore, der US-Vizepräsident, spricht von einer Datenautobahn. Mit zunehmender Popularität des Service wird es immer schwieriger, ein derartiges System, wo immer es herstammen mag, den Bürgern wieder zu entziehen.

6.4.3-1 Standard Positioning Service

Durch die Satelliten des Global Positioning System werden zwei Signale zur Verfügung gestellt, und zwar auf der Frequenz L1 mit 1575,42 MHz und L2 mit 1227,6 MHz. Die Daten zur Positionsbestimmung sind in diesen beiden Signalen kodiert. Dabei dient die Frequenz L1 zivilen Zwecken, während L2 für militärische Nutzer reserviert bleibt. Die dabei verwendete Übertragungstechnik nennt sich *Code Division Multiple Access* (CDMA).

Das ist ein technisches Verfahren, bei dem alle Sender auf derselben Frequenz senden können. Die Wahl dieses Verfahrens mag zunächst ungewöhnlich erscheinen, wenn man zum Beispiel an direkt strahlende Fernsehsatelliten denkt. Bei ihnen wird größter Wert darauf gelegt, daß jeder Satellit auf einer anderen Frequenz sendet, und die Datenübertragung von der Kontrollstation zur Erde und das Aussenden des Programms erfolgen auf Frequenzen, die weit auseinander liegen. Dennoch stellt CDMA ein geeignetes Verfahren dar, und es wird inzwischen auch bei Kommunikationssystemen im erdnahen Orbit verwendet.

Der mit der Frequenz L1 arbeitende Standard Positioning Service (SPS) steht allen Anwendern weltweit zur Verfügung, soweit sie nur einen geeigneten Empfänger besitzen. Weder Nutzungsgebühren noch eine Registrierung sind vorgesehen. Die angekündigte Genauigkeit liegt bei 100 Metern in der Horizontale (2 drms, 95%) und 156 Meter (95%) vertikal. Dabei steht drms für *distance root mean square*. Der zweifache Wert von dmrs (oder 2 dmrs) bezeichnet den Radius eines Kreises, in dem 95% aller Messungen eines verwendeten Empfängers fallen würden. Die Zeitangabe der Uhr an Bord eines GPS-Satelliten darf maximal 340 ns (95%) von der wahren Zeit, wie sie durch den UTC-Standard festgelegt wird, abweichen.

Weil die Positionsbestimmung mittels GPS für die zivilen Empfänger nach Versuchen mit den ersten Empfängern selbst auf der Frequenz L1 etwa um den Faktor zehn besser war, als man erwartet hatte, wurde nachträglich noch eine Möglichkeit geschaffen, um diese Positionsberechnungen verschlechtern zu können. Dieses Feature nennt sich *Selective Availability* (S/A).

In der Praxis bedeutet dies, daß das empfangene Signal so verschlechtert werden kann, daß die Positionsbestimmung ungenau wird. Im Normalfall ist S/A bei den GPS-Satelliten nicht aktiviert. Im Falle eines militärischen Konflikts oder auch eines terroristischen Anschlags muß man allerdings damit rechnen, daß die L1-Frequenz gestört wird.

Nun sollte diese Möglichkeit zur künstlichen Verschlechterung der Positionsbestimmung auch nicht überschätzt werden. Im Golfkrieg gab es zum Beispiel die Situation, daß kurzfristig Tausende von GPS-Empfängern gebraucht wurden. Diese Geräte standen in militärischer Ausführung nicht zur Verfügung, woraufhin sich das Pentagon entschloss, handelsübliche Empfänger für den zivilen Markt anzuschaffen. Dieser Entschluss führte natürlich dazu, daß S/A nicht eingeschaltet werden konnte. Man wollte schließlich die eigenen Streitkräfte nicht unnötig behindern.

Inzwischen gibt es eine Vereinbarung zwischen dem US-Handelsministerium und dem Pentagon. Nach diesem Abkommen wird S/A in ein paar Jahren nicht mehr angewendet werden. Nutzer im zivilen Bereich können daher mittel- und langfristig davon ausgehen, daß das Signal auf der Frequenz L1 ungestört zur Verfügung stehen wird.

6.4.3-2 Precise Positioning Service

Dieser Service kann nur von Nutzern im militärischen Bereich und ausgewählten US-Regierungsbehörden genutzt werden, weil die Daten verschlüsselt sind. Das Signal selbst kann allerdings mit jedem geeigneten Empfänger empfangen werden. Die benutzte Frequenz L2 beträgt 1227,6 MHz.

Für die Genauigkeit der errechneten Position wird beim *Precise Positioning Service* (PPS) in der Horizontalen ein Wert von 22 Metern (2 drms, 95%) genannt. Für die Vertikale beträgt die Abweichung maximal 27,7 Meter (95%). Die Abweichung von der wahren Zeit nach UTC-Standard darf maximal 200 Nanosekunden betragen. Für schnell fliegende Körper darf die maximale Abweichung 0,2 m/sec (95%) ausmachen.

Die Positionsbestimmung für Benutzer im militärischen Bereich ist also weit besser als für zivile Nutzer des Systems. Allerdings muß man hinzufügen, daß die oben genannten Werte lediglich Zahlen sind, wie sie in den Anforderungen an das System auftauchen. In der Praxis werden durchaus bessere Werte erreicht, auch für Nutzer des Standard Positioning Service. Wir groß die Abweichungen von der wahren Position in der Praxis sein können, zeigt die folgende Grafik (siehe *Abb. 6.5*).

Wenn man davon ausgeht, daß nur für ganz bestimmte Waffensysteme wie Cruise Missiles Punktgenauigkeit bei der Zielfindung verlangt wird, dann stellen die oben dargestellten Ergebnisse für den Großteil der Streitkräfte den Nutzen des neuen Service klar unter Beweis. Die Positionsbestimmung mittels GPS ist hinreichend genau und einfach in der Handhabung. Auch dieser Gesichtspunkt darf nicht vergessen werden, denn bisher war die Positionsbestimmung immer eine Tätigkeit, die von Offizieren oder Spezialisten ausgeführt wurde. Einen GPS-Empfänger kann dagegen jeder Wehrpflichtige bedienen.

6.4.4 Funktionsprinzip von GPS

Selbst wenn die Berechnung der genauen Position bei der Anwendung von GPS einen gewissen Rechenaufwand erfordern wird, wenn Korrekturen durch Störfaktoren berücksichtigt werden müssen und die verwendeten Algorithmen komplex sind, das Grundprinzip von GPS ist einfach: Die Position wird aus der Laufzeit des Signals abgeleitet.

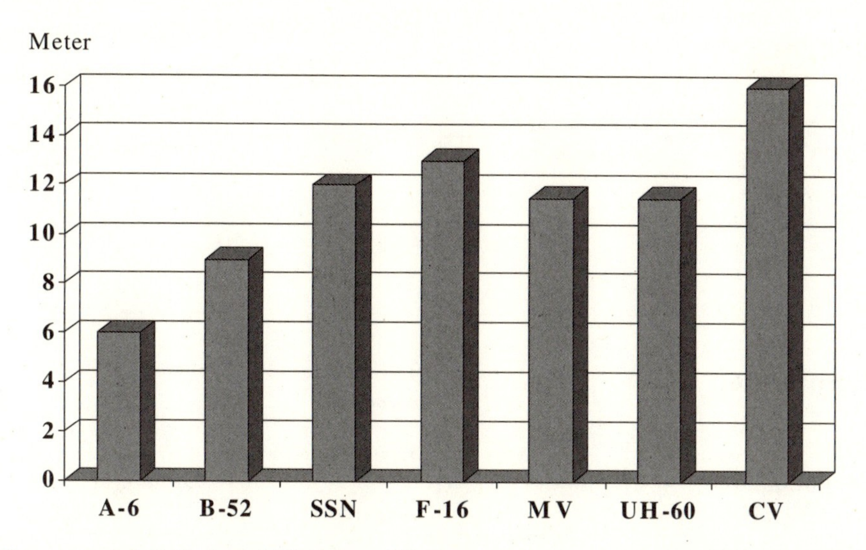

Flugzeuge: A-6, B-52, F-16; SSN: U-Boot; CV: Flugzeugträger; UH-60: Hubschrauber; MV:tragbar

Abb. 6.5: Genauigkeit der Positionsbestimmung

Wie in unserem Beispiel mit dem Nebelhorn können wir die eigene Position errechnen, indem wir die Laufzeit des Signals messen, also die Zeit, die es von der Quelle bis zum Empfänger braucht. Bei unserem Nebelhorn war die Konstante die Geschwindigkeit von Schallwellen in der Luft, bei Funkwellen werden wir hingegen mit der Lichtgeschwindigkeit rechnen müssen. Das ist zwar eine viel größere Geschwindigkeit, aber das Prinzip ändert sich nicht. Wie bei unserem Nebelhorn müssen wir auch bei der Satellitennavigation davon ausgehen, daß das Signal einer Quelle nicht genügen wird. Wir brauchen mehrere Signalquellen, also mehrere Satelliten, wenn wir unsere Position eindeutig bestimmen wollen. Das Prinzip der Ermittlung dieser Zeitdifferenz ist in *Abb. 6.6* dargestellt.

Die Übertragung der Daten von den GPS-Satelliten erfolgt durch Phasenmodulation. Dabei kommt eine Technik zum Einsatz, die sich *Pseudo Random Noise* (PRN) nennt. Der Name hat sich deswegen ergeben, weil diese Daten für einen Beobachter mit einem Funkempfänger wie Rauschen aussehen. Sie scheinen auf den ersten Blick für den unbefangenen Beobachter zufällig erzeugte Daten zu sein. In Wahrheit handelt es sich jedoch um kodierte Binärdaten. Weil die Daten eines GPS-Satelliten fast wie zufälliges Rauschen aussehen, ist es auch so schwer, sie nachzuahmen oder zu stören. Das war sicher ein wichtiger Gesichtspunkt bei der Wahl dieses Verfahrens.

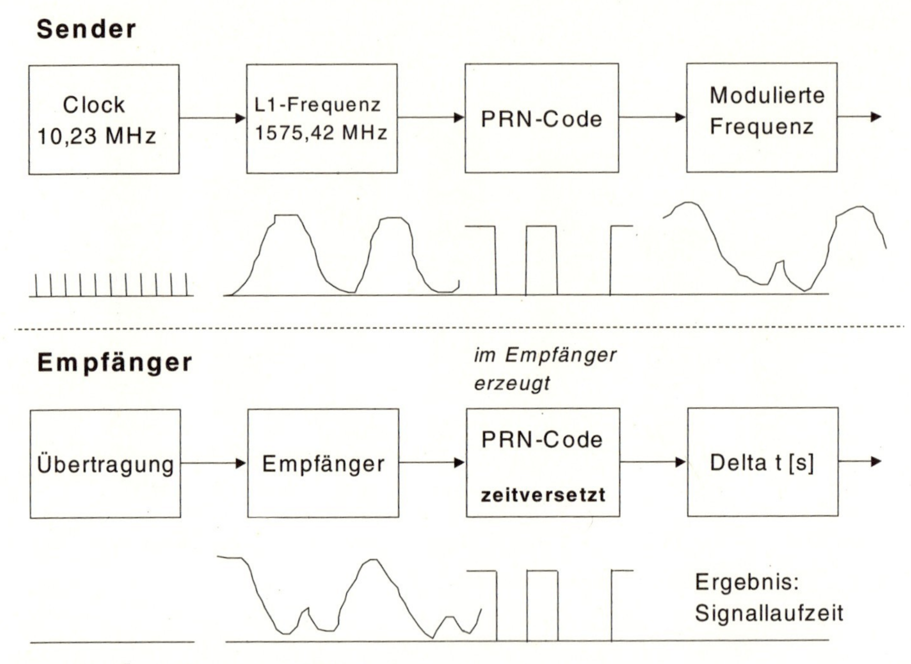

Abb. 6.6: Übertragung von PRN-Code

Doch kommen wir zurück zu Abbildung 6-6. Durch die Software und Elektronik an Bord eines GPS-Satelliten wird ein PRN-Code erzeugt, der mittels Phasenmodulation auf die L1- oder L2-Frequenz geprägt wird. Bei einem Empfänger auf der Erdoberfläche wird diese Frequenz dann empfangen, der PRN-Code extrahiert wird, und es wird praktisch das gleiche Bitmuster erzeugt wie es an Bord des Satelliten vorhanden war. Der einzige Unterschied besteht in der unterschiedlichen Zeit. Die Signallaufzeit zu ermitteln, ist aber das Ziel der Übung. Sie wird gebraucht, um die Position des Empfängers bestimmen zu können.

6.5 Koordinatensysteme

Wer über Navigation spricht, der braucht auch ein System, um Positionen auf der Erdoberfläche über den Tag hinaus festlegen zu können. Im Altertum war das bereits in Ägypten ein Problem. Die besten Äcker lagen in der Nähe des Flusses, waren heiß begehrt, weil sie die höchsten Ernten versprachen. Andererseits überschwemmte der Nil beim jährlich auftretenden Hochwasser gerade diese Felder immer wieder, und es war schwierig, die eigenen Parzellen nach der grossen Flut wieder zu finden.

Kein Wunder also, daß bereits in Ägypten die Geometrie ihren Anfang nahm. Das Land war zu wertvoll, um es anderen zu überlassen. Man zeichnete also Karten, man suchte nach unveränderlichen Referenzpunkten wie Bergspitzen, man zog den Stand der Sonne in die Berechnungen ein.

In den seefahrenden Nationen ist seit Beginn der Neuzeit ein Koordinatensystem in Gebrauch, das zwei wesentliche Fixpunkte besitzt: Den Äquator und einen Nullmeridian, der durch die Sternwarte in Greenwich im Osten Londons verläuft. Dieses System ist in *Abb. 6.7* dargestellt.

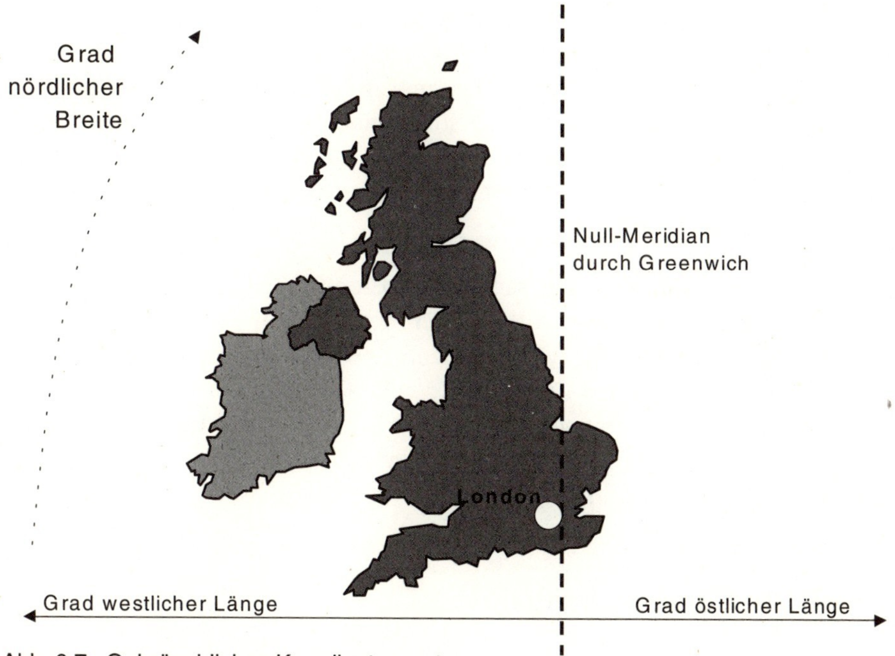

Abb. 6.7: Gebräuchliches Koordinatensystem

In diesem Koordinatensystem zählt man vom Äquator aus nordwärts bis zum Pol, wobei der Nordpol bei 90 Grad nördlicher Breite liegt. Entsprechend verfährt man in südlicher Richtung bis zur Antarktis. Weil sich die Briten, damals die führende Seemacht mit einem Empire, in dem die Sonne nicht unterging, besonders um die Navigation auf See verdient gemacht hatten, verläuft noch heute der Nullmeridian dieses Koordinatensystems durch die Sternwarte in Greenwich am östlichen Stadtrand Groß-Londons. Man zählt sowohl in westlicher als auch in östlicher Richtung, bis man sich im Pazifik bei 180 Grad trifft.

Bemerkenswert ist, daß in der Luftfahrt *Greenwich Mean Time* (GMT) noch immer die universell verwendete Zeit darstellt. Piloten rechnen zunächst nicht mit der lokalen Zeit, sondern in GMT, und erst später erfolgt die Umrechnung in eine bestimmte Zeitzone. Deswegen wird die fliegende Zunft das Jahr-2000-Problem, also die Umstellung der Uhren [36] zur Jahrtausendwende und die wahrscheinlich damit verbundenen Fehler und Probleme, auch auf dem ganzen Globus zur gleichen Zeit treffen, eben um Null Uhr GMT.

Doch lassen wir zunächst die Zeit außer Acht und beschränken uns auf Koordinatensysteme. Wo man den Nullpunkt eines solchen Systems setzt, ist zunächst einmal ein paar Gedanken wert. Wer sich in erster Linie mit der Erde befassen will, für den mag der geographische Mittelpunkt unseres Mutterplaneten der ideale Ausgangspunkt sein. Wer dagegen über die Erde hinausblickt, wer Raumschiffe zum Mond, zum Mars und zu fernen Planeten wie dem Jupiter senden möchte, für den stellt die Sonne einen geeigneten Ausgangspunkt dar. Es wäre ausgesprochen unglücklich, wenn ein Raumfahrer alle Koordinaten auf den Erdmittelpunkt beziehen müßte, denn es würde zu sehr komplizierten Berechnungen führen.

Andererseits sind für Berechnungen auf der Erde astronomische Einheiten ein viel zu gewaltiges Maß. Wir wollen unsere Position auf den Meter genau, im Falle von Landvermessern, Vulkanologen und Planern im Pentagon wahrscheinlich sogar bis auf den Zentimeter genau, festlegen können. Da wäre uns ein Koordinatensystem mit der Sonne als Mittelpunkt nur lästig. Die Folgerung aus diesen Überlegungen kann nur sein, daß wir mehrere konkurrierende Koordinatensysteme benötigen.

6.5.1 Earth-Centered Inertial

Bei diesem Koordinatensystem bildet der Mittelpunkt der Erde, also das Zentrum ihrer Masse, den Ausgangspunkt. Für die Satelliten im Erdorbit hat die Verwendung eines solchen Systems den großen Vorteil, daß man annehmen kann, die Erde selbst würde sich nicht bewegen. Man läßt also ihre Bahn um die Sonne außer Acht. Darauf weist das Wort *inertial* hin.

Für die Satelliten des Global Positioning System gelten damit die Gesetze von Newtons Gravitationslehre. In dem Earth-Centered Inertial (ECI) Koordinatensystem liegen sowohl die X-Achse als auch die Y-Achse in einer Ebene mit dem Äquator, während die Z-Achse im rechten Winkel dazu steht und durch den geographischen Nordpol verläuft. Die X-Achse zeigt direkt zur Sonne.

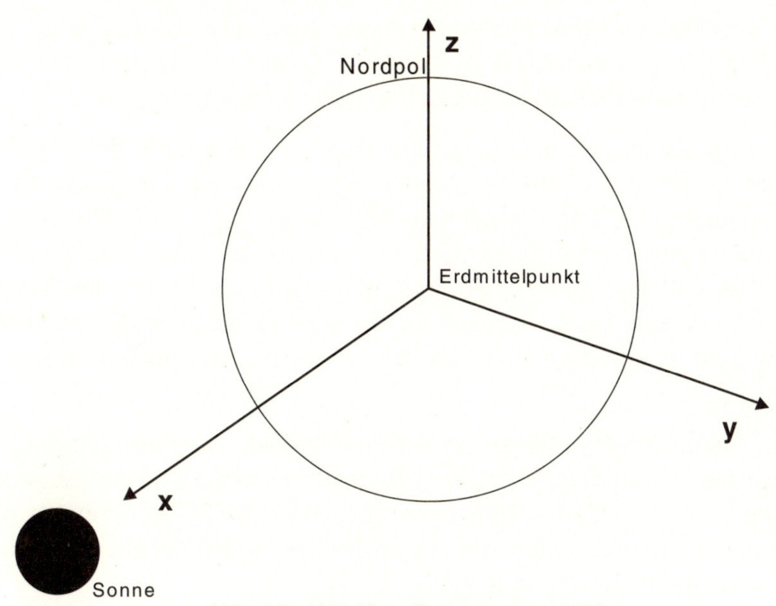

Abb. 6.8: ECI-Koordinatensystem [37]

Die Bahnen der GPS-Satelliten im Erdorbit werden in ECI-Koordinaten berechnet. Das System ist in *Abb. 6.8* dargestellt.

Ein Problem bei der Verwendung des ECI-Koordinatensystems ergibt sich dadurch, daß die Erde im Grunde keine perfekte Kugel ist. Obwohl wir uns an die Vorstellung gewöhnt haben und sie für viele Berechnungen genügend genau ist, weicht die Form der Erde doch ein Stück weit von der Geometrie einer Kugel ab. An den beiden Polen ist die Erde flacher, so als hätte sie sich im Laufe der Jahrtausende durch die dauernde Drehung um ihre eigene Achse abgeschliffen. Am Äquator hingegen ist die Erde breiter.

Diese Fehler würden dazu führen, daß die Annahmen für ein Earth Centered Inertial Koordinatensystem nicht wirklich zutreffen. Man hat das Problem beim Global Positioning System dadurch gelöst, daß man das System nur für einen ganz bestimmten Zeitpunkt betrachtet, nämlich für 12:00 Uhr (UTC) am 1. Januar 2000. Wenn man diese Annahmen trifft, gelten Newtons Gravitationsgesetze wieder ohne Einschränkungen.

6.5.2 Earth-Centered Earth-Fixed

Während für die Berechnung von Bahndaten der GPS-Satelliten im Erdorbit das ECI-Koordinatensystem gut zu passen scheint, ist für die Empfänger auf der Erde ein anderes System besser geeignet. Bei dem Earth-Centered, Earth-Fixed (ECEF) Koordinatensystem rotiert das System mit der Erde. Damit lassen sich geographische Länge, Breite und Höhe besser berechnen.

In beiden Systemen liegen X-Achse und die Y-Achse in einer Ebene mit dem Äquator. Bei ECEF-System deutet allerdings die X-Achse in Richtung Null Grad geographischer Länge, während die Y-Achse in Richtung 90 Grad geographischer Länge weist. Damit bewegen sich diese beiden Achsen mit der Erdrotation, und sind nicht länger starr an die Sonne gekettet wie beim ECI-Koordinatensystem. Die Z-Achse deutet weiterhin zum geographischen Nordpol und steht in einem rechten Winkel zu den beiden anderen Achsen des Systems.

Wenn in einem GPS-Empfänger auf der Erdoberfläche oder in einem Flugzeug eine Positionsbestimmung erfolgen soll, dann ist dazu eine Umrechnung der Bahndaten, die im ECI-Koordinaten vorliegen, in ECEF-Koordinaten nötig. Weiterhin muß der Empfänger ein physikalisches Modell der Erde gespeichert haben, wenn diese Umrechnung gelingen soll.

6.5.3 WGS-84

Für das Global Positioning System hat man ein Modell des amerikanischen Verteidigungsministeriums DoD verwendet, das man als World Geodetic System (WGS) 1984, oder kurz WGS-84, bezeichnet. Es handelt sich dabei um ein detailliertes Modell der Unregelmäßigkeiten und Anomalien der Erdoberfläche, also Abweichungen von der idealen Kugelform. Die Daten für dieses Modell dürften auf Messungen beruhen, die in den vergangenen Jahrzehnten mit Satelliten zur Erdvermessung gewonnen wurden. Ein Modell wie WGS-84 ist notwendig zur genauen Bahnberechnung der GPS-Satelliten.

Wir interessieren uns hier aber in erster Linie für den Beobachter auf der Erde, der mit Hilfe eines Empfängers seine eigene Position ermitteln will. Zu diesem Zweck enthält WGS-84 ein Modell der Erde, in der diese als ein Geoid dargestellt ist, also eine an den Polen abgeflachte Kugel. Dies zeigt anschaulich *Abb. 6.9.*

In diesem Modell wird der durchschnittliche Radius der Erde am Äquator mit 6 378,137 Kilometern festgesetzt, während der Radius am Pol lediglich 6 356,7523142 Kilometer beträgt, also ein signifikanter Unterschied von mehr als 21 Kilometern. Im WGS-84-Modell sind Querschnitte durch die Erdoberfläche parallel zum Äquator Kreise, während sich Schnitte im rechten Winkel dazu, also parallel zu der Z-Achse, als Ellipsen darstellen.

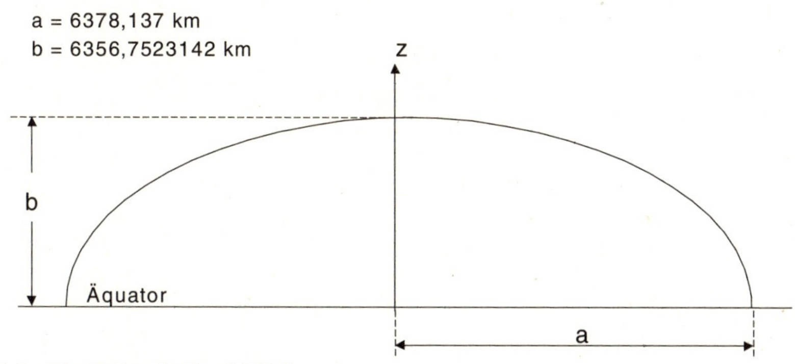

Abb. 6.9: Die Erde als Geoid [35]

Die Exzentrität der Erde, also ihre Abweichung von der idealen Kugelgestalt, kann mit der folgenden Gleichung berechnet werden:

$$e = \sqrt{1 - \frac{b^2}{a^2}} \qquad [6.1]$$

wobei

e: Exzentrität der Erde in km
a: Radius am Äquator in km
b: Radius am Pol in km

Die Abflachung *f* kann mit der folgenden Formel berechnet werden:

$$f = 1 - \frac{b}{a} \qquad [6.2]$$

wobei *f:* Abflachung der Erde

Wir werden das WGS-84 Koordinatensystem später brauchen, wenn wir zu den Positionsberechnungen mittels Daten von GPS-Satelliten kommen. Für den Augenblick genügt es zu wissen, daß es eine Reihe von Koordinatensystemen gibt, die von unterschiedlichen Annahmen ausgehen und jeweils Vor- und Nachteile besitzen.

6.6 Signale von GPS-Satelliten

Für die Übertragung von Funksignalen von Satelliten im Erdorbit bieten sich eine Reihe von Verfahren an. Als das Global Positioning System konzipiert wurde, gab es bereits direkt strahlende Fernsehsatelliten. Die konventionelle

Lösung wäre daher sicher gewesen, jedem der vierundzwanzig GPS-Satelliten eine eigene Frequenz zuzuweisen. Mit dieser Technik wäre jeder Empfänger auf der Erde in der Lage gewesen, allein durch die Frequenz des Signals auf den Satelliten zu schließen, den er gerade empfing. Man hat diese einfache Lösung jedoch nicht gewählt, sondern sich für ein Verfahren entschieden, das zu jener Zeit noch völlig neu und unerprobt war, nämlich Code Division Multiple Access (CDMA). Bei dieser Technik können viele Empfänger gleichzeitig das Signal verwerten, jedoch ist zunächst nicht erkennbar, von welchem Sender ein bestimmtes Signal stammt. Die Identität des Senders muß vielmehr durch einen bestimmten Code ermittelt werden, der ein Teil des Signals ist, mithin im Signal selbst in kodierter Form vorliegt.

Um die Identität des Senders ermitteln zu können, muß der Empfänger den Schlüssel besitzen. Im Empfänger muß also eine gewisse Intelligenz in der Form von Software vorhanden sein, um aus den Signalen mehrerer Satelliten diejenigen herauszupicken, die man gerade braucht, deren Signale interessant sind. Beim Global Positioning System wird eine Variante von CDMA eingesetzt, die man *Pseudorandom Noise* (PN) nennt. *Random* steht hier für zufällig, und das Attribut *Pseudo* kommt hinzu, weil es sich nicht wirklich um eine zufällige Verteilung handelt. Vielmehr wird das Signal so phasenmoduliert, daß eine Bitfolge erzeugt wird, die wie zufällig aussieht. Es handelt sich allerdings um eine deterministische Bitfolge fester Länge, die im Sender erzeugt und auf das Signal geprägt wird. Im Empfänger ist eine Kopie dieser Bitfolge vorhanden, und dadurch kann sich der Empfänger mit dem Signal synchronisieren. Die Methode ist in *Abb. 6.10* dargestellt.

Bei GPS spricht man bei den binären Signalen meist von Chips, obwohl man diesen Begriff ohne weiteres mit dem aus der EDV-Welt bekannteren Wort Bit ersetzen kann. Bei der Verwendung von CDMA ist eine gute Synchronisation zwischen Sender und Empfänger notwendig, und es mag zunächst schwerfallen, diese Synchronisation herzustellen. Deswegen ist CDMA für direkt strahlende Fernsehsatelliten eine weniger geeignete Technik. Bei einem GPS-Empfänger wird es dagegen nicht darauf ankommen, die Synchronisation in Bruchteilen von Sekunden zu erreichen.

Zum zweiten hat CDMA gerade im militärischen Bereich Vorteile. Das Signal kann über eine weite Bandbreite gespreizt werden, die Chips oder Bits der Nachricht schauen zunächst aus wie zufällig verteilt, also wie weißes Rauschen *(Noise)*. Damit hat es ein Gegner sehr schwer, diese Nachrichten überhaupt als solche zu erkennen. Er wird sich auch schwer tun, das Signal zu stören.

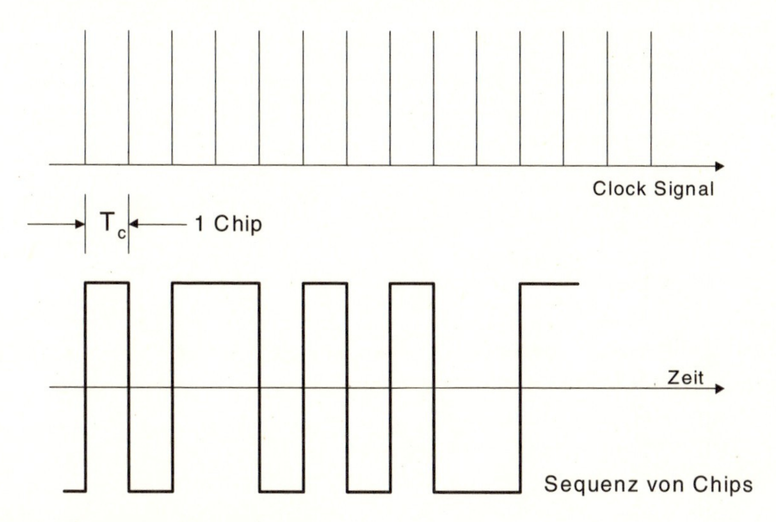

Abb. 6.10: Binäre PN-Sequenz [1]

Alle diese technischen Eigenschaften machen CDMA zu einem Verfahren, das sich für die Übertragung von Signalen des Global Positioning System sehr gut eignet.

6.6.1 C/A Code

Die Bezeichnung C/A steht für *Coarse Acquisition* und bezeichnet das Signal für die zivilen Nutzer des Global Positioning System, also den Standard Positioning Service. Coarse Acquisition wird dieser Mode nicht zuletzt deswegen genannt, weil auch die Nutzer des Service im militärischen Bereich zunächst das Signal des C/A-Codes benötigen, um ihre Empfänger später auf den genaueren P-Code synchronisieren zu können. Doch bleiben wir zunächst beim zivilen Bereich.

Der C/A-Code ist ein kurzer Code mit einer Periode von einer Millisekunde. Er wird dauernd wiederholt. In den GPS-Satelliten wird der C/A-Code mittels Schieberegistern erzeugt. Insgesamt ergeben sich 1023 verschiedene Kodiermöglichkeiten für den Teil des Codes, der für die Identifikation eines Satelliten verantwortlich ist. Dafür wird allerdings zur Zeit nur ein kleiner Teil genutzt. Der Rest ist für andere Anwendungen reserviert, darunter die bei Differential GPS (DGPS) eingesetzten Pseudolites und das Wide Area Augmentation System (WAAS), das in der Luftfahrt zum Einsatz kommen wird.

Abb. 6.11 zeigt einen Generator für C/A-Codes, mit denen 45 verschiedene Codes erzeugt werden können. Davon werden 36 tatsächlich genutzt.

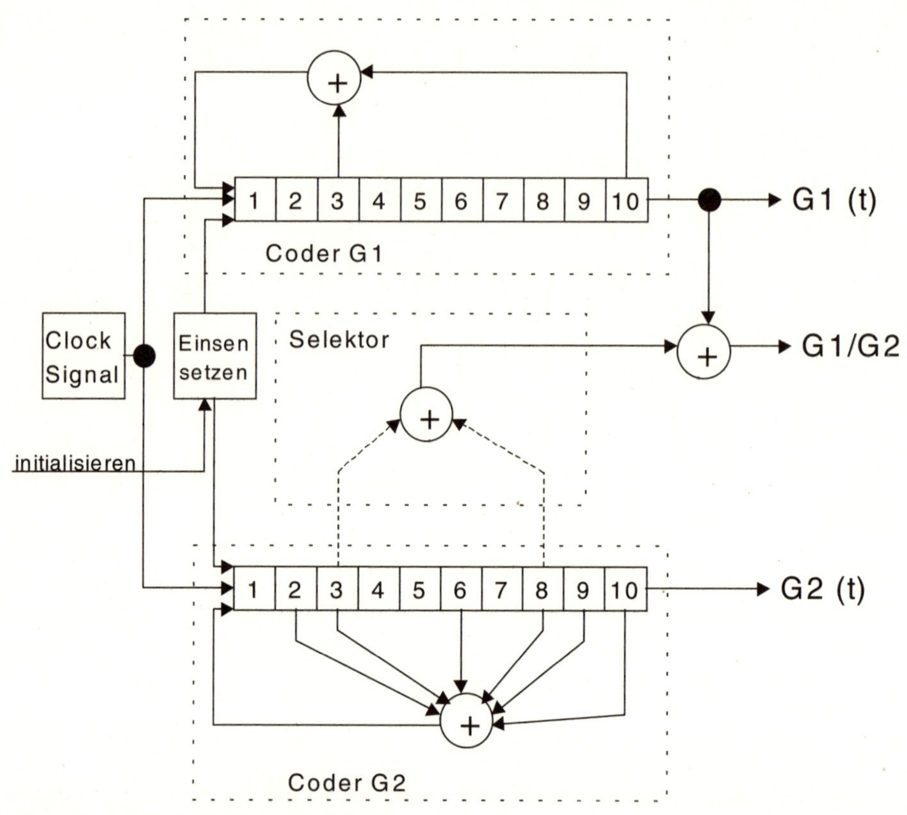

Abb. 6.11: C/A-Code-Generator [37]

In den Spezifikationen des Global Positioning System sind zwar Forderungen zur Code-Generierung vorhanden, die dort enthaltenen Skizzen stellen jedoch lediglich Vorschläge dar. Der C/A-Code kann in der Praxis der Implementierung auch mit einem alternativen Verfahren erzeugt werden. *Abb. 6.12* zeigt eine solche Alternative zu Darstellung des C/A-Codes.

Mit der Technik in Abbildung 6-12 können alle möglichen 1023 C/A-Codes erzeugt werden. In den GPS-Empfängern der Benutzer hat man zur Speicherung der Codes zunächst *Read-only Memory* (ROM) benutzt. Diese Lösung erwies sich allerdings als zu inflexibel, wenn neue C/A-Codes hinzukamen. Mit der Verbreitung von *Application Specific Integrated Circuits*, also ASICs, erwies sich diese technische Lösung zudem als zu kostenträchtig.

Weiterhin ist die zivile Frequenz L1 durch die folgenden technischen Daten gekennzeichnet (siehe *Tabelle 6.3*).

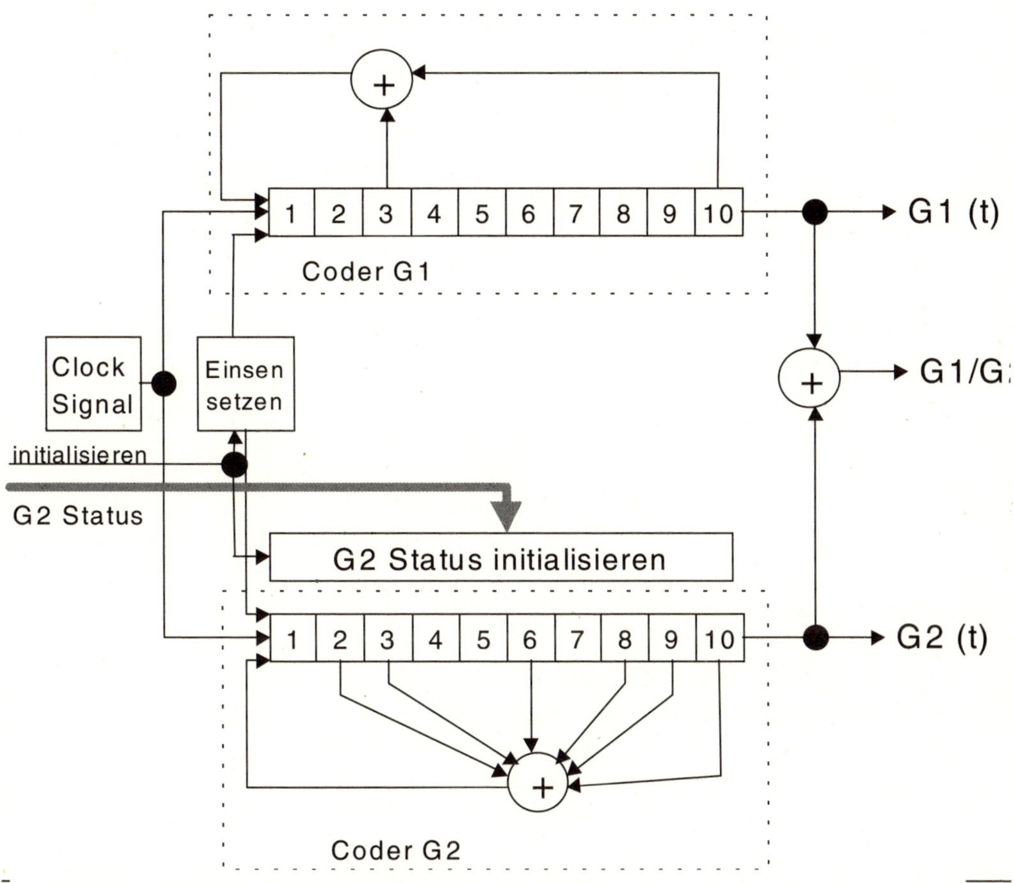

Abb. 6.12: Alternative Erzeugung des C/A-Code [37]

Tabelle 6.3: Kennzeichen des C/A-Code [39]

C/A-Code-Periode	**1 Millisekunde**
Frequenz	1,023 MHz
X1-Periode (Änderung des Z Count)	1,5 Sekunden
Handover-Word (HOW) Change	6 Sekunden
Datenstrom	50 Bits pro Sekunde
L1-Frequenz	154 × 10,23 MHz = 1575,42 MHz

Die Frequenz der Atomuhr an Bord jedes GPS-Satelliten beträgt nominal 10,23 MHz. Um Effekte der Einsteinschen Relativitätstheorie zu berücksichtigen, wird diese Frequenz leicht geändert, und zwar auf 10,22999999545 MHz. Die zivile Frequenz wird aus der Frequenz der Atomuhr erzeugt, indem die

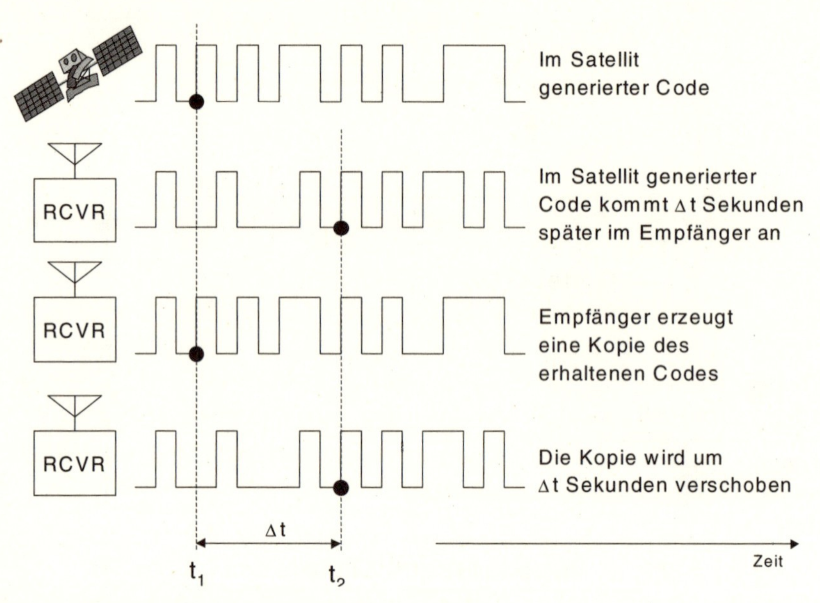

Abb. 6.13: Erzeugung des C/A-Code im Empfänger

Clock-Frequenz mit der Konstanten 154 multipliziert wird. X1 und Z sind interne Zähler, auf die wir beim Präzisionscode für das verschlüsselte Signal noch näher eingehen werden. Das *Handover Word* (HOW) ist wichtig für die Benutzer im militärischen Bereich, weil sie damit das verschlüsselte Signal auf der Frequenz L2 leichter finden können.

Wichtig für die Positionsberechnung ist vor allem die Signallaufzeit, also die Differenz der beiden Uhren an Bord des ausgewählten GPS-Satelliten und des Empfängers. Diese Differenz muß in jedem Empfänger mehrmals festgestellt werden, nämlich für jeden Satelliten, der zur Positionsbestimmung herangezogen werden soll. Das Verfahren dazu ist in *Abb. 6.13* dargestellt.

Sowohl in den Satelliten des Global Positioning System als auch den Empfängern muß also Hard- und Software vorhanden sein, um das Signal zu modulieren und bestimmte Codes darauf zu prägen.

6.6.2 Precision Code

Das Signal für die Benutzer im Bereich des Militärs und ausgesuchter US-Behörden benutzt die Frequenz L2 mit 1227,6 MHz. Diese Frequenz ergibt sich, wenn man das Clock Signal der Atomuhr von 10,23 MHz mit der Konstanten 120 multipliziert.

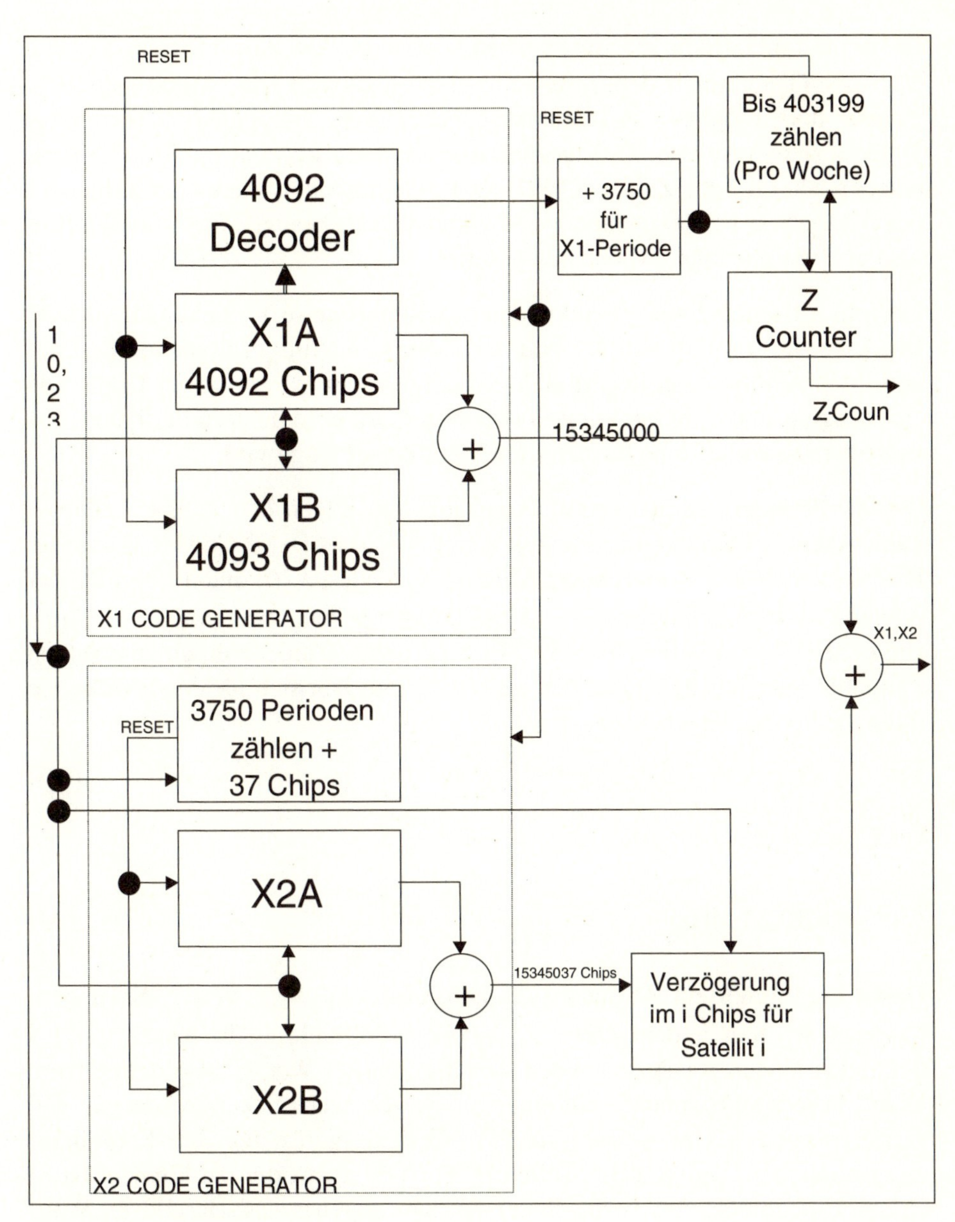

Abb. 6.14: Erzeugung des P(Y)-Code [37]

Die elektronische Schaltung zur Erzeugung des verschlüsselten P-Codes, der gelegentlich auch als P(Y)-Code bezeichnet wird, ist komplexer als beim C/A-Code. Ein Blockschaltbild dazu findet sich in *Abb. 6.14*.

Die Schaltung besteht aus vier Shift-Registern, je zwei davon für die X1- und X2-Code-Generatoren. Jedes dieser Register hat zwölf Bits, womit sich $2^{12} - 1$, also 4095 mögliche Zustände erzeugen lassen. Tatsächlich wird nur bis 4092, beziehungsweise 4093, gezählt und dann ein Reset ausgelöst. Die Periode (Epoche) für den Zähler X1 beträgt 1,5 Sekunden, während der Zähler X2 eine Länge von 1,5 Sekunden plus 37 Clock Cycles besitzt. Alle Shift-Register werden am Ende einer Woche neu gesetzt.

Obwohl X1 und X2 nur 1,5 Sekunden beziehungsweise 1,5 Sekunden plus 37 Clock-Zyklen im Fall von X2 lang sind, ergibt aus ihrem asynchronen Lauf und ihrer Addition mit der Modula-2-Funktion ein extrem langer Code. Die eindeutige Kennzeichnung für den *i*-ten Satelliten wird dargestellt, indem eine Verzögerung von *i* Chips für den *i*-ten Satelliten erzeugt wird.

Die X1-Perioden werden ebenfalls gezählt und bilden den Zähler Z. Dieser Zähler dient der Synchronisation mit dem C/A-Code. Der P-Code ist damit das Produkt von zwei *Pseudorandom Noise* (PN) Codes, $X1(t)$ und $X2(t+n_iT)$. Der Zähler $X1$ ist 1,5 Sekunden oder 15 345 000 Chips lang, während $X2$ 37 Chips länger als $X1$ ist, folglich 15 345 037 Chips. Beide Zähler werden zum selben Zeitpunkt jede Woche einmal neu gesetzt. Damit läßt sich für den P-Code die folgende Formel angeben:

$$XP_i(t) = X1(t)\,X2(t + n_iT), \text{ mit } 0 \leq n_i \leq 36 \qquad [6.3]$$

Die Clock-Frequenz f_c gilt:

$$f_c = \frac{1}{T_c} = 10{,}23 \text{ MHz} \qquad [6.4]$$

Damit ergibt sich ein Abstand zwischen $X1(t)$ und $X2(t)$ von T_c Sekunden. Kommen wir nun zu dem Zähler Z. Dieser ist definiert als die Anzahl der 1,5 Sekunden langen X1-Perioden seit dem Beginn der Woche, also dem letzten Reset. In jeden Datenblock mit einer Länge von sechs Sekunden passen also vier X1-Perioden. Um es einem für P(Y)-Code ausgerüsteten GPS-Empfänger zu ermöglichen, den verschlüsselten P(Y)-Code auswerten zu können, ist in jedem Datenblock von sechs Sekunden ein sogenanntes Hand-over Word (HOW) vorhanden. Multipliziert man das HOW mit vier, dann ergibt sich der Z Count am Beginn des nächsten, sechs Sekunden langen Datenblocks.

Durch den vorher ausgewerteten, relativ kurzen C/A-Code sowie die Länge des Datenblocks und das HOW kann sich ein für den P(Y)-Code ausgerüsteter Empfänger rasch auf die Signale der Frequenz L2 synchronisieren und sie

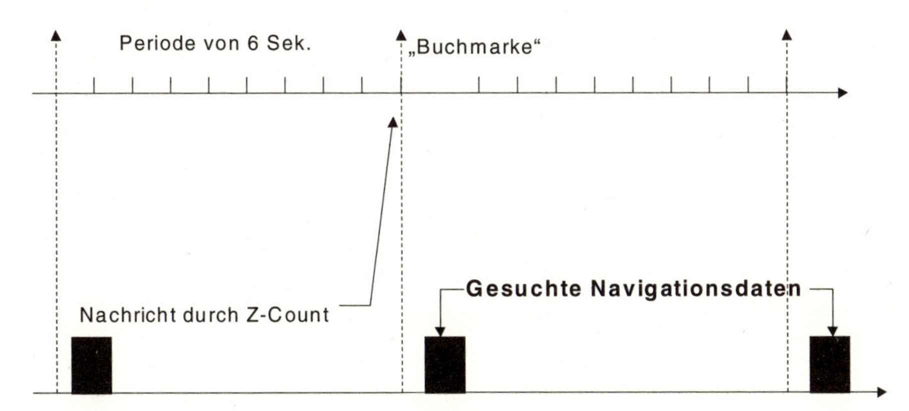

Abb. 6.15: Suchen der Navigationsdaten im P(Y)-Code [37]

richtig auswerten. Er findet in den Daten eine Art Buchmarke. Dies ist in grafischer Form in *Abb. 6.15* gezeigt.

Der verschlüsselte Code auf der Frequenz L2 wird als P(Y)-Code bezeichnet. Obwohl das Verfahren zur Verschlüsselung nicht veröffentlicht wurde, könnte ein potentieller Gegner doch versuchen, einen GPS-Sender nachzuahmen und damit US-Streitkräfte zu täuschen. Um das zu verhindern, gibt es den AS-Mode der operationellen GPS-Satelliten. A/S steht dabei für *Anti-Spoofing*. Wird der AS-Mode in einem Satelliten durch das Kontrollzentrum auf einer US-Militärbasis aktiviert, dann wird der P-Code verschlüsselt. Ein nichtverschlüsselter P-Code unterscheidet sich allerdings in seinem Verhalten nicht grundsätzlich von einem verschlüsselten P(Y)-Code. Bei letzterem können lediglich die Navigationsdaten nicht mehr entschlüsselt werden, wenn der Empfänger nicht den entsprechenden Schlüssel dafür besitzt.

Falls ein Satellit einmal ausfallen sollte und nicht schnell genug ersetzt werden kann, besteht die Möglichkeit, sowohl im C/A-Code als auch im P-Code ansonsten nicht zur Identifizierung verwendete Codes zu senden, die dem Benutzer auf der Erde signalisieren, daß die Daten des Satelliten nicht brauchbar sind und im Empfänger als falsch verworfen werden sollten.

6.6.3 Crosslinks

Über die zwei Frequenzen L1 und L2 hinaus gibt es noch eine dritte Frequenz der GPS-Satelliten. Diese ist allerdings nicht für Benutzer auf der Erde bestimmt, sondern dient dem Datenaustausch zwischen den 24 Satelliten des Systems.

Bei den ersten Serien von GPS-Satelliten waren die Crosslinks weniger wichtig, aber mit zunehmender Erfahrung der Auftragnehmer des Pentagon bestand auch der Ehrgeiz, eine autonome Bahnüberwachung durch die Satelliten selbst herzustellen, also ohne direktes Eingreifen des Kontrollzentrums auf der Erde. Deswegen besitzen die modernen Satelliten der IIR-Serie eine Möglichkeit, Daten zur Bahnkorrektur über Funk auszutauschen.

6.7 Die Zeit im Global Positioning System

Die Zeitmessung beim Global Positioning System war schon deswegen eine sehr wichtige Angelegenheit, und damit eine der kritischen Komponenten des Systems, weil die Positionsbestimmung über die Zeitdifferenz zwischen Sender und Empfänger erfolgt. Jede größere Abweichung bei der Zeitmessung würde folglich die Präzision der Positionsbestimmung negativ beeinflussen. Doch fragen wir uns zunächst, wie die Zeitbestimmung für präzise Messungen auf der Erde vorgenommen wird.

Hier kommt *Universal Time Coordinated* (UTC) zum Einsatz. Das ist eine präzise Zeitskala, die auf folgenden zwei Komponenten basiert: Atomuhren und der Rotationsgeschwindigkeit der Erde.

Die mittels Atomuhren ermittelte Zeit bezeichnet man als *International Atomic Time* (TAI). Dabei bildet eine Sekunde das grundlegende Maß der Zeit. Sie ist definiert als „die Zeitspanne von 9 192 631 770 Intervallen der Strahlung beim Übergang zwischen zwei hyperfeinen Ebenen des Cäsium-133-Atoms." Für die Messung der International Atomic Time ist das *Bureau International des Poids et Mesures* (BIPM) verantwortlich, also ein französisches Institut. TAI ist letztlich ein Mittelwert von vielen Atomuhren, zu deren Ermittlung mehr als fünfzig Laboratorien auf der ganzen Welt beitragen. Die erste Komponente von UTC wird damit letztlich auf dem Papier ermittelt, selbst wenn sie auf den Ergebnis von Messungen beruht.

Die zweite Komponente von UTC basiert auf der Rotation der Erde um die Sonne und wird als Universal Time 1 (UT1) bezeichnet. In UT1 gehen Abweichungen der Erde von ihrer Umlaufbahn um das Muttergestirn sowie Schwankungen der Lage des Erdäquators in Bezug auf die Ebene Sonne-Erde ein. Weiterhin werden Wanderungen des Nordpols berücksichtigt. UT1 ist wichtig im ECEF-Koordinatensystem und bildet damit die Grundlage moderner Navigation. UT1 ist andererseits eine nicht lineare Zeitskala, läuft daher nicht immer synchron mit der Atomuhr TAI. Dabei kann es sich um Abweichungen in der Größenordnung von mehreren Millisekunden am Tag handeln. Über ein Jahr gesehen können sich diese Abweichungen bis zu einer Sekunde kumulieren.

Für Systeme wie GPS benötigt man eine Zeitskala wie UT1, die die Bahn der Erde berücksichtigt. Auf der anderen Seite ist allerdings nur eine lineare Zeitskala brauchbar. Die Zeitskala UT1 wird vom International Earth Rotation Service (IERS) bereit gestellt und gepflegt. Der IERS beobachtet beide Systeme, TAI und UT1, und fügt – falls notwendig – Schaltsekunden ein, um beide Zeitskalen synchron zu halten. Man spricht dann von UTC(USNO) und meint damit die beiden synchronisierten Zeitskalen.

Die Zeitskala des Global Positioning System ist von UTC(USNO) abgeleitet. Am 6. Januar 1980 um Null Uhr war UTC(USNO) und die GPS-Systemzeit deckungsgleich. Erwähnenswert ist weiterhin, daß für den P-Code nach einer Woche ein Reset erfolgt, die Register also wieder auf Null gesetzt werden. Dies erfolgt jeweils um Mitternacht in der Nacht von Samstag auf den Sonntag. Die Zeit wird für die Satelliten des Global Positioning System von diesem Neustart an jeweils in Sekunden gezählt. Für längere Zeiträume zählt man in Wochen, und dafür gilt der 6. Januar 1980 als Startpunkt.

Die Zeit nach UTC(USNO) kann also ermittelt werden, wenn man die GPS-Systemzeit kennt. Für die Abweichung von der wahren Zeit nach UTC-Standard wird für Empfänger im zivilen Bereich 340 Nanosekunden und für den militärischen Sektor ein Wert von 200 Nanosekunden angegeben.

6.7.1 Anforderungen an präzise Uhren

Man kann sich die Anforderungen an die Uhr eines GPS-Satelliten leicht vorstellen, wenn man die folgende Rechnung vornimmt: Ein Tag dauert rund 100 000 oder 10^5 Sekunden. Wenn das System maximal eine Abweichung von 5 Fuß (1,52 Meter) tolerieren kann, darf die Uhr während einer Periode, in der kein Upload erfolgt, nicht mehr als 5 Nanosekunden von der wahren Zeit abweichen. Uploads durch die Monitorstationen auf der Erde können dabei alle 12 Stunden erfolgen.

Daraus ergibt sich, daß eine geeignete Uhr in 10^{13} Einheiten nur eine einzige Abweichung haben darf. Eine solche Forderung läßt sich nur mit einer Atomuhr erfüllen. Damit ist klar, daß für das Global Positioning System zuverlässige Atomuhren gebraucht wurden, die den Bedingungen des Weltraums genügen mußten.

6.7.1-1 Atomuhren

Beim Global Positioning System würde sich eine Ungenauigkeit in der Zeitmessung von einer Nanosekunde bei der Positionsbestimmung als ein Fehler von einem Drittel Meter auswirken. Damit kann für die Zeitmessung nur eine Atomuhr eingesetzt werden. Die erreichte Stabilität der Atomuhren kann man, wenn man sie auf die Entfernung Erde-Sonne umrechnet, mit einer Abweichung von lediglich einem Millimeter vergleichen.

Die Suche nach einer Maschine zur genauen Zeitmessung ist die Suche nach einem stabilen Element, das innerhalb einer bestimmten Zeitspanne zuverlässig zerfällt oder eine andere physikalische messbare Größe bereitstellt. Atomuhren erfüllen diese Forderung.

Als Ausgangsmaterial für Atomuhren kommen vor allem die Elemente Cäsium und Rubidium in Frage. Für beide Elemente kann man bei der Zeitmessung die folgenden Phasen unterscheiden:

1. Versetzen des äußersten Rings der Elektronen des Elements in einen definierten Zustand
2. Erzeugen eines elektromagnetischen Signals, das eine Energieumsetzung auslöst
3. Aussortieren der Atome oder Moleküle mit dem gewünschten Energiezustand. Damit kann ein Oszillator gespeist werden, der daraus ein Zeitsignal erzeugt.

Abb. 6.16 zeigt dieses Prinzip am Beispiel einer Cäsium-Atomuhr, wie sie in GPS-Satelliten zum Einsatz kommt.

Zunächst werden die Cäsium-Atome aus dem Ofen entweichen, in dem sie erhitzt werden. Daran schließt sich die erste Operation an, nämlich das Versetzen der Atome in einen definierten Zustand. Dazu dient der Magnet A. Das Magnetfeld ist dabei so justiert, daß es der natürlichen Frequenz der Dipole des Elements Cäsium entspricht. Cäsium-Atome in diesem Zustand bezeichnet man als im *Ground State*.

Nur solche Atome, die sich in diesem Zustand befinden, passieren das Tor, das durch den Magneten A gebildet wird. Die zweite Operation besteht darin, das Elektron in der äußersten Hülle des Cäsiums-Atoms zu stimulieren, damit es in einen anderen Energiezustand übergehen kann. Dies geschieht nur, wenn eine ganz bestimmte Frequenz vom Multiplexer bereitgestellt wird. Sie muß exakt 9 192 631 777 Hz betragen oder zumindest sehr nahe bei dieser Frequenz liegen. Falls diese Frequenz anliegt, gehen die Cäsium-Atome in der oben gezeichneten Wanne in den *Hyperfine State* über.

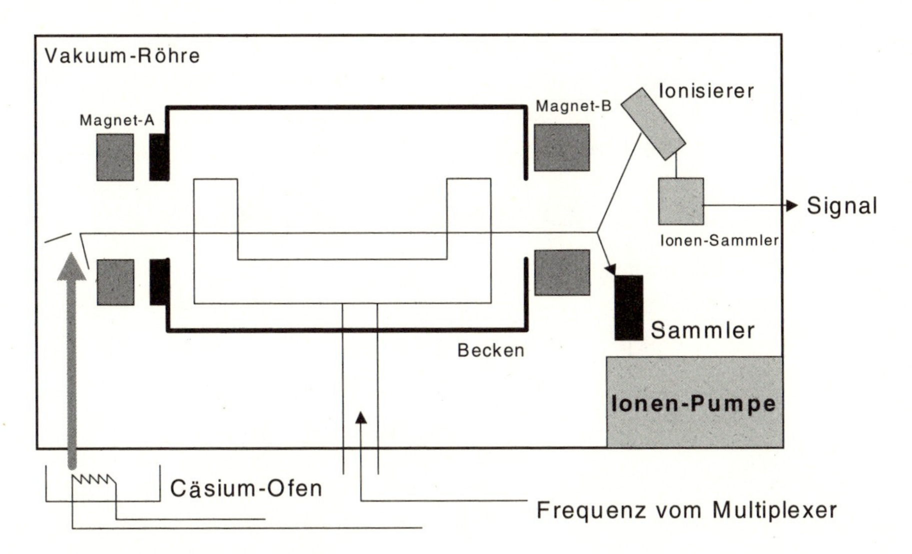

Abb. 6.16: Cäsium-Atomuhr [37]

Durch diesen Zustandsübergang ändert sich die physikalischen Eigenschaften der Cäsium-Atome. Vor allem ändern sich deren magnetische Eigenschaften, und damit können die Atome durch den Magneten B sortiert werden. Das ist die dritte Operation.

Die aussortierten Cäsium-Atome im *Hyperfine State* werden ionisiert. Dieser Ionenfluss wird gemessen und in eine elektrische Spannung umgesetzt. Diese Spannung stellt letztlich das Zeitsignal der Atomuhr dar. Eine Rückkoppelung mit der Frequenz zur Erregung der Atome via Multiplexer ist ebenfalls vorhanden.

Bei den Rubidium-Uhren des Global Positioning Systems werden ebenfalls die drei vorher beschriebenen Operationen durchgeführt, allerdings erfolgt die technische Ausführung der Atomuhren etwas anders. *Abb. 6.17* zeigt eine Rubidium-Atom-Uhr.

Zunächst befinden sich auch hier die Atome des Elements Rubidium im *Ground State*. Die Elektronen der äußersten Schalle werden dann so angeregt, daß sie in den *Hyperfine State* übergehen. Dies wird erreicht, indem in der Kammer mit dem Rubidiumdampf eine bestimmte Frequenz angelegt wird. Diese Frequenz muß bei Rubidium exakt 6 834 682 608 Hz betragen, wenn die Uhr funktionieren soll. Durch das Erzeugen dieses elektromagnetischen Signals wechseln viele Rubidium-Atome in den *Hyperfine State*. Dieser Zustandsübergang führt zu einer Veränderung der physikalischen Eigenschaften der Atome.

Die dritte Operation beginnt bereits bei der Lampe. Sie ist mit Rubidium-Isotop-87 gefüllt und sendet eine Strahlung aus, von der sich ein Großteil im

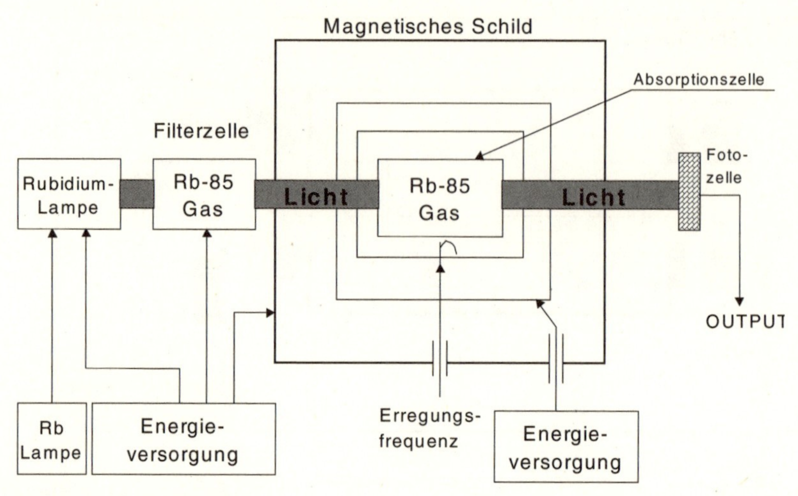

Abb. 6.17: Rubidium-Uhr [37]

sichtbaren Bereich des Lichts befindet. Die Strahlung passiert ein Filter, das aus dem Rubidium-Isotop-85 besteht. Dieses Filter läßt lediglich zwei Frequenzen passieren und hält alle anderen zurück. Letztlich kommen nur Frequenzen durch, die durch Atome im *Hyperfine State* ausgelöst werden. Die Fotozelle am Ende der Maschine fängt diese Strahlung auf und wandelt sie in eine Spannung um. Diese Spannung bildet den Output der Atomuhr.

In *Tabelle 6.4* finden sich Angaben zu den in den verschiedenen GPS-Satelliten eingesetzten Atomuhren mit den Elementen Cäsium oder Rubidium.

Wer die Lebensdauer kommerzieller Satelliten im Bereich der direkt strahlenden Fernsehsatelliten kennt, der weiß, daß sie inzwischen bei zehn bis zwölf Jahren liegt, während bei neuen Satelliten von den Betreibern fünfzehn Jahre Lebensdauer gefordert werden. Die Zahlen bei der Zuverlässigkeit beginnen generell mit einer Neun hinter dem Komma.

Insofern ist anzumerken, daß die Atomuhren der GPS-Satelliten gewiss einen limitierenden Faktor für das Gesamtsystem darstellen. Sie sind allerdings so wichtig, und das System könnte ohne diese Komponente nicht auskommen, daß diese Schwächen toleriert wurden. In der Tat konnte der Energieverbrauch im Laufe der Jahre signifikant reduziert werden, und die Zuverlässigkeit der Atomuhren hat sich verbessert, wobei Rubidiumuhren generell zuverlässiger zu sein scheinen als Cäsiumuhren. Weil die Zuverlässigkeit der Uhren trotzdem für ein System im Erdorbit zu niedrig sind, hat man redundante Uhren an Bord der GPS-Satelliten vorgesehen.

Tabelle 6.4: Eigenschaften der Atomuhren von GPS-Satelliten [37]

Uhr und Satellitentyp	Zuverlässigkeit	Größe [Inch]	Gewicht [Pfund]	Energieverbrauch [W]
Rb GPS Block I	0,763 für 5,5 Jahre	L = 5,00 W = 6,00 H = 7,50	13	24,75
Cs GPS Block I	0,663 für 5,5 Jahre	L = 5,3 W = 15,1 H = 7,8	28	22,0
Rb GPS Block II	0,763 für 5,5 Jahre	L = 5,0 W = 6,0 H = 7,5	13	24,75
Cs GPS Block II	0,663 für 5,5 Jahre	L = 5,3 W = 15,1 H = 7,8	28	22,0
Rb GPS Block IIA	0,763 für 5,5 Jahre	L = 5,0 W = 6,0 H = 7,5	13	24,75
Cs GPS Block IIA	0,663 für 5,5 Jahre	L = 5,3 W = 15,1 H = 7,8	28	22,0
Cs GPS Block IIA Second Source	0,75 für 5,5 Jahre	L = 5,3 W = 15,1 H = 7,8	28	22,0
Rb GPS Block IIR	0,763 für 7,5 Jahre	L = 8,5 W = 5,6 H = 6,2	14	15
Cs GPS Block IIR	0,775 für 7,5 Jahre	L = 16,5 W = 5,5 H = 5,25	22	26

Die Atomuhren des Global Positioningsystem stellen einen signifikanten technischen Fortschritt dar, denn es ist das erste Mal, daß ein technisches System derart genau gehende Uhren in größerer Stückzahl für den Einsatz im Weltraum benötigt.

6.8 Die Satelliten des Global Positioning System

Die Satelliten, aus denen die im Erdorbit befindliche Komponente des Systems besteht, sind in ihrer Bauart zwar ähnlich, weisen jedoch auch Unterschiede auf. Der Benutzer mit einem GPS-Empfänger mag das nicht unbedingt bemerken, jedoch haben solche technischen Eigenschaften Auswirkungen auf die Güte des Signals und vor allem auf die Zeitspanne, in denen ein Satellit autonom, also ohne Kontakt zur Kontrollstelle, operieren kann. Für ein militärisches System ist eine derartige Eigenschaft nicht ohne Bedeutung.

Begonnen wurde mit dem Start von GPS-Satelliten Mitte der siebziger Jahre. Auch heute noch werden Raketen mit GPS-Satelliten gestartet, jedoch viel seltener als in den Anfangsjahren. Während man die ersten Satelliten als Prototypen bezeichnen kann, mit denen die Tauglichkeit des Konzepts unter den Bedingungen des Weltraums validiert werden konnte, sind spätere Satelliten der Produktionsphase zuzurechnen.

In *Tabelle 6.5* sind die Satelliten des Global Positioning System mit ihren wesentlichen Daten aufgelistet.

Tabelle 6.5: Satellitenstarts des Global Positioning System [37]

Block	SVN	PRN Code	Internat. ID Nr.	NASA Nr.	Bahn	Start	Clock	Betrieb ab	Ausser Dienst ab
					Block I				
	01	04	1978-020A	10684		22-FEB-78		29-MAR-78	17-JUL-85
	02	07	1978-047A	10893		13-MAI-78		14-JUL-78	16-JUL-81
	03	06	1978-093A	11054		06-OCT-78		13-NOV-78	18-MAI-92
	04	08	1978-112A	11141		10-DEC-78		08-JAN-79	14-OCT-89
	05	05	1980-011A	11690		09-FEB-80		27-FEB-80	28-NOV-83
	06	09	1980-032A	11783		26-APR-80		16-MAI-80	06-MAR-91
	07					18-DEC-81	Fehler beim Start		
	08	11	1983-013A	14189		14-JUL-83		10-AUG-83	04-MAI-93
	09	13	1984-059A	15039	C-1	13-JUN-84	Cs	19-JUL-84	
	10	12	1984-097A	15271	A-1	08-SEP-84	Rb	03-OCT-84	
	11	03	1985-093A	16129	C-4	09-OCT-85	Rb	30-OCT-85	
					Block II				
II-1	14	14	1989-013A	19802	E-1	14-FEB-89	Cs	15-APR-89	
II-2	13	02	1989-044A	20061	B-3	10-JUN-89	Cs	10-AUG-89	
II-3	16	16	1989-064A	20185	E-3	18-AUG-89	Cs	14-SEP-89	
II-4	19	19	1989-085A	20302	A-4	21-SEP-89	Cs	23-NOV-89	
II-5	17	17	1989-097A	20361	D-3	11-DEC-89	Cs	06-JAN-90	
II-6	18	18	1990-008A	20452	F-3	24-JAN-90	Cs	14-FEB-90	
II-7	20	20	1990-025A	20533	B-2	26-MAR-90	Cs	18-APR-90	
II-8	21	21	1990-068A	20724	E-2	02-AUG-90	Cs	22-AUG-90	
II-9	15	15	1990-088A	20830	D-2	01-OCT-90	Cs	15-OCT-90	
					Block IIA				
II-10	23	23	1990-103A	20959	E-4	26-NOV-90	Cs	10-DEC-90	
II-11	24	24	1991-047A	21552	D-1	04-JUL-91	Cs	30-AUG-91	
II-12	25	25	1992-009A	21890	A-2	23-FEB-92	Rb	24-MAR-92	
II-13	28	28	1992-019A	21930	C-2	10-APR-92	Cs	25-APR-92	
II-14	26	26	1992-039A	22014	F-2	07-JUL-92	Cs	23-JUL-92	
II-15	27	27	1992-058A	22108	A-3	09-SEP-92	Cs	30-SEP-92	
II-16	32	01	1992-079A	22231	F-1	22-NOV-92	Cs	11-DEC-92	
II-17	29	29	1992-089A	22275	F-4	18-DEC-92	Cs	05-JAN-93	
II-18	22	22	1993-007A	22446	B-1	03-FEB-93	Cs	04-APR-93	
II-19	31	31	1993-017A	22581	C-3	30-MAR-93	Cs	13-APR-93	
II-20	37	07	1993-032A	22657	C-4	13-MAI-93	Cs	12-JUN-93	
II-21	39	09	1993-042A	22700	A-1	26-JUN-93	Cs	20-JUL-93	
II-22	35	05	1993-054A	22779	B-4	30-AUG-93	Cs	28-SEP-93	
II-23	34	04	1993-068A	22877	D-4	26-OCT-93	Cs	22-NOV-93	

SVN steht dabei für *Space Vehicle Number*, während PRN *Pseudorandom Noise Number* bedeutet. Beide Bezeichnungen existieren nebeneinander und identifizieren einen GPS-Satelliten eindeutig. Wenn allerdings ein Satellit ausfällt, kann es sein, daß der Nachfolger den PRN-Code übernimmt.

Gehen wir nun im Detail auf die einzelnen Serien oder Blöcke von Satelliten ein.

6.8.1 Prototypen

Die erste Serie, Block I, muß man wohl noch als Prototypen bezeichnen. Aus diesem Grund wurden auch nicht vierundzwanzig Satelliten gebaut, wie man sie für ein vollständiges System gebraucht hätte, sondern lediglich elf. Den Auftrag zum Bau der Satelliten bekam Rockwell. Zwischen 1978 und 1985 wurden die Satelliten dieser Baureihe von der Vandenberg Air Force Base in Kalifornien gestartet.

Der Speicher an Bord dieser Satelliten reichte aus, um Navigationsdaten für vierzehn Tage zu speichern. Allerdings waren die Navigationsdaten für die Empfänger auf der Erde nur für einen Zeitraum von einer Stunde gültig. Die Bahndaten konnten nicht vom Satelliten selbst berechnet werden, so daß zur Aufrechterhaltung der richtigen Bahn dauernder Kontakt mit der Bodenstation notwendig war. Ohne Daten von der Bodenstation wäre ein GPS-Satellit der ersten Generation bald von der richtigen Bahn abgekommen.

Jeder Satellit hatte zwei Cäsium- und zwei Rubidium-Atomuhren an Bord. Für diese Prototypen war eine Missionsdauer von viereinhalb Jahren und eine Design-Lebensdauer von fünf Jahren vorgesehen. Unter Berücksichtigung nicht ersetzbarer Materialien wie Treibstoff, Batterien und der Sonnenpaddel rechnete man insgesamt mit einer maximalen Lebensspanne des Systems von sieben Jahren. Die Lebensdauer wurde vor allem von den Atomuhren begrenzt. Man hat allerdings mit diesen Prototypen viel Erfahrung gewonnen, die in das Design späterer Serien einflossen. Ein paar dieser ersten Prototypen konnten fast doppelt so lange genutzt werden, wie man ursprünglich berechnet hatte.

6.8.2 Block II

Mit den Erfahrungen der Block-I-Satelliten konnte man daran gehen, das Design gewisser Subsysteme der neueren Satelliten zu verbessern. Eine dieser Verbesserungen beim Block-II betraf die Abschirmung des Hauptspeichers der

Satelliten gegen kosmische Strahlung. Weil so ein Satellit natürlich mittels Software gesteuert wird, kann das Umkippen von Speicherzellen im Random Access Memory (RAM) zu völlig unsinnigen Programmen und Daten führen. Durch den Einsatz von Speicherbausteinen, die gegen Strahlungseinflüsse resident sind, kann daher die Zuverlässigkeit der Hardware bedeutend verbessert werden.

Daneben wurden viele kleine Verbesserungen im Design durchgeführt. Die meisten davon lagen in der Schnittstelle mit den Kontrollstationen auf der Erde, einige betrafen allerdings auch die Schnittstelle mit den Benutzern von GPS. Eine der wichtigsten Änderungen war die Einführung von *Selective Availalibity* (S/A*)*. Man hatte nach den Konzeptstudien und Versuchen in White Sands für den Standard Positioning Service wohl mit Abweichungen bei der Positionsbestimmung im Bereich von hundert Metern gerechnet. In der Tat lagen aber die erreichten Ergebnisse mit den Prototypen eher im zweistelligen Bereich. Deswegen wurde nachträglich noch eine Funktion aufgenommen, um die Positionsbestimmung für zivile Nutzer bei Bedarf verschlechtern zu können, eben S/A.

Auch die Verschlüsselung des Signals für die militärische Nutzung, also Anti-Spoofing, kam erst mit dem Block-II-Satelliten hinzu. Die Behandlung von Fehlern wurde so verbessert, daß die Software von GPS-Satelliten gewisse Fehlerbedingungen mittlerweile selbst erkennen kann. Dies kann dazu führen, daß die Signale eines Satelliten so geändert werden, daß die Nachricht als die Signale eines nicht funktionsfähigen Satelliten interpretiert werden können. Gewiss muß die Software eines GPS-Empfängers in der Lage sein, diesen Zustand zu erkennen.

Von dieser zweiten Serie wurden von Rockwell International neun Satelliten gebaut. Der erste davon wurde im Februar 1989 von der Basis der US AIR FORCE auf Cape Canaveral in Florida gestartet. Wer sich über den vierjährigen Abstand zwischen dem Ende der ersten Serie von Starts und dem Beginn der Starts mit den Block-II-Satelliten wundert, sollte sich ins Gedächtnis rufen, daß Anfang 1986 das Space Shuttle *Challenger* beim Start explodiert ist. Das hatte zur Folge, daß es für einige Jahre sehr schwer war, geeignete Trägerraketen zu finden.

Was die Speicherung von Bahndaten betrifft, besteht kein Design-Unterschied zu den Satelliten des Blocks I. Deswegen ist häufiger Kontakt mit den Kontrollstationen auf der Erde notwendig, um die richtige Bahn im Erdorbit einzuhalten. Wenn von den Bodenstationen keine Korrekturen zu den Bahndaten übermittelt werden, kann es passieren, daß Satelliten dieser Bauart nach 28 bis

45 Tagen zu taumeln beginnen und abstürzen. Die jeweils übermittelten Bahndaten sind deshalb nur für zwei Wochen gültig.

Auch beim Block II stellen die Atomuhren mit ihrer geringen Zuverlässigkeit noch ein gewisses Problem dar. Sie sind deshalb mehrfach vorhanden. Die Satelliten wurden für eine Dauer der Mission von sechs Jahren ausgelegt. Für das Design waren siebeneinhalb Jahre geplant, während nicht ersetzbare Materialien wie Treibstoff, Batterien und die Stromversorgung durch Sonnenzellen für eine Systemlebensdauer von zehn Jahren ausgelegt waren.

6.8.3 Block IIA

Die Satelliten dieser Serie ähneln stark den Vorgängermodellen, jedoch sind erneut eine ganze Reihe von Verbesserungen durchgeführt worden. Die Möglichkeit zur Speicherung von Navigationsdaten an Bord eines Satelliten wurde auf 180 Tage, also ein halbes Jahr, erweitert. Für die ersten zwei Wochen im Erdorbit eines Satelliten sind die Navigationsdatensignale für Benutzer jeweils für einen Zeitraum von vier Stunden gültig. Später erhöht sich dieser Zeitraum auf sechs Stunden.

Mit diesen zusätzlichen Funktionen ist ein Block-IIA-Satellit in der Lage, sechs Monate lang ohne Kontakt mit einer Bodenstation zu operieren. Die Zentrale in den USA ist allerdings nicht in der Lage, die Bahn eines Satelliten über einen so langen Zeitraum vorherzusagen, denn Störungen bei Satelliten im Erdorbit sind nicht exakt berechenbar. Das kann dazu führen, daß die Signale des Satelliten über ein halbes Jahr hinweg zu immer schlechteren Werten bei der Positionsbestimmung führen. Im schlimmsten Fall kann nach 180 Tagen ein Fehler von zehn Kilometern auftreten. Typisch für den Fehler bei einem Satelliten dieses Typs ist eine Abweichung von 5,5 Metern, wenn die Navigationsdaten gerade neu übermittelt wurden.

Zu den Neuerungen bei dieser Serie von Satelliten gehört weiterhin die Fähigkeit zur autonomen Bahnkorrektur ohne Eingreifen der Kontrollstation. Die Elektronik dieser Baureihe wurde so ausgelegt, daß kosmische Strahlung nicht eindringen kann. Auftragnehmer war auch bei dieser Serie Rockwell International. Gebaut wurden 19 Satelliten, von denen der erste im November 1990 von Cape Canaveral aus gestartet wurde. Was die geplante Lebensdauer der Block-IIA-Satelliten betrifft, so gelten dieselben Werte wie beim Vorgängermodell.

6.8.4 Block IIR

Das R bei diesem Satellitentyp steht für *Replenisment*, also Auffüllung oder Ergänzung. Sie sollen ausgefallene Satelliten früherer Generationen ersetzen, wenn diese ausfallen oder das Ende ihrer geplanten Lebensdauer erreichen. Die Starts erfolgen in der zweiten Hälfte der neunziger Jahre.

Interessant ist, daß das Pentagon mit Lockheed Martin erstmals einen anderen Auftragnehmer als Rockwell International mit der Aufgabe betraute. Ein Grund für diesen Wechsel dürfte wohl auch darin liegen, daß man die Technologie über eine breitere Basis streuen wollte, um nicht zu sehr von nur einem Auftragnehmer *(single source)* abhängig zu werden.

Für den Benutzer ändert sich an den Signalen, die er von Block-IIR-Satelliten empfangen kann, nichts. Intern wurden jedoch erhebliche Veränderungen vorgenommen. Eine der wichtigsten Funktionen dabei nennt sich *Autonomous Navigation* (AutoNav). Das bedeutet, daß jeder Satellit dieser Serie für ein halbes Jahr autonom, also unabhängig von Datenübertragungen durch die Kontrollzentrale in den USA, navigieren kann. Ermöglicht wird dies durch die eigene Positionsbestimmung mit der Hilfe anderer GPS-Satelliten. Um AutoNav zu unterstützen, sendet die Kontrollstation alle dreißig Tage Kontrollinformationen mit der vorausberechneten Bahn für ein Zeitintervall von 210 Tagen zu jedem Satelliten dieser Serie. Daraus ergibt sich, daß beim Abbruch des Kontakts mit der Kontrollstelle noch gültige Daten für ein halbes Jahr im Speicher des Satelliten vorhanden sind.

Mit den Satelliten dieser Serie verbessert sich die Positionsbestimmung für die Benutzer des Systems erheblich. Die Abweichung von nominal 5,3 Metern wird für volle 180 Tage garantiert. Weiterhin wird die Fähigkeit des Systems gestärkt, Fehler selbst zu finden. Voraussetzung dafür ist der Datenaustausch via Crosslinks mit anderen Satelliten des Systems, die ebenfalls AutoNav besitzen. Für die Datenübertragung mit anderen Satelliten kommt ein Verfahren zum Einsatz, das sich *Frequency Hopping* nennt. Das bedeutet, daß der Sender nach einem vorher festgelegten Algorithmus innerhalb kurzer Zeit häufig die Frequenz wechselt. Für einen potentiellen Störer wird es mit diesem Verfahren sehr schwer sein, in eine Datenübertragung einzugreifen, da er die benutzte Frequenz zunächst einmal finden muß.

Die AutoNav-Funktion kann von der Kontrollzentrale in den USA bei Bedarf auch ausgeschaltet werden. In so einem Fall verhalten sich Block-IIR-Satelliten wie Block-IIA-Satelliten. Als Prozessor kommt bei den Satelliten dieser Baureihe ein Chip zum Einsatz, der nach MIL-STD-1750A gebaut wurde. Das ist ein 16-Bit-Prozessor, der auf Weltraumbedingungen ausgelegt wurde. Die Software ist in Ada, der neuen Programmiersprache des Pentagon, geschrieben worden.

Um die Zuverlässigkeit des Systems zu verbessern, wurden zwei Rubidium-Atomuhren sowie eine Cäsium-Atomuhr eingesetzt. Für die Missionsdauer wurden siebeneinhalb Jahre angesetzt, die Lebensdauer des Designs soll zehn Jahre betragen, und Verbrauchsmaterialien sind ebenfalls auf zehn Jahre ausgelegt.

6.8.5 Block IIF

Die Satelliten dieser Generation sind dazu bestimmt, ausgefallene Block-IIR-Satelliten am Ende ihrer Lebensdauer oder bei einem vorzeitigen Ausfall zu ersetzen. Der Auftragnehmer des US-Verteidigungsministeriums ist wieder Rockwell International. Die ersten Starts werden voraussichtlich in der zweiten Hälfte des nächsten Jahrzehnts erfolgen.

In *Tabelle 6.6* sind die wichtigsten Funktionen der verschiedenen Serien in der Zusammenfassung dargestellt.

Tabelle 6.6: Eigenschaften verschiedener Generationen von GPS-Satelliten [35]

Serie	AutoNav	Bahndaten für ... Tage	Bahnkorrektur	Autonome Operation (maximal in Tagen)	Maximale Abweichung am Ende der autonomen Operation [Meter]
II	Nein	14	Zentrale	14	1611,1
IIA	Nein	180	An Bord	180	< 10 000
IIR	Ja	210	An Bord	180	7,4

Obwohl sich also die Satelliten für den Benutzer auf der Erde an der Schnittstelle gleich darstellen, hat es im Laufe der Zeit doch einige Änderungen gegeben, die das System wesentlich verbessern werden.

In *Tabelle 6.7* ist die Konfiguration des Global Positioning System dargestellt, wie es im Juli 1996 im operationellen Einsatz war.

Das GPS-System besteht also zur Zeit aus den Satelliten der zweiten und dritten Generation, und Ausfälle werden durch Block-II-R-Satelitten ersetzt.

Tabelle 6.7: Operationelle Konfiguration des Global Positioning System [35]

Block	PRN-Nummer	SVN	Start	Erdorbit
II	14	14	Februar 1989	E-1
II	02	13	Juni 1989	B-3
II	16	16	August 1989	E-3
II	19	19	Oktober 1989	A-4
II	17	17	Dezember 1989	D-3
II	18	18	Januar 1990	F-3
II	20	20	März 1990	B-2
II	21	21	August 1990	E-2
II	15	15	Oktober 1990	D-2
IIA	23	23	November 1990	E-4
IIA	24	24	Juli 1991	D-1
IIA	25	25	Februar 1992	A-2
IIA	28	28	April 1992	C-2
IIA	26	26	Juli 1992	F-2
IIA	27	27	September 1992	A-3
IIA	01	32	November 1992	F-1
IIA	29	29	Dezember 1992	F-4
IIA	22	22	Februar 1993	B-1
IIA	31	31	März 1993	C-3
IIA	07	37	Mai 1993	C-4
IIA	09	39	Juni 1993	A-1
IIA	05	35	August 1993	B-4
IIA	04	34	Oktober 1993	D-4
IIA	06	36	März 1994	C-1
IIA	03	33	März 1996	C-2

6.9 Trägerraketen

Natürlich braucht ein System wie GPS mächtige Trägerraketen, um die Satelliten in erdnahe Umlaufbahnen zu befördern. Die ersten zwölf Satelliten sollten mit umgerüsteten Interkontinentalraketen (ICBMs) in den Weltraum befördert werden. Dafür war die ATLAS-F-Rakete vorgesehen. Für die Block-II-Satelliten hatte man als Startvehikel den Typ Delta von McDonnell-Douglas vorgesehen.

Im Jahr 1979 änderte sich das. Nunmehr wurde das Space Shuttle als das Transportsystem für GPS-Satelliten ausersehen. Das Interface der Block-II-Satelliten wurde entsprechend angepasst.

Nach dem Unfall mit dem Space Shuttle *Challenger* stand eine Weile kein mächtiges Trägersystem zur Verfügung, und nach der Wiederaufnahme des Betriebs in Cape Canaveral wurde das Shuttle für die extrem schweren Satelliten gebraucht. Man änderte die Pläne erneut und entschied sich nun für die Delta II von McDonnell-Douglas als Trägersystem. Diese Rakete stellt weiterhin sicher, daß GPS-Satelliten an ihren Platz in den erdnahen Orbit gelangen.

6.9.1 Payload

Was letztlich einen Satelliten ausmacht, ist seine Elektronik, die Software und Support-Systeme wie die Atomuhren sowie die notwendige Energieversorgung. Von der Trägerrakete aus gesehen, handelt es sich um die Payload. Wir wollen uns die technischen Komponenten eines GPS-Satelliten an Hand eines Blockschaltbilds für einen der neueren Typen, nämlich eines Satelliten vom Block IIR, ansehen. Siehe *Abb. 6.18.*

Das Subsystem zur Erzeugung des Signals für die Benutzer des Systems besteht aus dem Modulator zur Prägung der Daten auf die Frequenz sowie aus

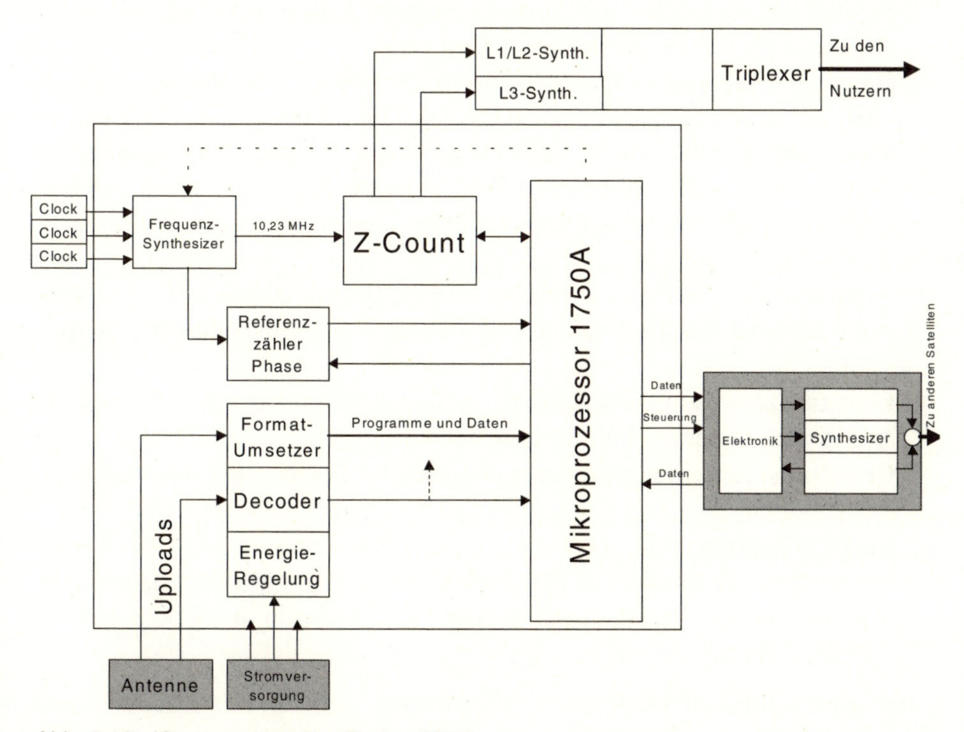

Abb. 6.18: Komponenten der Payload [37]

Einheiten zur Erzeugung der drei Frequenzen L1, L2 und L3. Dabei stellt L1 die bekannte Frequenz für *Coarse Acquisition* mit 1575,42 MHz für den zivilen Nutzer dar, während es sich bei der L2-Frequenz um die Signale für militärische Nutzer bei 1227,6 MHz handelt.

L3 ist eine dritte Frequenz, die bei 1381,05 MHz liegt. Über ihre Nutzung über die AutoNav-Funktion hinaus ist wenig bekannt, aber man darf vermuten, daß sie zur Navigation von Satelliten eingesetzt wird.

Ein Hauptelement sind die Atomuhren. Hier liegen die Anforderungen bei den Block-IIR-Satelliten bei einer maximalen Abweichung von sechs Nanosekunden. Um das zu erreichen, arbeitet man mit drei Atomuhren. Davon sind zwei Rubidium-Uhren, eine verwendet das Element Cäsium. Damit ist dieses Subsystem zweifach redundant ausgelegt.

Insgesamt kann man sechs wichtige Komponenten eines Satelliten vom Typ IIR unterscheiden:

1. **Atomuhren:** Erzeugen und Bereitstellen eines zuverlässigen und sehr präzisen Zeitstandards für alle Signale des Satelliten. Das ist die wichtigste Subfunktion, denn die Positionsberechnungen hängen entscheidend davon ab, wie genau die Zeitmessung erfolgen kann.
2. **Datenverarbeitung an Bord:** Erzeugen der Daten für die Positionsbestimmung, Kalkulieren der Bahndaten des Satelliten, Erzeugen des C/A und P-Codes und gegebenenfalls verschlüsseln des P-Code, Überwachen der Komponenten auf einwandfreies Funktionieren, Übermitteln von Telemetriedaten, Korrigieren von Daten nach den Anweisungen des Kontrollzentrums.
3. **Software:** Durchführung aller notwendigen Berechnungen, unter Umständen Nachladen von Programmen oder Daten auf Kommando der Kontrollstation.
4. **L-Band-Subsystem:** Erzeugen der drei Frequenzen L1, L2 und L3 sowie Aufbereiten dieser Signale vor dem Senden.
5. **Crosslinks:** Entfernungsmessung und Kommunikationsaufgaben mit anderen Satelliten des Systems, die entsprechend ausgestattet sind.
6. **Auto-Navigation:** Autonomes Navigieren des Satelliten, auch bei Unterbrechung der Verbindung zu den Bodenstationen, bis zur einem halben Jahr ohne wesentliche Verschlechterung der Positionsbestimmung bei den Nutzern des Systems.

Eine der wichtigsten Funktionen des Systems stellt die Verarbeitung von Daten dar. Die eigentliche Datenverarbeitung mittels des Prozessors vom Typ

1750A und die Erzeugung der Frequenzen ist dabei in einem Paket integriert. Navigationsdaten, wie sie vom Kontrollzentrum in den USA aufbereitet und zum Satelliten gesandt werden, sind ebenfalls in dieser Einheit gespeichert. Bei Bedarf können diese Navigationsdaten so verändert werden, daß ein unbefugter Benutzer damit nichts anfangen kann. Dies geschieht durch Aktivierung der Funktionen Selective Availability (S/A) und Anti-Spoofing (A/S).

Die Recheneinheit eines Satelliten vom Typ IIR kann ein halbes Jahr ohne Kontakt zur Kontrollstation auf der Erde operieren. In diesem Modus werden Korrekturen der Bahndaten vorgenommen, die auf der Auswertung von Entfernungsmessungen zu anderen Satelliten basieren. Solche Korrekturen fließen in die Informationen ein, die die Benutzer auf der Erde erhalten. Die Recheneinheit spielt auch bei der Erzeugung der Signale zur Navigation die entscheidende Rolle. Es folgt eine detaillierte Liste mit den Funktionen der Recheneinheit:

- Speichern von Nachrichten und Kommandos der Kontrollstation auf der Erde
- Verarbeiten, Formatieren und Generieren von Navigationsdaten
- Bereitstellen der genauen Zeit für andere Komponenten des Systems
- Erzeugen des *Pseudorandom Noise* Codes zur Navigation
- Bereitstellen der Funktion Selective Availability (S/A). Das bedeutet, für die Benutzer bestimmte Daten bei Bedarf so zu verändern, daß ihre Positionsbestimmung künstlich verschlechtert wird
- Anti-Spoofing Funktion: Verändern der gesandten Daten durch Verschlüsselung, so daß in einem feindlichen Umfeld nur autorisierte Benutzer das Signal finden und verarbeiten können
- Bereitstellen der Funktion des Global Positioning System über ein halbes Jahr auch im Fall eines Atomkriegs und des Ausfalls des primären Kontrollzentrums
- Ausführen von Funktionen zur Überwachung aller Komponenten: Selbstdiagnose und das Senden von Telemetriedaten zur Kontrollstation.

Natürlich ist die Recheneinheit eines Satelliten immer nur so intelligent wie die Software, die auf dem verwendeten Prozessor läuft. Das bedeutet für die Block-IIR-Satelliten, daß das Programm viele Funktionen übernehmen muß, die gegenwärtig noch vom Kontrollzentrum in den USA wahrgenommen werden. Dazu gehören die Schätzung der Bahndaten, die Überprüfung der Subsysteme, Interpolation von Bahndaten, Formatieren der Navigationsdaten, Verwalten der Universal Coordinated Time für die Satelliten sowie das Zuschalten der S/A-Funktion und das Wiederaufsetzen nach Fehlern ohne Assistenz durch das Kontrollzentrum.

Einen weiteren Faktor, der neu hinzugekommen ist, stellt die zunehmende Komplexität der Schnittstellen zu vielen anderen Systemen und Subsystemen dar. In der folgenden Liste sind diese Interfaces beschrieben.

- Upload von Daten und Programmen vom Kontrollzentrum
- Telemetriedaten für das Kontrollzentrum
- Schnittstelle zur L3-Frequenz
- Kommando zum Ab- bzw. Anschalten der L3-Frequenz
- Modulation der Daten
- Nachrichten für Benutzer des Systems
- X1/Z Count Interface
- Phasen-Feedback Interface
- Schnittstelle zum Watchdog
- Schnittstelle zum Frequenz-Hopping
- Interface zum 1750A-Prozessor
- Status des Satelliten
- Schnittstelle zu den Bahndaten
- Fehlerdiagnose und -behebung
- Entdecken von Ereignissen

Diese Liste ist zwar lang, stellt aber noch nicht einmal alle Aufgaben der Software dar. Das Programm kann – falls das je notwendig werden sollte – auch noch im Orbit neu geladen werden. Dazu existiert in einem PROM-Baustein ein kurzes Programm, mit dem es möglich ist, Daten von der Kontrollstation zu empfangen und in den Speicher der Recheneinheit zu laden. Dieser *Programmable read-only Memory* hat genügend Kapazität, um das neue Programm zu laden und es auf Richtigkeit der Datenübertragung zu überprüfen. Hinzu kommt eine Funktion zum Upload von gewissen Teilen des ausführbaren Programms. Es ist so segmentiert worden, daß es unter gewissen Umständen genügt, nur einen Teil des Programms zu laden und zu ersetzen.

Die Segmentierung der Software nach bestimmten Funktionen trägt auch dazu bei, das Testen der autonomen Navigation des Satelliten auf der Erde in einer Simulation zu ermöglichen. Später erleichtert diese Segmentierung die Inbetriebnahme des Systems im Erdorbit.

Weil die Software der Block-IIR-Satelliten sehr komplex ist, wurde mit Hilfe von Ada ein rudimentäres Betriebssystem implementiert, das es erlaubt, auf Ereignisse mit hoher Priorität schneller zu reagieren als auf andere, weniger wichtige Dinge. Damit soll sichergestellt werden, daß Aufgaben so schnell abgearbeitet werden wie dies bei einem Echtzeitsystem [39] notwendig ist.

Die Block-IIR-Satelliten sind damit mit modernster Technik ausgestattet und in ihrer Programmierung recht flexibel. Es wird sich zeigen, ob sich das vorgestellte Konzept in der Praxis bewährt.

6.10 Systemkontrolle

Das Global Position System besteht aus drei Komponenten: Den Satelliten im Erdorbit, den Benutzern des Service und dem Kontrollsegment. Mit diesem Segment, das für das richtige Funktionieren des Systems entscheidend ist, wollen wir uns jetzt beschäftigen.

Zur Kontrolle der GPS-Satelliten in ihren Umlaufbahnen existiert ein Netz von Kontrollstationen, die über die ganze Welt verteilt sind. Alle Informationen laufen zuletzt im Kontrollzentrum auf dem Territorium der USA zusammen. Es befindet sich in der Falcon AIR FORCE Base in Coloroda Springs, Colorado. Dort werden die Daten überprüft, und gegebenenfalls werden Korrekturen veranlasst. Die einzelnen Satelliten bekommen ihre Daten mittels Funkübertragung im S-Band des Frequenzspektrums.

In *Abb. 6.19* ist die Aufteilung der Aufgaben in grafischer Form dargestellt.

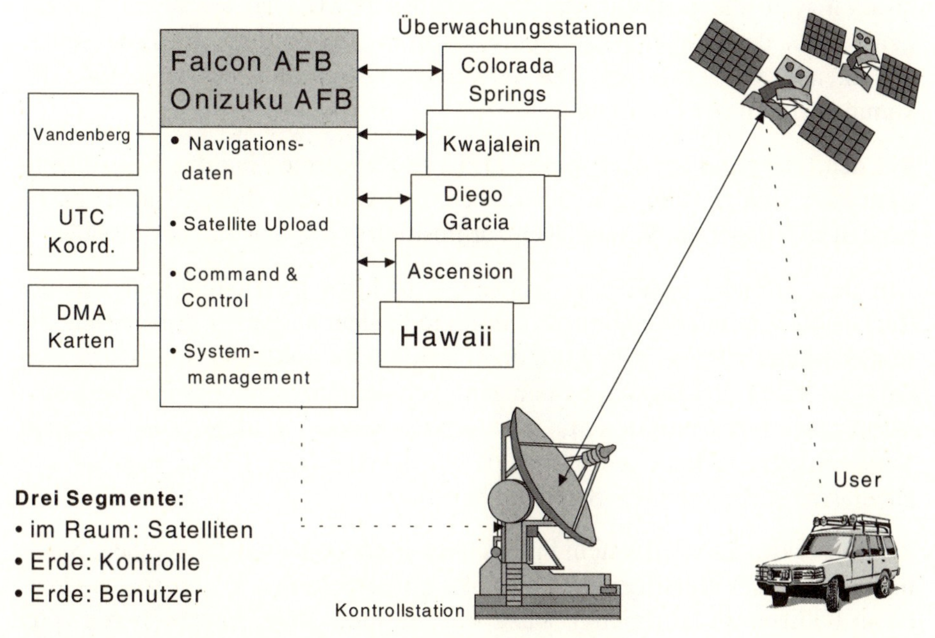

Abb. 6.19: Drei Segmente des Global Positioning System

Die Aufgaben der Systemkontrolle sind vielfältig, und deswegen ist dafür innerhalb der AIR FORCE eine spezialisierte Mannschaft zuständig. Zu den Aufgaben dieser Truppe in Colorado Springs gehört:

1. Kontrolle und Pflege des Status, der richtigen Funktion und der Konfiguration alle GPS-Satelliten.
2. Unterstützung der Benutzer durch das Bereitstellen von Schätzungen zum Bahnverlauf und Kalibrierungsdaten für den Zeitstandard. Vorbereitung und Upload der formatierten Navigationsdaten zu den einzelnen Satelliten für spätere Verteilung zu den Benutzern des Systems.
3. Überwachung der Navigations- und Zeitsignale, die die Benutzer empfangen können.
4. Unterstützung der Schnittstellen mit anderen US-Behörden und Instituten.
5. Verwaltung der Bodenstationen.

Zu den Organisationen, mit denen das Kontrollzentrum in Colorado Springs regelmäßig intensiven Kontakt hat und Daten austauscht, gehört die Air Force Satellite Control Facility (AFSCF). Das ist eine Einrichtung, die alle Satelliten im erdnahen Orbit verfolgt, darunter natürlich auch die GPS-Satelliten. Weiter wäre das United States Naval Observatory (USNO) zu nennen. Diese Dienststelle ist notwendig, um die exakte Zeit bestimmen zu können. Als dritte Organisation wäre die Defense Mapping Agency (DMA) zu erwähnen. Sie hat lange bevor das Global Positioning System in Betrieb ging, die Erde mittels Satelliten exakt vermessen. Die verwendeten Koordinatensysteme für GPS kommen von dieser Dienststelle.

Mit den Jet Propulsion Laboratory (JPL) in Kalifornien hat das Kontrollzentrum zwar weniger häufig Kontakt, aber auch vom JPL fließen Daten ein. Es handelt sich dabei um Voraussagen zur Position der Sonne und des Mondes.

Um ihre Aufgabe erfüllen zu können, sind kritische Komponenten in der Rechnerausstattung des Kontrollzentrum redundant ausgelegt. Eine Frage, die immer wieder aufgeworfen wird, dreht sich um die Integrität der Signale von GPS-Satelliten. Bei manchen Benutzern, gerade im Bereich des Flugverkehrs, ist dies eine kritische Frage. Es könnte nicht toleriert werden, wenn etwa ein Verkehrsflugzeug im Landeanflug plötzlich keine oder falsche Signale von einem oder mehreren GPS-Satelliten bekäme.

Zwar kann das Kontrollsystem im Nachhinein feststellen, daß bei einem Satelliten ein Fehler aufgetreten ist. Es ist allerdings nicht in der Lage, solche Fehler in Echtzeit zu korrigieren. Dazu wäre es notwendig, innerhalb von zehn Sekunden zu reagieren und korrigierte Daten bereitzustellen. Da dies nicht möglich ist, müssen im Bereich des Flugverkehrs deshalb andere Lösungen gesucht werden, um die Integrität des Signals und der Navigationsdaten zu überprüfen.

6.10.1 Monitorstationen

Um seine Aufgaben erfüllen zu können, unterhält das Kontrollzentrum in Colorado Springs fünf Monitorstationen, die auf dem gesamten Globus verteilt sind. Weil sich dazu Positionen am besten eignen, die in der Nähe des Äquators liegen, wurden entsprechende Standorte ausgesucht.

Die Monitorstationen befinden sich in Colorado Springs, Ascension im Südatlantik, Diego Garcia im Indischen Ozean, Kwajalein in der Nähe von Australien und Hawaii. Sie sind in *Abb. 6.20* dargestellt.

Während vier der Stationen die Forderung nach Äquatornähe gut erfüllen, sind bei der Monitorstation in Colorado Springs in dieser Hinsicht Zweifel angebracht. Die Bahnen von Satelliten über dem südlichen Atlantik können mit ihr nicht vollständig verfolgt werden. Trotzdem herrscht eine gewisse Überlap-

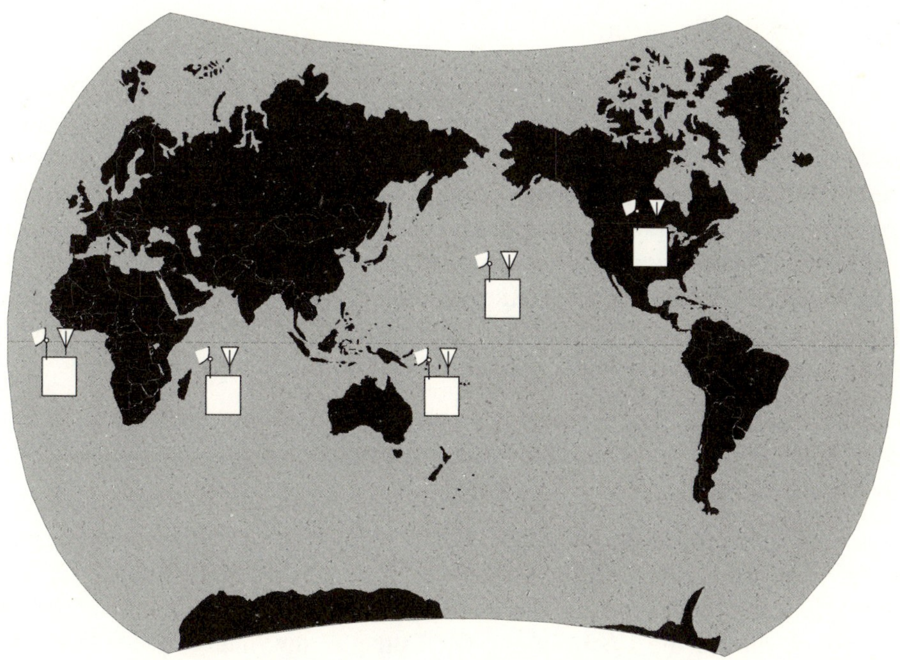

Abb. 6.20: Monitorstationen des Überwachungssegments

pung zwischen den Gebieten, die von jeder Station abgedeckt wird. Damit können Bahndaten des gleichen Satelliten abgeglichen werden.

Im Durchschnitt werden die Bahnen der GPS-Satelliten durch die Kontrollstationen mit mehr als 95 Prozent abgedeckt, und in 93 bis 100 Prozent der Zeit besteht direkter Kontakt zu den Satelliten des operationellen Systems.

Die Monitorstationen selbst sind passive Systemkomponenten. Sie bestehen im wesentlichen aus einer speziell gefertigten sehr präzisen Antenne, die die Empfangseigenschaften herkömmlicher GPS-Empfänger aus einer Massenfertigung weit übertrifft, Elektronik zur Datenverarbeitung und Kommunikationseinrichtungen mit dem Kontrollzentrum in Colorado Springs. Die Antenne ist durch eine Hülle aus Kunststoff geschützt. Diese Konstruktion bezeichnet man auch als *Radome*. Erwähnenswert ist auch, daß jede Monitorstation mit zwei Atomuhren auf Cäsiumbasis ausgerüstet ist. Das ist vor allem deswegen notwendig, weil ein Ersatzsatellit *(Hot Spare)* ständig bereit steht, um die Funktion eines ausgefallenen Satelliten zu übernehmen. Die Atomuhr an Bord dieses Satelliten muß synchron mit den Uhren des operationellen Satellitensystems laufen, und es darf bei der Substitution keine Zeitverzögerung durch Kalibrierung der Atomuhr des Ersatzsatelliten entstehen.

6.10.2 Kontrollzentrum

Im Kontrollzentrum in Colorado Springs laufen die Informationen von allen Satelliten zusammen. Ihre Navigationsdaten müssen überprüft werden. Falls notwendig, muß das Kontrollzentrum Korrekturdaten zusammenstellen, die wiederum Teil der Navigationsdaten werden und für jeden individuellen Satelliten zur Verfügung stehen. Auch die Bahnkorrektur ist bei den Satelliten der ersten und zweiten Generation eine wichtige Aufgabe des Kontrollzentrums. Erst bei den Block-II-R-Satelliten steht eine autonome Navigationsfunktion zur Verfügung. So lange allerdings Block II und Block-IIA-Satelliten einwandfrei funktionieren, besteht kein Grund, sie durch Block-IIR-Satelliten zu ersetzen.

In *Abb. 6.21* sind die wichtigsten Funktionen des Kontrollzentrums sowie seine Interaktionen mit den Monitorstationen und den Sendeeinrichtungen des Systems dargestellt.

Das Kontrollzentrum ist rund um die Uhr besetzt. In jeder Schicht sind Spezialisten vorhanden, zum Beispiel für die Kontrolle der Monitorstationen, für die Satellitentechnologie und für die Navigationsdaten. Dazu kommen mehrere Fachleute, die für die Übermittlung der Daten an die Satelliten des Systems verantwortlich sind. Sie alle unterstehen einem Offizier der US AIR FORCE.

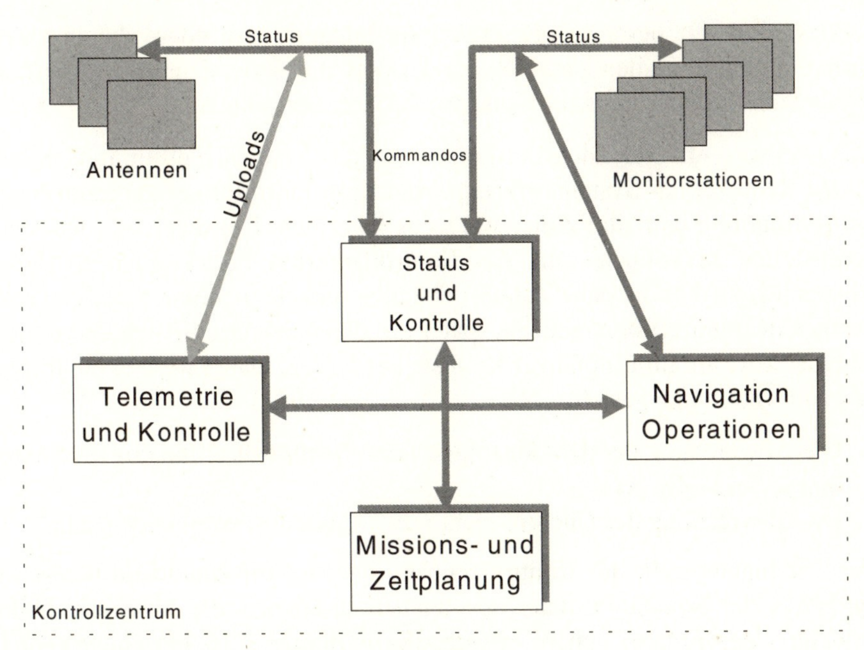

Abb. 6.21: Funktionen des Kontrollzentrums [37]

Im einzelnen kann man die folgenden Aufgaben des Kontrollzentrums identifizieren:

- Überwachung der Funktionen und Subsysteme jedes Satelliten
- Ausarbeiten und Senden von Kommandos an einzelne Satelliten
- Überwachung der Leistungsdaten
- Planung der Operationen
- Kontrolle der Monitorstationen und der Sendeantennen
- Konfigurationskontrolle der Systeme und Subsysteme jedes Satelliten
- Voraussagen zu der Bahn eines jeden Satelliten
- Wöchentliche Vorausschau
- Berichte über das System
- Genehmigung von Uploads

Wenn Daten zu einem Satelliten gesendet werden müssen, dann geschieht das über eine Sendestation. Die Frequenz liegt im S-Band des Frequenzspektrums. Es stehen drei Antennen zur Verfügung, die sich in Ascension, Diego Garcia und Kwajalein befinden. Diese drei Sendestationen reichen im Normalfall aus, um alle Nachrichten zu übermitteln.

Auf der Vandenberg Air Force Basis an der US-Westküste ist eine weitere

Sendestation mit beschränkter Funktionsfähigkeit vorhanden, die in einem Notfall aktiviert werden kann. Wegen der dort stattfindenden Raketenstarts ist dieser Standort allerdings für Funksprüche weniger geeignet.

Die zwei wesentlichen Dienstleistungen, die das Kontrollzentrum in Colorado für die Benutzer des Systems erbringt, sind Korrekturinformationen zur Positionsbestimmung und zum Zeitsignal jedes Satelliten. Um diese Informationen bereitstellen zu können, muß das Kontrollzentrum Projektionen zu diesen Abweichungen für die nahe Zukunft erstellen und sie in jedem Satelliten speichern. Der Benutzer bekommt sie später mit den Navigationsdaten übermittelt, und die Software im Empfänger kann sie auswerten. Dabei werden die folgenden Anforderungen gestellt:

- Die Abweichung bei der Genauigkeit der Positionsbestimmung darf maximal sechs Meter betragen.
- Die Abweichung der Uhr soll nicht größer als 97 Nanosekunden sein.

Darüber hinaus stellt das Kontrollzentrum gewisse Informationen bereit, um die Fehler der Navigationsdaten ausgleichen zu können, die das Signal in den Schichten der Erdatmosphäre erleidet. Kein Benutzer ist gezwungen, diese Korrekturen zu verwenden. Bei sehr hohen Anforderungen an die Genauigkeit der Positionsbestimmung kann im Empfänger Software vorhanden sein, um diese Korrekturen auf individueller Basis zu kalkulieren und in die Gleichungen einzuarbeiten. Für einen Großteil der Empfänger wird es allerdings genügen, eine pauschale Korrektur vorzunehmen. Dies trifft natürlich gerade bei sehr preiswerten Empfängern zu. In *Tabelle 6.8* sind diese Korrekturen und ihre typischen Größen aufgelistet.

Tabelle 6.8: Korrekturfaktoren [37]

Physikalische Größe	**Maximale Abweichung [Meter]**
Auswirkungen der speziellen Relativitätstheorie	$2,5 \times 10^{-10}$
Auswirkungen der generellen Relativitätstheorie	$7,0 \times 10^{-10}$
Ionosphäre	15
Troposphäre	2,4
Rotation der Erde während der Signallaufzeit	35

Mit der Errechnung der Korrekturen und ihrer Übermittlung zu den einzelnen Satelliten des Systems leistet das Kontrollzentrum einen Beitrag, um die Positionsbestimmung mit der größtmöglichen Genauigkeit durchführen zu können. Für den Großteil der Benutzer wird das genügen, weil im Bereich der zivilen

Nutzer eine Positionsbestimmung mit einer Abweichung von zwanzig oder dreißig Meter durchaus eine akzeptable Lösung des Problems darstellt. Wer mehr verlangt, der wird sich jeden möglichen Fehler bei der Positionsbestimmung ansehen müssen, ist also gezwungen, die dafür möglichen mathematischen Modelle zu betrachten, Gleichungen aufzustellen und Berechnungen auf individueller Basis durchzuführen.

6.11 Empfänger

Der Empfänger ist für den Benutzer des Systems natürlich der wichtigste Teil des Global Positioning System. Der Aufbau mag von den Anforderungen bestimmter Applikationen abhängen, aber in der Regel wird man die folgenden Bauteile finden: Antenne, Vorverstärker, Oszillator, Frequenz-Synthesizer, Konverter, Intermediate Frequency (IF) Sektion, Einheit zur Signalverarbeitung und ein handelsüblicher Mikroprozessor.

Den Aufbau eines solchen generischen Empfängers zeigt *Abb. 6.22.*

In der Regel wird die Berechnung der Position im Mikroprozessor des Geräts mittels Software durchgeführt. Es kann allerdings, zum Beispiel im Bereich der Landvermessung, auch vorkommen, daß der Empfänger lediglich zum Empfangen, Speichern, Umsetzen und Übertragen der Signale von GPS-Satelliten dient. Die eigentliche Auswertung und die rechenintensiven Operationen werden in diesem Fall auf einem leistungsfähigen Computer zu einem späteren Zeitpunkt durchgeführt.

Doch bleiben wir beim Regelfall. Die Signale der GPS-Satelliten in Reichweite des Empfängers werden über die Antenne aufgenommen. In manchen

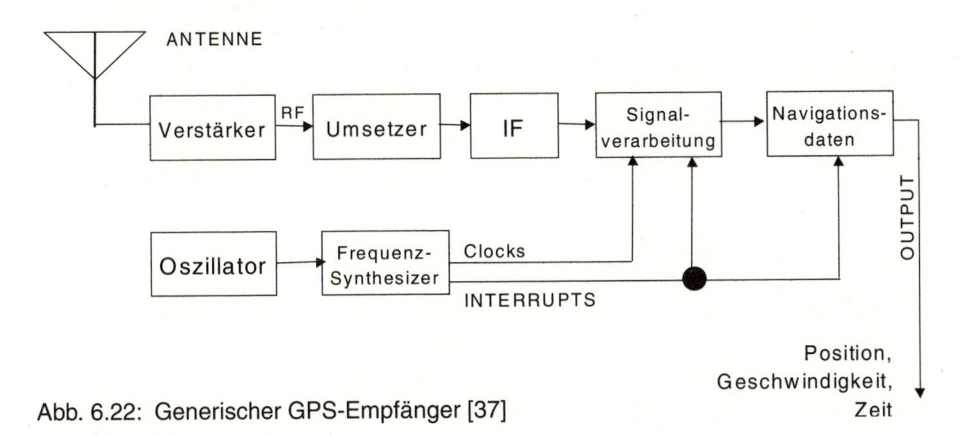

Abb. 6.22: Generischer GPS-Empfänger [37]

Fällen wird die Antenne bereits so ausgelegt sein, daß sie Multipath-Signale ausfiltern kann. Der Vorverstärker besteht aus einem Filter und einem Verstärker. Mit dem Oszillator wird das Zeitsignal des Empfängers erzeugt. Weil die Positionsberechnung beim GPS auf Laufzeiten beruht, ist das einer der wichtigsten Bauteile eines guten Empfängers. Eine der Frequenzen des Oszillators wird benutzt, um lokale Zwischenfrequenzen (IFs) zu erzeugen. Diese lassen sich in den nachfolgenden Schritten leichter verarbeiten.

Der Zweck der IF-Sektion liegt darin, Rauschen und Störfrequenzen herauszufiltern und die Amplitude des Signals für die nachfolgende Signalverarbeitung zu verbessern. Die Signalverarbeitung stellt den wesentlichen Schritt in einem Empfänger dar und wird heutzutage mit mächtigen digitalen Signalprozessoren durchgeführt. Hier sind die folgenden Funktionen zu nennen:

1. Die Signale verschiedener Satelliten so aufzubereiten und zu splitten, daß jedes DSP-Chip das Signal eines einzelnen Satelliten verarbeiten kann
2. Die Pseudorandom Noise Codes des Signals zu finden
3. Die Nachrichten der Satelliten zu finden
4. Verfolgung des Signals und seiner Codes
5. Demodulation des Signals
6. Finden bestimmter Messdaten im Signal (Range)
7. Den Zeitpunkt finden, zu dem das Signal im Satelliten erzeugt wurde

Die Empfänger des Global Positioning System haben im Laufe der Zeit eine Entwicklung genommen, die mit den Fortschritten im Bereich der Mikroelektronik parallel verläuft. Die ersten Empfänger basierten noch auf analoger Technik, waren schwer und unhandlich. Solche Einheiten findet man heute fast nur noch auf Schiffen. Dort spielt der Platzverbrauch keine ganz so große Rolle.

Die heute verwendeten Empfänger haben meist einen handelsüblichen Mikroprozessor und mehrere vorgeschaltete digitale Signalprozessoren, von denen jeder die Signale eines Satelliten verarbeitet. Der Preis des Geräts hängt dann oft davon ab, wie viele solcher DSPs der Empfänger besitzt. Grundsätzlich ist es bei den DSPs natürlich möglich, daß sie der Reihe nach seriell die Signale mehrerer Satelliten verarbeiten. Dieses Verfahren wirkt sich allerdings negativ auf den Zeitverbrauch für die Positionsbestimmung aus.

Abb. 6.23 zeigt das Blockschaltbild eines Empfängers im zivilen Bereich.

Kommen wir zu den Antennen. Hier sind in der Regel Antennen im Einsatz, die einen großen Bereich des Himmels abdecken. Man will schließlich so viele GPS-Satelliten empfangen wie möglich. Bei Flugzeugen sind sogenannte Patch-Antennen im Einsatz, die auf dem oberen Teil des Rumpfs angebracht

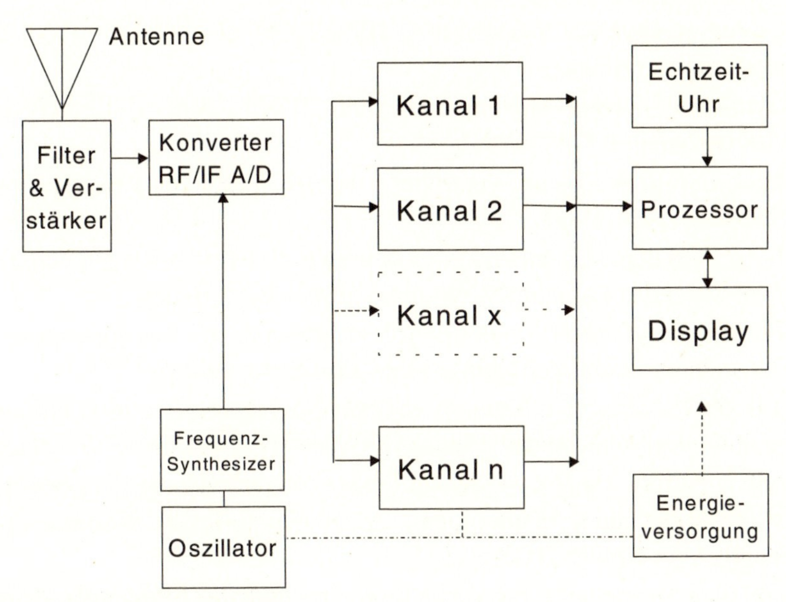

Abb. 6.23: GPS-Empfänger [35]

sind. Weil Flugzeuge in mehreren Kilometern Höhe fliegen, ist ein Empfang viel leichter als bei einem Gerät auf der Erdoberfläche. In dem Fall können hohe Gebäude oder Bäume dem Satellitensignal im Weg stehen und so den Empfang erschweren.

Bei Lastwagen nimmt man zum Teil *Choke-Ring-Antennen.* Sie bestehen aus mehreren konzentrischen Ringen und sollen den Empfang auch unter schwierigen Umständen ermöglichen. Wie bei der Antenne wird es beim gesamten Empfänger darauf ankommen, für welchen Zweck er dienen soll. Während bei Flugzeugen und im Freizeitbereich ein geringes Gewicht sehr wichtig sein wird, mag diese Forderung bei einem GPS-Empfänger für einen Frachter nicht im Vordergrund stehen. Allerdings könnte man bei einer solchen Anwendung fordern, daß Seewasser die Elektronik auf keinen Fall beeinträchtigen darf.

Generell sollten die folgenden Gesichtspunkte beim Entwurf eines GPS-Empfängers berücksichtigt werden:

1. Anforderungen bezüglich Schock und Vibration
2. Extreme Werte bei der Temperatur, der Luftfeuchtigkeit und dem Gehalt an Salzwasser
3. Anforderungen der Benutzer: Ziviler oder militärischer Einsatz?
4. Ein oder zwei Frequenzen, Fähigkeit zum Entschlüsseln von P(Y)-Code

5. Geschwindigkeit der Verarbeitung: Diese ist bei einer Rakete sicher höher als bei einem Öltanker
6. Beschleunigung des Fahrzeugs: Flugzeug, Rakete, Auto oder Frachtschiff?
7. Wird Differential GPS gefordert?
8. Müssen weitere Signale verarbeitet werden, etwa GLONASS oder das INMARSAT-Overlay?
9. Müssen auf dem Weg zu einem bestimmten Ziel die Positionen von dazwischen liegenden Punkten (Waypoints) gespeichert werden?
10. Muß der Empfänger in einem Umfeld arbeiten, in dem mit Störsendern oder anderen Beeinträchtigungen des Signals zu rechnen ist?
11. Falls der Empfänger mit einem anderen Navigationssystem kommunizieren und/oder Daten austauschen soll: Existiert ein geeignetes Interface?
12. Welche Anforderungen werden an Displays oder Bildschirme gestellt?
13. Ist die Umwandlung in eine lokale Zeitzone oder lokale Koordinaten notwendig, oder genügt WGS-84?
14. Steht eine Stromquelle zur Verfügung, oder muß der Empfänger als mobiles Gerät ausgelegt werden?
15. Welcher Platz steht zur Verfügung?
16. Wie viele GPS-Satelliten soll der Empfänger gleichzeitig erfassen können?
17. Wird Multiplexing angestrebt?
18. Wie hoch ist der angestrebte Verkaufspreis?

Alle diese Fragen müssen beim Entwurf für einen GPS-Empfänger bedacht werden. Unter Umständen sind manche Forderungen sogar widersprüchlich, und es muß ein Kompromiss zwischen ihnen gefunden werden.

Zur Zeit gibt es bestimmt über fünfzig Produzenten von GPS-Empfängern und über zweihundert verschiedene Ausführungen. Manche davon sind vollständig in andere Geräte integriert, zum Beispiel in einem Flugzeug. Andere Empfänger kann man in der Form von Leiterplatten im Europakartenformat erwerben, und man muß Komponenten wie die Antenne allerdings extra dazu kaufen.

Wenden wir uns nun dem Format der Daten zu, die mit den Signalen jedes GPS-Satelliten übertragen werden. Die Daten werden aus dem Signal durch Demodulation extrahiert. *Abb. 6.24* zeigt, wie diese Daten formatiert sind.

Bevor das Signal eines Satelliten ausgewertet und verarbeitet werden kann, muß der Empfänger einen Weg finden, um aus der Folge von Nullen und Einsen Sinn zu machen. Er muß also an einer bestimmten Stelle ansetzen und ab diesem Punkt den Bitstrom in definierter Weise interpretieren.

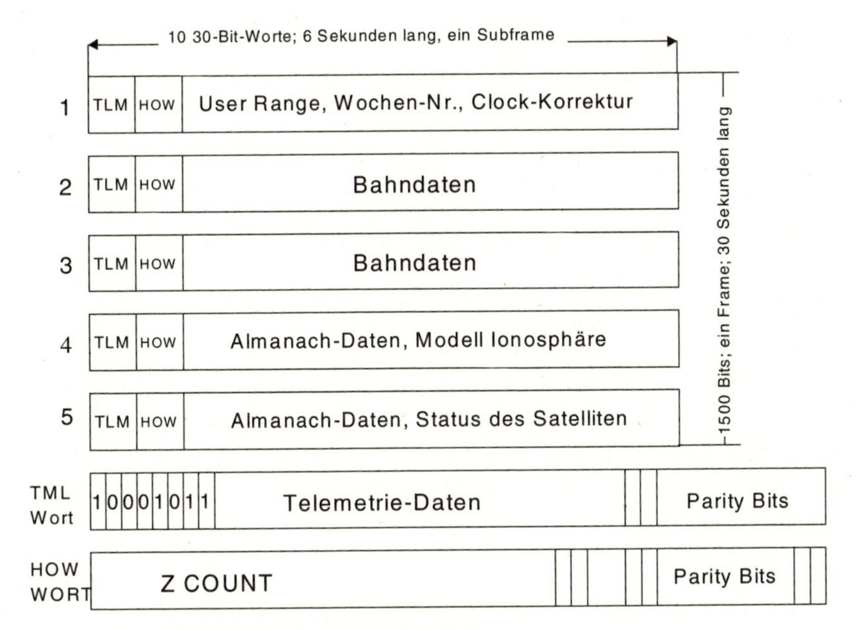

Abb. 6.24: Datenformat von GPS-Signalen [37]

Um dies zu ermöglichen, gibt es das TLM-Wort. Es besteht aus der Bitfolge 10001011, kann allerdings auch aus den jeweils invertierten Bits bestehen, also aus dem Bitstrom 01110100. Damit sich der Empfänger mit dem Datenstrom synchronisieren kann, läuft immer das folgende Verfahren ab:

1. Es wird nach der Bitfolge 10001011 oder dem invertierten Wert davon gesucht.
2. Falls diese Bitfolge gefunden wurde, wird überprüft, ob sie am Anfang eines Daten-Frames steht. Dazu werden die folgenden 22 Bits gelesen und auf Parität geprüft. Falls keine Parität festgestellt werden kann, handelte es sich nicht um das TLM-Wort.
3. Wenn Parität festgestellt wurde, kann es sich trotzdem um ein Wort im hinteren Teil der Nachricht handeln. Deswegen wird überprüft, ob nach dem TLM-Wort das HOW-Wort folgt.
4. Wenn diese Prüfungen bestanden wurden, handelt es sich mit hoher Wahrscheinlichkeit um den Beginn eines Daten-Frames. Wurde die Prüfung nicht bestanden, wird der Suchprozess erneut gestartet.
5. Falls ein richtiges HOW-Wort erkannt wurde, wird mit der Demodulation des Daten-Frames begonnen. Das nächste TLM-Wort wird jedoch nochmals überprüft, bevor die gewonnenen Daten endgültig als richtig akzeptiert werden.

Wir sehen also, daß ein GPS-Empfänger rechenintensiv ist. Es bedarf einer gewissen Rechnerleistung, um sich auf bestimmte Stellen im Signal zu synchronisieren, die Daten durch Demodulation zu gewinnen und in geeigneter Form auszuwerten.

6.12 Positionsbestimmung mittels GPS

Ähnlich wie beim Auto kann sich der Benutzer natürlich auch beim Global Positioning System auf den Standpunkt stellen, daß ihn der technische Hintergrund, die Support-Funktion des Kontrollsegments und die Zahl der Satelliten gar nicht interessieren, sondern allein der Nutzen, den er als Kunde des Systems daraus ziehen kann. In diesem Fall wird der Nutzer vor allem wissen wollen, wie er aus den Signalen der GPS-Satelliten die eigene Position berechnen kann.

Ein Benutzer auf der Erdoberfläche wird in erster Linie wissen wollen, wo er sich gerade befindet. Diese nicht gerade seltene Situation kann man wie in *Abbildung 6-25* darstellen.

Für die obige Grafik benutzen wir das Earth-Centered, Earth-Fixed Koordinatensystem. Dann können wir für die Position des Benutzers, bezogen auf den Ursprung dieses Koordinatensystems, den Vektor *u* definieren. Der Vektor *s* ergibt sich aus der Position des GPS-Satelliten, während der Vektor *r* die Strecke zwischen Benutzer auf der Erdoberfläche und dem Satelliten im

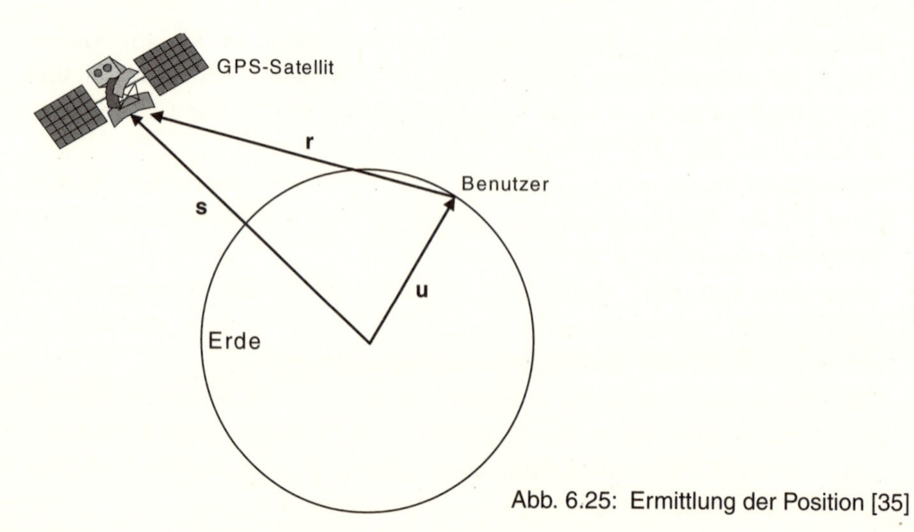

Abb. 6.25: Ermittlung der Position [35]

Erdorbit zu einem bestimmten Zeitpunkt darstellt. Gesucht wird die Position des Benutzers, die durch die Koordinaten x_u, y_u und z_u festgelegt wird.

Die Höhe der Satellitenbahn und der Radius der Erde sind bekannt. Damit läßt sich die Entfernung Benutzer-Satellit mit der folgenden Gleichung berechnen:

$$r = s - u \qquad [6.5]$$

Die gesuchte Entfernung kann aus der Signallaufzeit eines GPS-Satelliten abgeleitet werden. Das dazu verwendete Verfahren haben wir bereits kennengelernt. Die Entfernung r bestimmt sich letztlich aus dem Unterschied der Zeit, zu der das Signal am Satelliten erzeugt wurde, und der Ankunftszeit beim Empfänger. Da sich Funkwellen mit Lichtgeschwindigkeit ausbreiten, wird diese Konstante in die Gleichung eingehen. Wir können für die Entfernung r also die nachfolgende grundlegende Gleichung formulieren:

$$r = (T_u - T_s)\, c = c\, \Delta t \qquad [6.6]$$

wobei

r Entfernung Satellit-Benutzer
T_u Ankunftszeit des Signals am Standort des Benutzers
T_s Zeitpunkt, zu dem das Signal im Satellit erzeugt wurde
c Lichtgeschwindigkeit
Δt Differenz der Zeiten $T_u - T_s$

Damit kann die Position grundsätzlich bestimmt werden. In der Praxis tauchen allerdings ein paar kleine Hindernisse auf. Man spricht deshalb nicht von *Range r*, sondern von *Pseudorange*. Dieser Ausdruck weist darauf hin, daß die zunächst berechnete Position mit gewissen Unsicherheiten behaftet ist, daß es sich also nicht um eine absolut genaue Positionsbestimmung handeln kann.

Zu den Unsicherheiten zählt zum einen die Uhrzeit im Empfänger. Wir müssen davon ausgehen, daß die Uhr im Empfänger mit der Systemuhr, wie sie im Kontrollzentrum in Colorado Springs vorhanden ist, nicht synchron laufen wird. Auch die Atomuhr im Satelliten, so genau sie sein mag, wird mit der Zeit von der Systemzeit abweichen und der Korrektur bedürfen. Deswegen wird eine *Pseudorange* definiert, die durch drei Komponenten bestimmt ist:

- Die geometrische Entfernung zwischen Benutzer und Satellit
- Eine Abweichung, die sich aus dem Unterschied zwischen Systemzeit und der Zeit beim Benutzer ergibt
- Eine Abweichung, die sich aus der Abweichung der Atomuhr an Bord des Satelliten von der Systemzeit ergibt

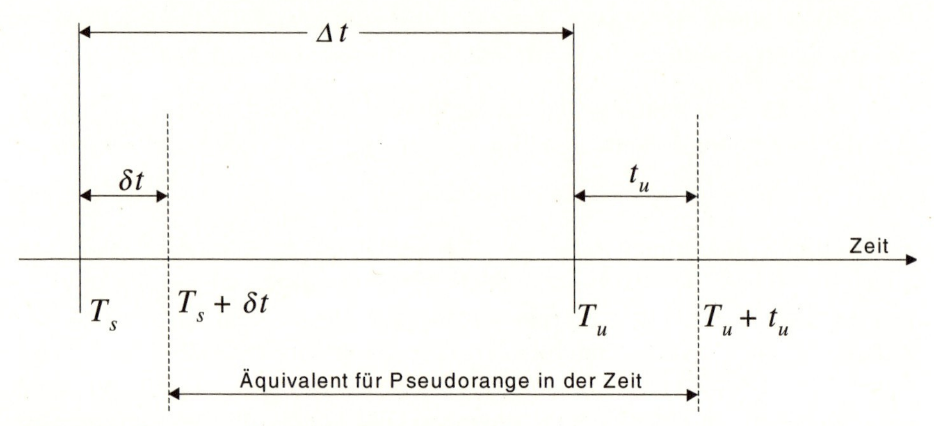

Abb. 6.26: Zeiten zur Entfernungsmessung [35]

Wenn wir diesen Gedanken fortführen und in mathematischer Notation formulieren, dann ergibt sich die folgende Gleichung:

$$\begin{aligned} p &= c\,[(T_u + t_u) - (T_s + \delta t)] \\ &= c\,(T_u - T_s) + c\,(t_u - \delta t) \\ &= r + c\,(t_u - \delta t) \end{aligned} \qquad [6.7]$$

Damit läßt sich die vorher aufgestellte Gleichung 6.7 auch anders formulieren:

$$p - c\,(t_u - \delta t) = ||\mathbf{s} - \mathbf{u}|| \qquad [6.8]$$

Wenn wir uns die Gleichungen mittels einer Grafik anschaulich machen wollen, dann ergibt sich *Abb. 6.26*.

Die Abweichung der Atomuhr von der Systemzeit ist zwar real vorhanden, wird jedoch durch Korrekturdaten festgehalten, die im Kontrollzentrum berechnet, erzeugt und jedem Satelliten des Global Positioning System in periodischen Abständen übermittelt werden. Diese Informationen sind auch in den Daten vorhanden, die der Empfänger erhält. Deswegen können wir davon ausgehen, daß die Abweichung δt keine Unbekannte ist, sondern ein bekannter Wert.

Wenn wir von diesen Voraussetzungen ausgehen, können wir Gleichung 6.8 wie folgt vereinfachen:

$$p - (c\ t_u) = ||\mathbf{s} - \mathbf{u}|| \qquad [6.9]$$

In der Praxis wird es zur Positionsbestimmung natürlich nicht genügen, nur einen Satelliten zu betrachten. Wir stellen die Gleichung 6.9 deshalb etwas um und betrachten den Satelliten *j*. Dann stellt sich die Gleichung so dar:

$$p_j = ||\mathbf{s_j} - \mathbf{u}|| + (c\ t_u) \qquad [6.10]$$

Der Zähler läuft j läuft von eins bis vier, wenn es darum geht, die Position des Benutzers in drei Dimensionen berechnen zu wollen. Wenn wir bereits wissen, daß sich der Benutzer in einer bestimmten Höhe befindet, wie das zum Beispiel bei Schiffen auf hoher See der Fall ist, dann würde sich das Gleichungssystem vereinfachen. Doch bleiben wir zunächst beim allgemeinen Fall. Es lassen sich die folgenden vier Gleichungen formulieren:

$$p_1 = \sqrt{(x_1 - x_u)^2 + (y_1 - y_u)^2 + (z_1 - z_u)^2} + (c\ t_u) \quad [6.11]$$

$$p_2 = \sqrt{(x_2 - x_u)^2 + (y_2 - y_u)^2 + (z_2 - z_u)^2} + (c\ t_u) \quad [6.12]$$

$$p_3 = \sqrt{(x_3 - x_u)^2 + (y_3 - y_u)^2 + (z_3 - z_u)^2} + (c\ t_u) \quad [6.13]$$

$$p_4 = \sqrt{(x_4 - x_u)^2 + (y_4 - y_u)^2 + (z_4 - z_u)^2} + (c\ t_u) \quad [6.14]$$

Dabei stellen die drei Größen x_j, y_j und z_i die Position eines GPS-Satelliten dar. Die vier nicht linearen Gleichungen 6.11, 6.12, 6.13 und 6.14 können in verschiedener Weise gelöst werden:

- Durch ein rechenintensives iteratives Verfahren
- Durch Anwendung eines Kalman-Filters.

Wenn man das zuerst genannte Verfahren vorzieht, also mit Iterationen arbeiten will, schätzt man zunächst die eigene Position und verwendet dafür die vier Größen x_u', y_u', z_u' und t_u'. Damit kommt man letztlich zu vier Gleichungen, mit denen die Entfernung zum j-ten Satelliten in der Form einer Pseudorange ermittelt werden kann. Diese Gleichungen lauten wie folgt:

$$\Delta pj = \alpha_{xj}\,\Delta x_u + \alpha_{xj}\,\Delta y_u + \alpha_{xj}\,\Delta z_u - c\,\Delta t_u \quad [6.15]$$

wobei j: *1 .. 4* und

$$\alpha_{xj} = \frac{x_j - x_u'}{r_j'} \quad [6.16]$$

$$\alpha_{yj} = \frac{y_j - y_u'}{r_j'} \quad [6.17]$$

$$\alpha_{zj} = \frac{z_j - z_u'}{r_j'} \quad [6.18]$$

und

$$r_j' = \sqrt{(x_j - x_u')^2 + (y_j - y_u')^2 + (z_j - z_u')^2} \quad [6.19]$$

Das oben genannte Gleichungssystem läßt sich mit Hilfe von Matrizen lösen. Damit ist die Position des Benutzers mit den vier Größen x_u, y_u, z_u, sowie der Abweichung der Uhr des Benutzers t_u, bekannt. Wenn die Schätzung der ungefähren Position des Benutzers vorliegt, läßt sich das beschriebene iterative Verfahren ohne Probleme durchführen.

Die Lösung der Gleichungen vereinfacht sich, wenn Messungen von mehr als vier Satelliten vorliegen. Während vier Satelliten unbedingt erforderlich sind, um eine Positionsbestimmung in drei Ebenen durchzuführen, stellt diese Konstellation nicht den Normalfall dar. In der Regel sind für den Benutzer viel mehr Satelliten in Sichtweite. Wir wollen deshalb das Problem etwas anders darstellen.

Für die Pseudorange gilt wieder:

$$p = c\,(t_R - t_T) \qquad [6.20]$$

wobei

p Pseudorange
c Lichtgeschwindigkeit: 299 792 458 m/s
t_R Zeitpunkt, zu dem das Signal beim Empfänger ankommt
t_T Zeitpunkt, zu dem das Signal beim Satelliten gesendet wurde

Für den i-ten Satelliten kann diese Gleichung wie folgt umgestellt werden:

$$p_i = |r_i - r_u| + c\,b_u + \varepsilon_{pi} \qquad [6.21]$$

wobei

r_i Satellitenposition zu der Zeit, an der das Signal gesendet wird
r_u Position des Empfängers zu der Zeit, an der das Signal empfangen wird
b_u Abweichung der Uhr im Empfänger von der wahren Zeit
ε_{pi} Summe aller Fehler durch die Atmosphäre und andere Abweichungen

Gesucht sind in dieser Gleichung die Position r_u sowie das Glied $c\,b_u$. Um den Wert dieser Größen ermitteln zu können, müssen wie erneut unsere gegenwärtige Position schätzen. Wir stellen dazu die folgende Gleichung auf:

$$p_i' = |r_i - r_u'| + c\,b_u' + \varepsilon_{pi}' \qquad [6.22]$$

Der verbleibende Fehler Δp, also die Differenz zwischen dem vorhergesagten und dem tatsächlichen Wert, kann durch eine Taylor-Reihe mit dem verbleibenden Fehler verknüpft werden. Damit ergibt sich die folgende Gleichung:

$$\Delta p_i = p_i' - p_i \left[-1_i^{T} \; ' \; 1 \right] \begin{bmatrix} \Delta r \\ c \quad \Delta b \end{bmatrix} + \Delta \varepsilon_{pi} \qquad [6.23]$$

wobei

$$l_i' \equiv \frac{r_i - r_u'}{\left| r_i - r_u' \right|}$$

$$\Delta r \equiv r_u' - r_u$$

$$\Delta b \equiv b_u' - b_u$$

$$\Delta \varepsilon_{pi} \equiv \varepsilon_{pi}' - \varepsilon_{pi}$$

Die Größe l_i' stellte dabei die geschätzte Entfernung zwischen dem *i*-ten Satelliten und dem Empfänger *(Line of sight)* dar. Der Ausdruck ε_{pi} stellt den verbleibenden Fehler dar, nachdem alle bekannten Fehlerquellen in der Rechnung berücksichtigt wurden. Dabei verändert sich dieser Fehler mit der Zeit nur sehr wenig. Die größte Komponente stellt in der Praxis oft die Verfälschung des Signals bei eingeschalteter S/A-Funktion dar. Für handelsübliche GPS-Empfänger kann man in vielen Fällen [37] für ε_{pi} von drei Metern beim Signal für zivile Benutzer und rund dreißig Zentimeter für militärische Nutzer ausgehen.

Für die Positionsbestimmung kann man für jeden Satelliten die verwendete Gleichung so darstellen:

$$\Delta p = G \, \Delta x + \Delta \varepsilon_p \qquad [6.24]$$

Dabei stellt jedes der Glieder dieser Gleichung eine Matrize dar, die für *n* Messungen gelöst werden muß. Das Glied G bezeichnet man als die Geometrie-Matrize, während $\Delta \varepsilon_p$ wieder den Restfehler darstellt. Auf diesen Ausdruck kann man die Methode der kleinsten Quadrate anwenden, um die Positionsbestimmung durch ein iteratives Verfahren zu verbessern. Lassen Sie mich das Verfahren an einem Beispiel demonstrieren. Der Beobachter soll sich dabei auf der Oberfläche der Erde auf Null Grad Breite und Null Grad geographischer Länge befinden. Die Abweichung der Uhr des Empfängers, verglichen mit der Systemzeit, soll sich in einem Fehler von 85 491,5 Meter auswirken. Im WGS-84-Koordinatensystem mit den Koordinaten *x, y* und *z* läßt sich die Position des Benutzers dann wie folgt darstellen:

$$x = [6378137{,}0\text{m} \quad 0{,}0\text{m} \quad 0{,}0\text{m} \quad 85000{,}0\text{m}]^T$$

Zu der Zeit T sollen sieben Satelliten für den Empfänger sichtbar sein. Man nimmt dabei an, daß alle Satelliten mit einem Winkel von 10 Grad über dem

Horizont für den Beobachter sichtbar sind. Zunächst wird die eigene Position wie folgt geschätzt:

$x' = [6377000{,}0\text{m} \;\; 3000{,}0\text{m} \;\; 4000{,}0\text{m} \;\; 0{,}0\text{m}]^T$

Damit lassen sich für jeden Satelliten die folgenden Daten errechnen (siehe *Tabelle 6.9*).

Tabelle 6.9: Positionsdaten [37]

Satellit	Position x [m]	Position y [m]	Position z [m]
SV 01	22808160,9	-12005866,6	-6609526,5
SV 02	21141179,5	-2355056,3	-15985716,1
SV 08	20438959,3	-4238967,1	16502090,2
SV 14	18432296,2	-18613382,5	-4672400,8
SV 17	21772117,8	13773269,7	6656636,4
SV 23	15561523,9	3469098,6	-21303596,2
SV 24	13773316,6	15929331,4	-16266254,4

Für die kalkulierten Entfernungen (*Pseudorange p* und Line-of-Sight-Vektor) ergeben sich die folgenden Werte:

Tabelle 6.10: Berechnete Werte [37]

Satellit	Pseudorange [m]	Line-of-Sight X	Line-of-Sight Y	Line-of-Sight Z
SV 01	21399408,0	0,767832	-0,561178	-0,309052
SV 02	21890921,6	0,674443	-0,107718	-0,730427
SV 08	22088910,4	0,636607	-0,192041	0,746895
SV 14	22,666464,0	0,531856	-0,821318	-0,206314
SV 17	21699934,6	0,709454	0,634576	0,306574
SV 23	23460242,4	0,391493	0,147744	-0,908243
SV 24	23938978,9	0,308965	0,665289	-0,679655

Mit diesen Werten kann man die G-Matrize für die Positionsbestimmung aufstellen und die Kalkulation durchführen. Die Lösung der Gleichungen ergibt zunächst:

$\Delta x = [-1131{,}8 \;\; 2996{,}8 \;\; 3993{,}1 \;\; -84999{,}4]^T$

Subtrahiert man diese Zahlen von den zunächst geschätzten Positionsdaten, dann ergibt sich eine bessere Schätzung:

$x' = [6378131{,}8 \; 3{,}2 \; 6{,}9 \; 84996{,}4]^T$

Diese neue Schätzung ist besser als der alte Wert, enthält aber noch Fehler. Wir führen deshalb erneut eine Berechnung mit der verbesserten Schätzung als Grundlage durch. Damit ergibt sich:

$\Delta x = [0{,}3 \;\; -0{,}1 \;\; -0{,}2 \;\; 0{,}6]^T$ und

$x' = [6378131{,}5 \;\; 3{,}3 \;\; 7{,}1 \;\; 84995{,}8]^T$

Die letzte Schätzung ist schlechter als die vorhergehende. Daraus können wir schließen, daß es keinen Sinn macht, die Berechnungen weiter voranzutreiben. Der Fehler in der Positionsbestimmung ergibt sich zuletzt mit:

$\Delta x = [-5{,}5 \;\; 3{,}2 \;\; 7{,}1 \;\; -4{,}2]^T$

Mit den vorangegangenen Berechnungen kann erneut die Entfernungen zu jedem Satelliten, dessen Signale für die Positionsbestimmung herangezogen wurden, kalkuliert werden (siehe *Tabelle 6.11*).

Tabelle 6.11: Pseudorange [37]

Satellit	**Pseudorange [m]**
SV 01	21480623,2
SV 02	21971919,2
SV 08	22175603,9
SV 14	22747561,5
SV 17	21787252,3
SV 23	23541613,4
SV 24	24022907,4

Man kann nun noch die berechneten Ergebnisse mit den zunächst gemachten Annahmen zu der Fehlerrate vergleichen. Dann ergeben sich die Zahlen in *Tabelle 6.12*.

Tabelle 6.12: Abweichungen [37]

Komponente	**Geschätzter Wert**	**Erwarteter Fehler [m]**	**Tatsächlicher Fehler [m]**
Position X	3,0	18,0	-5,5
Position Y	0,8	4,8	3,2
Position Z	0,8	4,8	7,1
Abweichung durch Uhr	1,9	11,4	-4,2
Gesamtfehler	3,7	22,2	10,4

Weil die Genauigkeit der Positionsbestimmung nicht zuletzt davon abhängen wird, wie viele Satelliten zu einem bestimmten Zeitpunkt in Sicht sind und empfangen werden können, stellt sich natürlich auch die Frage nach deren Verfügbarkeit und Zuverlässigkeit.

6.12.1 Verfügbarkeit von Satellitensignalen

Das Global Positioning System wurde daraufhin optimiert, daß der Ausfall *eines* Satelliten verkraftet werden kann. Weiterhin war es ein Ziel der Entwicklung, daß sich ein Ausfall in den mittleren Breiten unseres Planeten weniger stark auswirken sollte als in den Polarregionen.

Man kann die Verfügbarkeit der Signale der GPS-Satelliten simulieren. Man kann allerdings – da das System sich jetzt in der Operationsphase befindet – natürlich auch messen. Befinden sich alle Satelliten auf ihren Bahnen und sind funktionsfähig, so kann man für einen Ort wie Boston, der auf der Position 42,35 Grad Nord, 71,08 Grad West liegt, mit einer hundertprozentigen Verfügbarkeit des Systems rechnen. Beim Ausfall eines Satelliten sinkt die Verfügbarkeit auf 99,969 Prozent. Die maximale Ausfallzeit für den Benutzer beträgt dabei eine Viertelstunde. In *Abb. 6.27* sind die Verhältnisse bei voller Verfügbarkeit des Systems dargestellt.

In der obigen Abbildung sind sogar 25 Satelliten berücksichtigt, weil zum Zeitpunkt der Messung einer der Prototypen noch funktionsfähig war. Dabei wurde so gemessen, daß nur Signale von Satelliten berücksichtigt wurden, die mindestens fünf Grad über dem Horizont standen. Das ist bei Beobachtern und Fahrzeugen auf dem Land eine vernünftige Annahme. Bei Flugzeugen stellen sich die Verhältnisse in der Regel günstiger dar.

Falls zwei Satelliten ausfallen sollten, kann sich das dahin auswirken, daß sich in bestimmten Regionen für 25 Minuten keine Position errechnen läßt. Der Großteil der Ausfälle des Systems dauert allerdings nicht länger als zehn Minuten. Damit kann man eine Systemverfügbarkeit von 99,903 Prozent errechnen.

Wenn drei Satelliten ausfallen sollten, sinkt die Verfügbarkeit des Satellitensystems auf 99,197 Prozent. Die Zahl der Auszeiten steigt dramatisch an, und einzelne Ausfälle können bis zu 65 Minuten andauern, also länger als eine Stunde. Diese Verhältnisse sind in *Abb. 6.28* dargestellt. Allerdings liegt dieser Grafik kein aktueller Ausfall zu Grunde. Vielmehr wurden drei ausgewählte Satelliten, nämlich die mit der Nummer 16, 25 und 26, rein rechnerisch entfernt. Damit ergibt sich das folgende Bild.

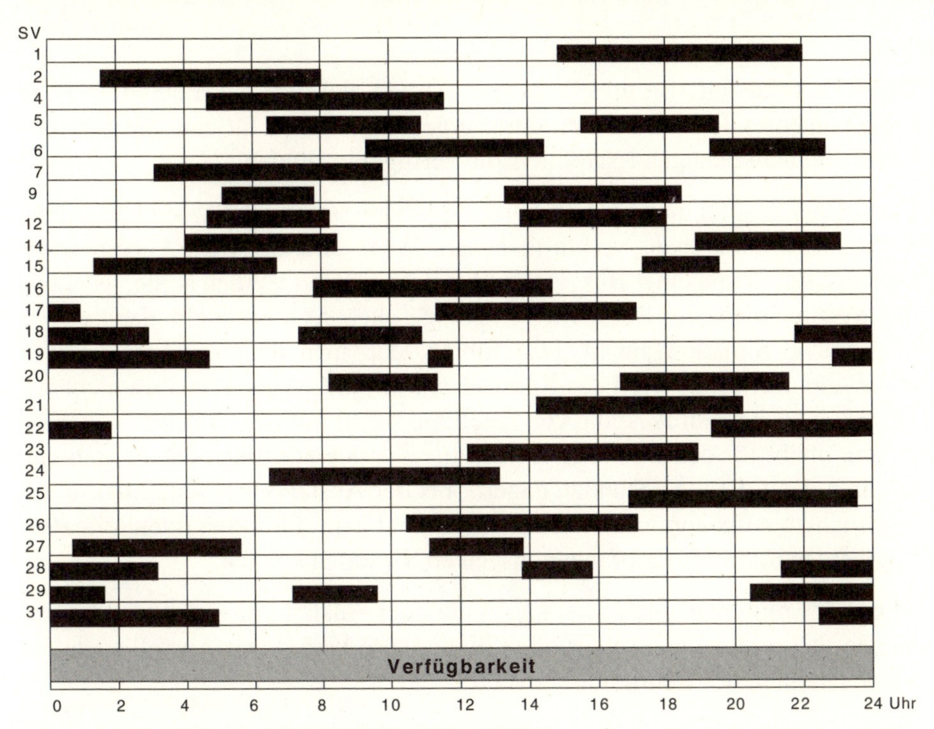

Abb. 6.27: Verfügbarkeit der GPS-Satelliten [35]

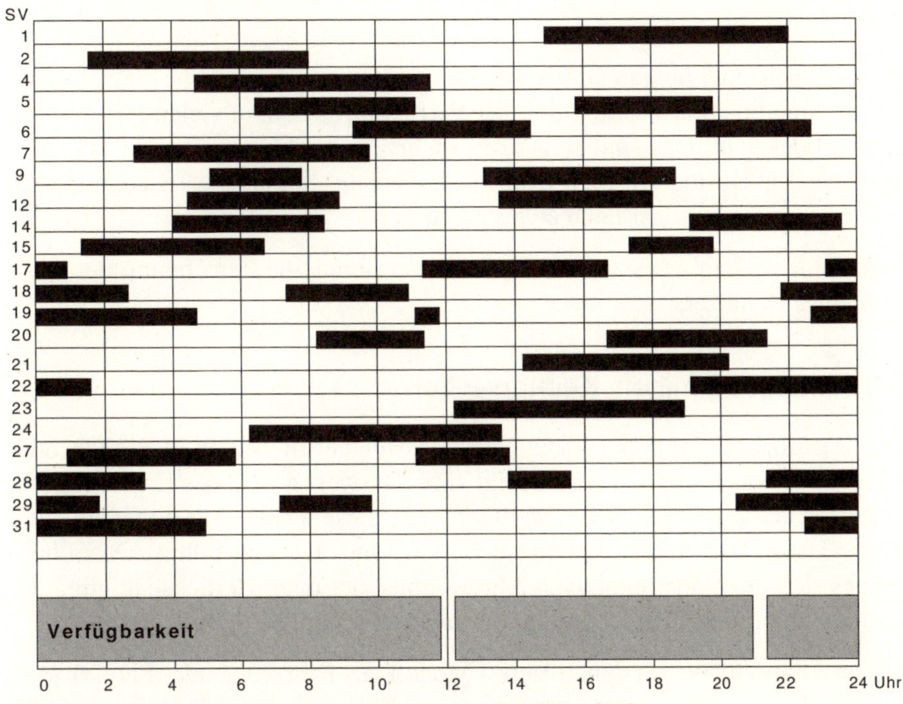

Abb. 6.28: Verfügbarkeit beim Ausfall von drei Satelliten [35]

Durch den Ausfall von drei Satelliten würden sich für den Standort Boston innerhalb eines Tages zwei Zeiträume ergeben, in denen für eine Positionsberechnung nicht genügend Satelliten zur Verfügung stünden.

Ein solcher Ausfall mag für bestimmte Applikationen, etwa für den Freizeitkapitän auf See, durchaus verkraftbar sein. Wenn allerdings das Global Positioning System von einer Busgesellschaft dazu genutzt werden sollte, jederzeit die Position aller ihrer Busse im Verkehrsgeschehen zu ermitteln, dann würde eine solche Situation gewiß dazu führen, daß man über ein Ersatzsystem *(Back-up)* nachdenkt. Weil das Kontrollzentrum in Colorado Springs nicht die Fähigkeit besitzt, auf Ausfälle von Satelliten sofort mit einer Nachricht zu reagieren, bleibt für den Benutzer einfach der Service aus, ohne daß er sich das erklären kann. Es mag Stunden dauern, bis der Ausfall eines Satelliten in die Nachrichten aufgenommen wird, die im Signal jedes GPS-Satelliten mitgeliefert werden und vom Empfänger ausgewertet werden können.

Allerdings muß man auch dazu sagen, daß der Ausfall von drei Satelliten im obigen Fall rein rechnerisch erfolgte. Es lag also kein echter Ausfall auch nur eines Satelliten der Konfiguration vor.

Sehen wir uns nun an, wie sich die Zahl der sichtbaren Satelliten für 42,35 Grad Nord und 71,08 Grad West, also wieder Boston in Massachussetts, darstellt (siehe *Abb. 6.29*).

Man kann aus der obigen Grafik ablesen, daß immer mindestens sechs Satelliten für eine Positionsbestimmung zur Verfügung stehen, in vielen Fällen sogar sieben oder acht. Das sind stets zwei mehr als das Minimum. Weil die *Abb. 6.29* nur für Boston wirklich exakt gilt, sind die Verhältnisse an Standorten näher am Äquator sogar noch etwas günstiger.

Kommen wir nun zu einem alternativen Verfahren zur Berechnung der Position eines Benutzers.

6.12.2 Lösung mittels Kalman-Filter

Die Positionsbestimmung erfolgt mit Messungen, die durch Rauschen oder eine Reihe von Fehlern beeinträchtigt sind. Deswegen wird das Ergebnis nicht fehlerfrei sein können. Eine Methode, um diese Fehler auszumerzen oder zumindest zu verringern, besteht im Einsatz eines Kalman-Filters. Dabei handelt es sich um einen rekursiven Algorithmus, der unter Berücksichtigung der vorher aufgeführten Fehlerquellen optimierte Ergebnisse liefert.

Dieser Filter enthält ein dynamisches Modell des Fahrzeugs oder Flugkörpers,

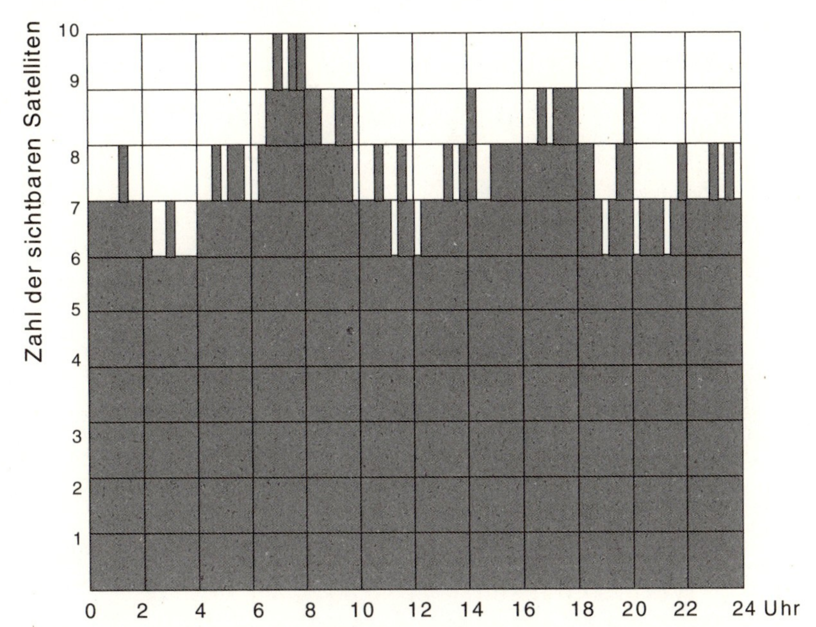

Abb. 6.29: Sichtbarkeit von GPS-Satelliten [35]

auf das der GPS-Empfänger ausgelegt ist. Für dieses Modell kann man eine Taylor-Reihe zu Grunde legen. Wenn $u(t_0)$ die wahre Position des Empfängers zum Zeitpunkt t_0 darstellt, dann wird sich die Position des Empfängers kurz darauf zur Zeit t mit der folgenden Gleichung beschreiben lassen:

$$u(t) = u(t_0) + \frac{d_u(t)}{dt}\bigg|_{t=t0} + \frac{1}{2!}\;\frac{du^2(t)}{dt^2}\bigg|_{t=t0} (t - t_0)^2 \ldots \qquad [6.25]$$

wobei

$$v = \frac{d_u(t)}{dt}\bigg|_{t=t0} \text{ Geschwindigkeit} \qquad [6.26]$$

$$a = \frac{1}{2!}\;\frac{du^2(t)}{dt^2}\bigg|_{t=t0} \text{ Beschleunigung} \qquad [6.27]$$

Das hier nicht gezeigte dritte Glied in der Taylor-Reihe vernachlässigt man in der Regel. *Abb. 6.30* zeigt den iterativen Prozess beim Einsatz eines Kalman-Filters mit einem Flussdiagramm.

Beim Einsatz eines Kalman-Filters werden typischerweise acht Größen geschätzt: Die Position des Benutzers mit den Koordinaten x_u, y_u und z_u, die Geschwindigkeit des Fahrzeugs mit den drei Parametern x_u', y_u' und z_u', sowie

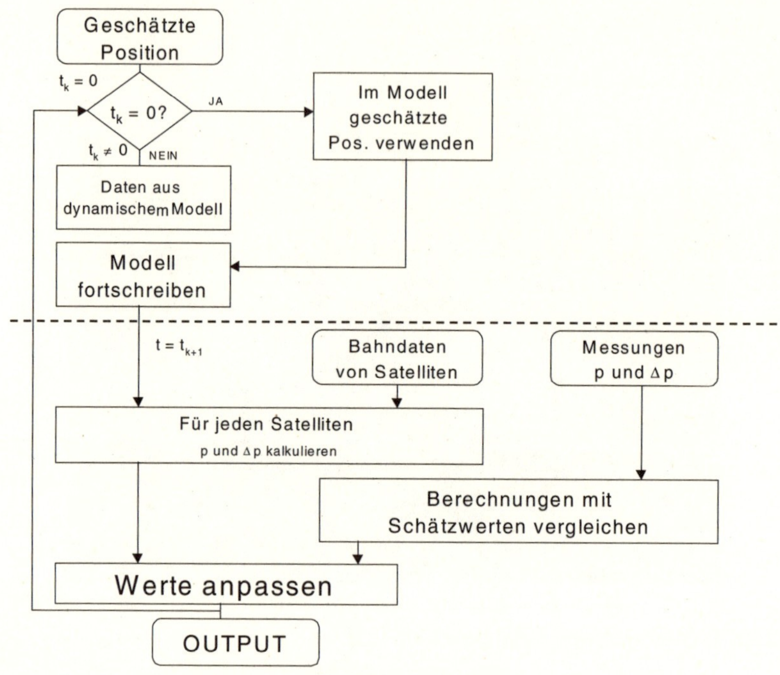

Abb. 6.30: Positionsbestimmung mit Kalman-Filter [35]

die beiden Zeiten t_u und t_u'. Der Filter wird zunächst mit Schätzwerten versorgt. Diese befinden sich bei den gängigen GPS-Geräten mit Kalman-Filter in einem nichtflüchtigen Speicher und stellen die Ergebnisse vorhergehender Positionsbestimmungen dar.

Die zwei Hauptvorteile eines Kalman-Filters liegen darin, daß ein solches Gerät auch mit einem nicht vollständigen Satz von Messungen arbeiten kann. Weiterhin können bestimmte Parameter so angepasst werden, daß das Rauschen von Signalen bei den Berechnungen mit eingeht. Durch den Kalman-Filter werden so lange unvollkommene Messwerte verarbeitet, bis das Signal eines oder mehrerer weiterer Satelliten verfolgt und in die Berechnungen einbezogen werden kann.

Aus diesen Gründen kann ein Empfänger mit einem Kalman-Filter für bestimmte Applikationen oder Situationen durchaus vorteilhaft sein. Denken wir zum Beispiel an ein Flugzeug, das plötzlich abrupt die Richtung ändert. Oder an ein Fahrzeug im dichten Unterholz eines tropischen Regenwalds. Beide Fälle bieten nicht gerade ideale Empfangsbedingungen, und ein Kalman-Filter kann diese ungünstigen Bedingungen durch das Setzen von Parametern zum Teil ausgleichen.

6.12.3 Fehlerquellen

Die Fehler beim Global Positioning System beeinflussen alle die Genauigkeit der Positionsbestimmung in der ein oder anderen Weise. Für manche Applikationen mag es durchaus genügen, diese Fehler in summarischer Weise durch Korrekturen in den von GPS-Satelliten stammenden Daten zu berücksichtigen. Bei anderen Anwendungen wird diese Methode nicht zu befriedigenden Ergebnissen führen, weil individuelle Verhältnisse nicht berücksichtigt werden können.

Die Fehlerquellen sind auch nicht konstant. So weist zum Beispiel die Ionosphäre über den Tagesverlauf beträchtliche Schwankungen auf, verursacht durch mehr oder minder starke Einstrahlung der Sonne. Andere Fehler sind von Menschen verursacht, also zum Beispiel die Funktion *Selective Availability*. Wie werden uns fragen müssen, wie wir bei der Notwendigkeit einer präzisen Positionsbestimmung mit diesen Fehlern des Systems umgehen wollen.

6.12.3.1 Die Ionosphäre

Der Fehler in der Positionsberechnung, der durch den Durchgang eines GPS-Signals durch die Schichten der Ionosphäre verursacht wird, kann in weiten Bereichen schwanken: Von wenigen Metern bis zu zwanzig oder dreißig Metern bei großer Aktivität der Sonne. Die Ionosphäre läßt sich, im Gegensatz zur Troposphäre, schwer in ein mathematisches Modell fassen. Zum Glück ist die Ionosphäre insofern berechenbar, als bei zwei Frequenzen die Abweichung durch diese Schicht unserer Atmosphäre berechnet werden kann. Empfänger, die für den Empfang sowohl der L1- als auch der L2-Frequenz ausgerüstet sind, können sich diese Eigenschaft zu Nutze machen.

Die Ionosphäre leitet ihren Namen von elektrisch leitenden Teilchen ab, den Ionen. Verursacht wird dieses Phänomen durch die ionisierenden ultravioletten Strahlen der Sonne. Physikalisch gesehen stellt die Ionosphäre ein schwach ionisiertes Plasma oder Gas dar. Als man diese Schicht der Atmosphäre entdeckte, wurden sie zunächst mit den Buchstaben E und F bezeichnet. E steht dabei für *elektrisch*, und F für *Feld*. Man stellte sich vor, daß die Elektronendichte nicht gleichmäßig sei und damit bestimmte Regionen unterschieden werden könnten. Heute verwendet man die Bezeichnungen D, E, F1 und F2 zur Unterscheidung verschiedener Regionen.

Die unterschiedlichen Schichten der Ionosphäre entstehen dadurch, daß Strahlung verschiedener Länge unterschiedlich tief eindringen kann. Die härtere Strahlung, vor allem Röntgenstrahlen, dringt tief ein, während UV-Strahlung bereits in größeren Höhen gestoppt wird.

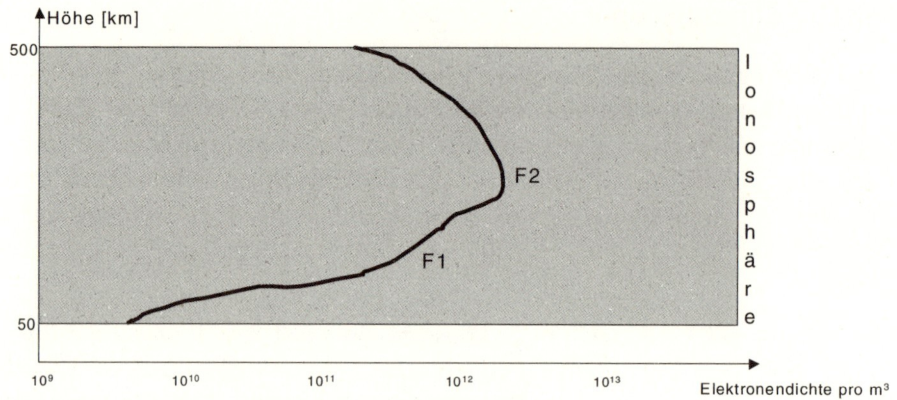

Abb. 6.31: Elektronendichte in der Ionosphäre [37]

Über einer Höhe von etwa 180 Kilometern existieren viele freie Elektronen, und diese Teilchen folgen den Kräften des Magnetismus. Ihre Lage verändert sich also in nicht direkt vorherzusagender Weise. Die Ionen sind zum einen Sauerstoffatome, zum anderen handelt es sich um Wasserstoffgas. *Abb. 6.31* zeigt die Elektronendichte in Abhängigkeit von der Höhe.

Der Parameter, der beim Global Positioning System den größten Einfluss auf die Präzision der Positionsbestimmung hat, ist die Elektronendichte. Man bezeichnet sie mit *Total Electronic Content* (TEC). Die TEC hängt von vielen Einflußgrößen ab: Der Tageszeit, der Position des Benutzers, dem Winkel, mit dem das Signal den Empfänger erreicht, der Jahreszeit, der Aktivität der Sonne und dem Einfluß des irdischen Magnetfelds.

In erster Annäherung können wir die Verlängerung der Strecke durch Streuung des Signals in der Ionosphäre mit der folgenden Gleichung beschreiben:

$$\Delta S_{iono,p} = \frac{40{,}3\ TEC}{f^2} \qquad [6.28]$$

wobei

$\Delta S_{iono,p}$ Fehler durch Streuung des Signals in der Ionosphäre
TEC Elektronendichte in Elektronen pro Quadratmeter
f Frequenz

Die obige Gleichung gilt dann, wenn der Satellit direkt über dem Beobachter auf der Erde steht. Weil diese Konstellation nur selten auftreten wird, das Signal des Satelliten als einen längeren Weg durch die Schichten der Ionosphäre wird zurücklegen müssen, sind Korrekturen angebracht. Man berücksichtigt dazu einen Korrekturfaktor, der wie folgt definiert ist:

$$F_{pp} = \left[1 - \left(\frac{R_e \cos\phi}{R_e + h_I}\right)^2\right]^{-\frac{1}{2}} \qquad [6.29]$$

wobei

F_{pp} Korrekturfaktor
R_e Radius der Erde
ϕ Winkel zwischen dem Signal eines GPS-Satelliten und der Erdoberfläche
h_I Abstand zwischen der Erdoberfläche und der maßgeblichen Schicht der Ionosphäre

Für die Größe h_I setzt man dazu in der Regel 400 Kilometer an. Unter Berücksichtigung des Korrekturfaktors stellt sich Gleichung 2.27 nun wie folgt dar:

$$\Delta S_{iono,p} = -F_{pp}\ \frac{40{,}3\ TEC}{f^2} \qquad [6.30]$$

Da die Verzögerung durch die Ionosphäre von der Frequenz des Signals abhängt, kann der Fehler mit einem Empfänger, der die zwei Frequenzen L1 und L2 empfangen kann, praktisch eliminiert werden. Wenn man für beide Frequenzen die Pseudorange berechnet, kann die Verzögerung in der Ionosphäre für beide Frequenzen berechnet werden. Für die Frequenz L1 gilt:

$$\Delta S_{iono,corr,L1} = \frac{L2^2}{L2^2 - L1^2}\ (p_{L1} - p_{L2}) \qquad [6.31]$$

wobei

$\Delta S_{iono,corr,L1}$ Korrekturfaktor
$L1, L2$ GPS-Frequenzen
p_{L1}, p_{L2} Pseudoranges

Die Differenz der Entfernungen beim Signal auf der Frequenz L2 kann berücksichtigt werden, indem mit dem folgenden Faktor multipliziert wird.

$$\Delta S_{iono,corr,L2} = \left(\frac{f_1}{f_2}\right)^2 = (77\ /\ 60)^2 \qquad [6.32]$$

Wer einen Empfänger besitzt, mit dem das Signal für den militärischen Bereich des Global Positioning System empfangen und ausgewertet werden kann, tut sich also leichter. Da die jeweiligen Verhältnisse in das Modell eingehen, wird die Berechnung der Position mit weit größerer Genauigkeit erfolgen können.

Für den Rest der Benutzer müssen Annahmen getroffen werden. Dafür kommt das sogenannte Klobuchar-Modell [35] zum Einsatz. Bei diesem Modell wird pauschal fünfzig Prozent der Verzögerung durch die Ionosphäre in mittleren Breiten angesetzt. Das Kontrollzentrum in Colorado Springs arbeitet mit diesem Modell und stellt entsprechende Korrekturfaktoren in den Daten bereit, die mit jedem Signal bei den Benutzern ankommen.

Wie groß sind nun die Verzögerungen, die durch die Ionosphäre eintreten können? Steht der Satellit direkt über dem Empfänger, kann man mit 10 Nanosekunden in der Nacht und 50 Nanosekunden am Tag rechnen. Das rechnet sich in eine Verschlechterung der Positionsbestimmung von drei bzw. 15 Meter um. Wenn das Signal des Satelliten in einem Winkel von Null bis zehn Grad auf den Empfänger trifft, kann die Verzögerung 30 Nanosekunden in der Nacht und bis zu 150 Nanosekunden am Tag betragen. Damit würden sich Abweichungen in der Positionsbestimmung von neun bis 45 Metern ergeben.

6.12.3.2 Die Troposphäre

Die Troposphäre ist eine Schicht des Planeten Erde, die sich in einer Höhe von zehn bis zwölf Kilometern und im Winter in einer Höhe von acht bis zwölf Kilometern über der Erdoberfläche erstreckt. Der Fehler in der Positionsbestimmung beim Global Positioning System durch die Beeinträchtigung des Signals wirkt sich in einem Bereich von zwei bis fünfundzwanzig Metern aus.

Zur genauen Berechnung des Fehlers [37] existieren eine Reihe mathematischer Modelle, die alle recht komplex sind und einen erheblichen Rechenaufwand erfordern. Eines der eher einfachen und überschaubaren Modelle besteht darin, die Troposphäre in einen nassen und trockenen Teil aufzuspalten. Die trockene Komponente bezieht sich dabei auf trockene Luft. Sie ist für neunzig Prozent des Fehlers verantwortlich und kann relativ gut beschrieben werden. Die nasse Komponente bezieht sich auf Wasserdampf in der unteren Schicht der Troposphäre und ist schwer vorherzusagen. Der nasse Teil der Troposphäre reicht dabei in eine Höhe von etwa zehn Kilometern, während sich der trockene Teil bis in eine Höhe von ungefähr vierzig Kilometer ausdehnt.

In *Abb. 6.32* sind diese Verhältnisse dargestellt.

Wenn man dieses Modell wählt, kann man daraus eine Gleichung für die Berechnung der Verzögerung des Signals beim Durchgang durch diesen Teil der Atmosphäre ableiten. Diese Gleichung stellt sich folgendermaßen dar:

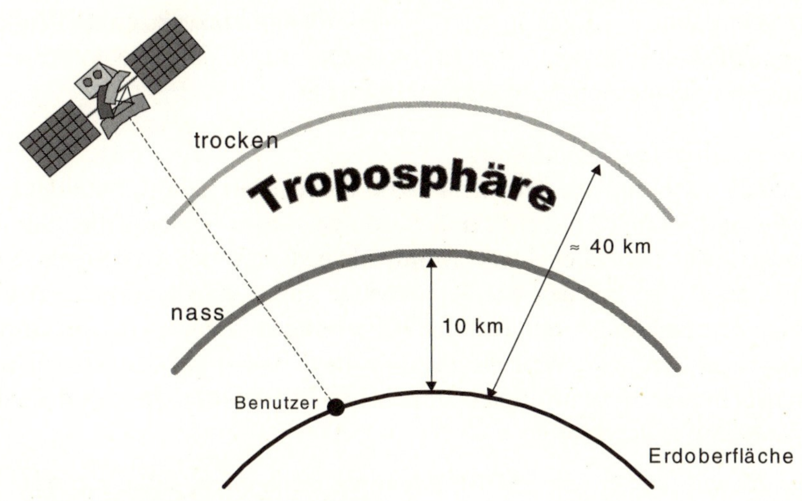

Abb. 6.32: Troposphäre und GPS [35]

$$\Delta S_{tropo,k} = \frac{10^{-6}\ N_{k,0}}{(r_k - r_0)^4} \int_{r0}^{rk} \frac{r(r_k - r_0)^4}{\sqrt{r^2 - r_0^2\ \sin^2\ E}}\, dr \qquad [6.33]$$

wobei

$$r_k = \sqrt{(R_E + h_k)^2 - r_0^2\ \cos^2 E} \quad - \mathrm{r_0 \sin E}$$

$$r_0 = \mathrm{R_E + h}$$

und

$\Delta S_{tropo,k}$ Verzögerung in der Troposphäre
k Index für die nasse oder trockene Komponente
h Höhe der Troposphäre
R_E Radius der Erde
E Winkel zwischen dem Satellitensignal und der Erdoberfläche
$N_{k,0}$ Komponente für Streuung in nasser bzw. trockener Troposphäre
r_k Höchste Ausdehnung der Troposphäre
r_0 niedrigste Schicht der Troposphäre
r Radius der Troposphäre
dr Geozentrische Distanz

Die obige Gleichung kann für verschiedene Bedingungen ausgewertet werden. Weil es schwierig ist, den nassen Teil der Abweichungen in der Troposphäre zu modellieren, geht die Forschung in diesem Bereich weiter. Ein praktischer

Ansatz geht dahin, ein Radiometer für Wasserdampf einzusetzen und entlang des Signalpfads zu messen. Dies ist zwar eine praktikable Methode, sie ist allerdings für die meisten Anwendungen zu teuer.

6.12.3.3 Multipath und Shadowing

Während die Iono- und die Troposphäre für die meisten Benutzer auf der Erde weit weg sind, stellen Multipath und Shadowing zwei Fehlerquellen dar, die sich jeder leicht vorstellen kann. Multipath bedeutet, daß das Signal eines Satelliten an glatten Flächen wie den Wänden von Gebäuden reflektiert wird und daher den Empfänger mit geringer Verspätung als ein weiteres, im Grunde falsches, Signal erreicht. Weil die Positionsberechnung auf der Ankunftszeit des Signals beruht, führt Multipath zu falschen Ergebnissen. In *Abb. 6.33* sind diese Verhältnisse dargestellt.

Um die Auswirkungen von Streustrahlung zu bekämpfen, sollte die Antenne des Empfängers so angebracht werden, daß sie sich auf dem höchsten Punkt eines Fahrzeugs befindet. Ein weiterer Ansatzpunkt zur Verbesserung der Situation stellen sogenannte Choke-Ring-Antennen dar. Sie bestehen aus mehreren konzentrischen Ringen. In den letzten Jahren werden auch verstärkt Empfänger angeboten, die aus dem Einfallswinkel eines Signals auf seine Güte schließen, also reflektierte Signale aussortieren können. Eine vollständig befriedigende Lösung ist allerdings bisher noch nicht gefunden worden.

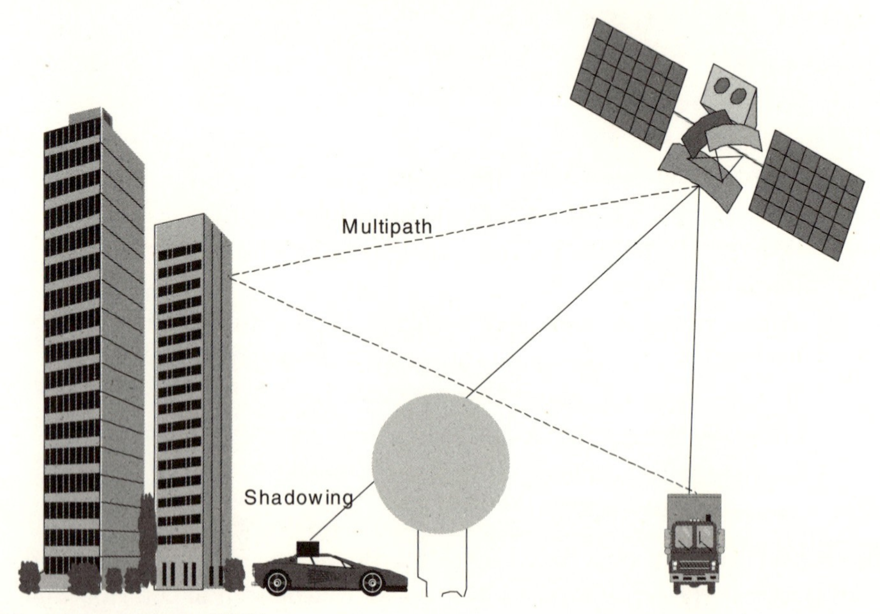

Abb. 6.33: Multipath-Effekt

Shadowing bedeutet, daß das Signal von einem Baum oder Strauch verschluckt wird, der sich zwischen Empfänger und Satellit befindet. Dagegen gibt es im Grunde kein Rezept. Wer Glück hat, der kann den Ausfall des Signals von einem Satelliten verschmerzen, und der Empfänger kommt mit den verbleibenden Satelliten trotzdem zu einer befriedigenden Positionsbestimmung. Ansonsten hilft wohl nur ein Ortswechsel.

Für den Effekt von Multipath hat man mit Choke-Ring-Antennen , die an optimal passenden Stellen von Fahrzeugen montiert waren, Abweichungen von 50 Zentimetern bis zu zwei Metern gemessen. Andererseits wurden in dicht bebauten innerstädtischen Bereichen mit dreißigstöckigen Hochhäusern im Extremfall auch Abweichungen von bis zu hundert Metern festgestellt. Dieser Wert gilt für den C/A-Code. Bei Verwendung des P-Code wird ein Wert von acht Metern genannt.

6.12.3.4 Clock Error

Obwohl die Atomuhren an Bord der GPS-Satelliten zu den besten Uhren zählen, die je entwickelt wurden, so kann ihre absolute Übereinstimmung mit der Systemzeit, wie sie im Kontrollzentrum in Colorado Springs errechnet wird, nicht garantiert werden. In der Praxis wird jede der vierundzwanzig Uhren an Bord eines Satelliten mit der Zeit eine geringe Differenz zur Systemzeit aufweisen.

Man rechnet mit Abweichungen δt von etwa einer Millisekunde für die Atomuhren der GPS- Satelliten. Ein Fehler dieser Größenordnung würde sich bei der Pseudorange mit 300 Kilometern auswirken. In Bezug auf die Positionsbestimmung wirkte er sich dann mit einem Betrag von drei Metern aus.

Die Kontrollstation in Colorado Springs berechnet Korrekturen für die Uhr jedes Satelliten und übermittelt diese an die Satelliten im Erdorbit. Diese Korrekturen sind Teil der Navigationsdaten, die jedem Empfänger mit dem Signal eines Satelliten übermittelt werden. Der Empfänger setzt diese Daten nach der folgenden Gleichung um:

$$\delta t = a_{f0} + a_{f1}\,(t - t_{0C}) + a_{f2}\,(t - t_{0C})^2 + \Delta t_r \qquad [6.34]$$

wobei

a_{f0} Abweichung der Atomuhr in [s]

a_{f1} Clock Drift [s/s]

a_{f2} Frequenz-Drift [s/s^2]

t_{0C} Zeitreferenz [s]

t Gegenwärtiges Zeitintervall (Epoche) des Satelliten

Δt_r Korrektur für Effekte der Relativitätstheorie

Mit der oben angegebenen Gleichung und den Korrekturdaten des Kontrollzentrums kann der Clock Error relativ gut in den Griff bekommen und damit ausgeglichen werden.

6.12.3.5 Andere Effekte

Eine andere Fehlerquelle stellt die Voraussage zu der Bahn des Satelliten zu dem Zeitpunkt dar, zu dem ein Signal abgeschickt wird, das ein Beobachter auf der Erde in seinem GPS-Empfänger auswerten will. Das Kontrollzentrum macht zwar Voraussagen zu der Bahn jedes Satelliten, jedoch können diese Daten einen Restfehler enthalten.

Der Fehler wirkt sich so aus, daß sich der Satellit zum Zeitpunkt t auf einer geringfügig anderen Position im Erdorbit befindet, als dies das Kontrollzentrum berechnet hat. Dieser Fehler liegt effektiv für die Pseudorange bei 4,2 Metern.

Weiterhin sind die Auswirkungen der Relativitätstheorie zu berücksichtigen. Dies geschieht dadurch, daß die Signalfrequenz im Satelliten, die nominal bei 10,23 MHz liegt, noch vor dem Start leicht verändert wird. Sie wird auf 10,22999999545 MHz festgelegt. Damit muß sich der Benutzer mit dieser Korrektur nicht weiter befassen.

Einen dritten Effekt sollte der Benutzer des Systems allerdings einbeziehen. Er ergibt sich aus der Exzentrität der Satellitenbahn und berücksichtigt die Gravitation und die Geschwindigkeit eines Satelliten an unterschiedlichen Punkten seines Orbits. Die Korrektur läßt sich mit der folgenden Gleichung darstellen:

$$\Delta t_r = F\, e\, \sqrt{A}\ \ \sin E_k \qquad [6.35]$$

wobei

F -4,442807633 x 10^{-10} s/m
e Exzentrität der Satellitenbahn
A Halbe Länge der großen Bahnachse des Orbits des Satelliten
E_k Exzentrische Anomalie des Satellitenorbits

Kommen wir damit zu einer letzten Korrektur, dem sogenannten Sagnac-Effekt. Die Erde steht schließlich in dem Zeitintervall, in dem das Signal vom Sender zum Empfänger gedangt, nicht still, sondern dreht sich weiter um ihre Achse. Dies ist in *Abb. 6.34* dargestellt.

Wenn ein Empfänger in einer Rakete montiert wäre oder sich in einem sehr schnell fliegenden Flugzeug befände, das mit Mach 2,5 in östlicher Richtung

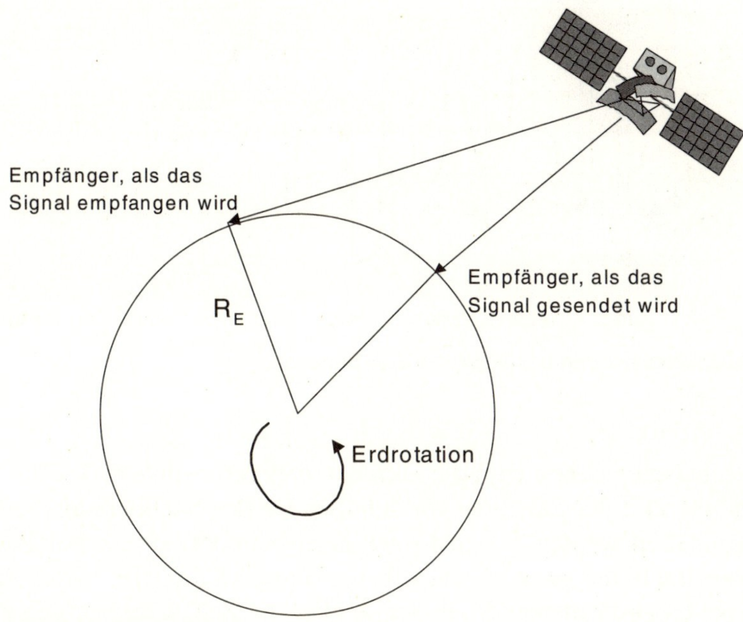

Abb. 6.34: Sagnac-Effekt [35]

fliegt, dann würde sich die Geschwindigkeit des Flugkörpers zu der Erdrotation addieren und eine kombinierte Geschwindigkeit von 1,365 m/s ergeben. Daraus würde im schlimmsten Fall ein Fehler in der Positionsberechnung von 2,7 Metern resultieren.

Während man bei stationären Empfängern den Sagnac-Effekt oft vernachlässigen kann, muß diese Abweichung bei Applikationen in der Luft- und Raumfahrt berücksichtigt werden.

6.12.3.6 Selective Availability

Der größte Fehler bei der Positionsbestimmung mittels GPS stammt nicht aus natürlichen Ursachen, sondert wird vom Menschen verursacht: Selective Availability. Diese Funktion, sofern sie denn eingeschaltet ist, kann durchaus zu Fehlern in der Größenordnung von dreißig oder vierzig Metern führen.

Häufige Benutzer des Global Positioning System erfahren von Aktionen der US-Streitkräfte, oftmals gegen Terroristen, meist schon Stunden im voraus. Es wird dann nämlich die S/A-Funktion des Systems aktiviert, und das führt auch bei ortsfesten Empfängern dazu, daß die Positionsbestimmung im Laufe der Zeit zu unterschiedlichen Ergebnissen führt. Das ist ein klares Zeichen für die Anwesenheit von S/A.

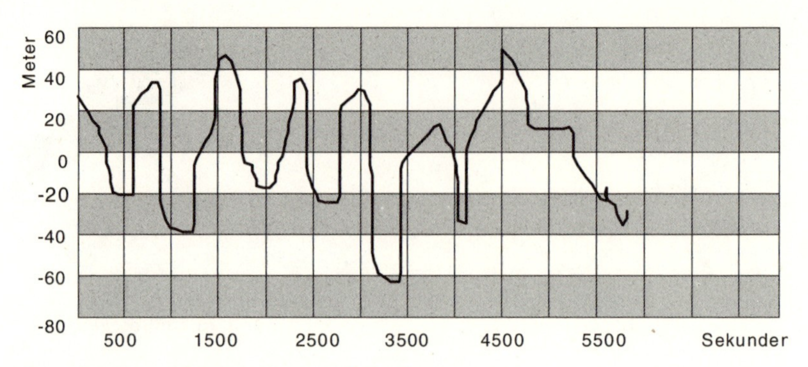

Abb. 6.35: Abweichung bei aktivierter S/A-Funktion

Rein technisch gesehen wird die Funktion dadurch realisiert, daß die Bahndaten und die Zeit des Satelliten vor dem Senden der Nachricht an die Empfänger manipuliert werden. Für den Empfänger befindet sich der Satellit folglich auf einer Bahn, die gar nicht zutrifft. Verfolgt man die errechneten Positionsdaten bei eingeschalteter S/A-Funktion über die Zeit, so ergibt sich zum Beispiel eine Grafik wie in *Abb. 6.35.*

Obwohl die S/A-Funktion unangenehm sein mag, hat sie doch in unseren Tagen nur noch eine sehr begrenzte Wirksamkeit. Zum einen kann man mit Differential GPS (DGPS) ihre Wirkung vollkommen negieren, zum anderen läßt sich mit einem stationären Empfänger leicht ermitteln, wann S/A wirklich aktiv ist. Das US-Verteidigungsministerium hat inzwischen zugestimmt, die S/A-Funktion nur noch für einen begrenzten Zeitraum zu nutzen.

6.12.4 Genauigkeit der Positionsbestimmung

Nach der Diskussion aller möglichen Fehler und Abweichungen, selbst solch minimaler Effekte wie der Auswirkungen der Relativitätstheorie, wird es nun Zeit zu fragen, wie sich denn diese Fehler im praktischen Betrieb auf die Präzision der Positionsbestimmung mittels des Global Positioning System auswirken können. Wir betrachten dazu die Werte in *Tabelle 6.13.*

Die Summe der Fehler ergeben addiert nicht den Wert in der letzten Zeile, weil einzelne Fehler mit unterschiedlichen Vorzeichen eingehen und sich daher teilweise aufheben. Während bei eingeschalteter S/A-Funktion mit einem Fehler im Bereich von dreißig bis vierzig Metern zu rechnen ist, reduziert er sich bei nicht-aktivierter S/A-Funktion auf unter zehn Meter.

Tabelle 6.13: Fehler der Positionsbestimmung im zivilen Bereich [35]

Segment	Fehlerquelle	Mit S/A [m]	Ohne S/A [m]
Erdorbit	Atomuhr des Satelliten	3,0	3,0
	Bahnabweichungen	1,0	1,0
	Selective Availability	32,3	
	Sonstige, z. B. Strahlung	0,5	0,5
Kontrolle	Fehler bei der Bahnvoraussage	4,2	4,2
	Sonstige, z. B. Steuerdüsen	0,9	0,9
Benutzer	Ionosphäre	5,0	5,0
	Troposphäre	1,5	1,5
	Unzulänglichkeiten des Empfängers	1,5	1,5
	Multipath	2,5	2,5
	Sonstige	0,5	0,5
	Summe	33,3	8,0

Zu geringfügig anderen Werten kommen Parkinson und Spilker [37]. Dabei sollte man bedenken, daß manche mathematischen Modelle zu bestimmten Annahmen zwingen und das Global Positioning System ein fliegendes Versuchslabor darstellt, das ständig in Bewegung ist. Parkinsons Ergebnisse zeigt *Tabelle 6.14*.

Tabelle 6.14: Fehlermodell [37]

Fehlerquelle	Abweichung [m]
Bahndaten	2,1
Atomuhr des Satelliten	2,1
Ionosphäre	4,0
Troposphäre	0,7
Multipath	1,4
Fehler im Empfänger	0,5
Abweichung in horizontaler Richtung	12,8
Abweichung in vertikaler Richtung	10,2

Die Werte in Tabelle 6-14 gelten für die Positionsermittlung bei nicht-aktivierter S/A-Funktion. Nimmt man S/A hinzu, kommt Parkinson zu einer horizontalen Abweichung von 51,4 und einer vertikalen Abweichung von 41,1 Metern.

Damit dürfte das Global Positioning System für viele Anwendungen der Praxis bereits in der Standardausführung hinreichend genau sein. Fragen wir uns nun, wie präzise die Positionsbestimmung mit dem P-Code gelingen kann. Ergebnisse dazu finden sich in *Tabelle 6.15*.

Tabelle 6.15: Fehler bei militärischer Nutzung [35]

Segment	Fehlerquelle	Fehler [m]
Erdorbit	Atomuhr des Satelliten	3,0
	Bahnabweichungen	1,0
	Sonstige, z. B. Strahlung	0,5
Kontrolle	Fehler bei der Bahnvoraussage	4,2
	Sonstige, z. B. Steuerdüsen	0,9
Benutzer	Ionosphäre	2,3
	Troposphäre	2,0
	Unzulänglichkeiten des Empfängers	1,5
	Multipath	1,2
	Sonstige	0,5
	Summe	6,6

Parkinson [37] nennt für die militärischen GPS-Empfänger eine horizontale Abweichung von 2,5 Metern und eine vertikale Abweichung von zwei Metern.

Wenn man die gewollte Verschlechterung des Signals durch die S/A-Funktion außer Acht läßt, dann stellt die Ionosphäre den größten Faktor bei den Fehlern dar. Dieser Fehler liegt bei etwa vier Metern. Für Empfänger, die den P-Code auswerten können, reduziert sich diese Fehlerquelle auf rund einen Meter.

Was noch hinzu kommen kann, sind ungünstige Empfangsverhältnisse beim Empfänger. Diese können sich aus Häuserschluchten in Städten, dicht bewaldetem Gelände sowie engen Tälern oder Schluchten ergeben. Wenn mehr Satelliten sichtbar sind und diese nicht allzu nah beieinander stehen, dann verbessert sich in der Regel auch die Genauigkeit der Positionsbestimmung. Wenn die S/A-Funktion nicht aktiviert ist, sollte man bei einem modernen GPS-Empfänger mit mehreren Kanälen heutzutage mit einer Präzision rechnen können, die nicht mehr als zehn Meter in der Horizontale und 13 Meter in der Vertikalen vom wahren Wert abweicht. Das ist für ein Gerät, das inzwischen für unter tausend Mark zu haben ist, eine durchaus beachtliche Leistung.

6.13 Differential GPS

Das Konzept von Differential GPS ist schnell erklärt. Es existiert eine Referenzstation, deren Position genau vermessen wurde und daher bekannt ist. Weil diese Station sich für das System darstellt wie ein weiterer Satellit oder Pseudosatellit, spricht man auch von *Pseudolite*.

Diese Referenzstation empfängt die Signale der GPS-Satelliten wie jeder andere Benutzer. Weil aber die eigene Position bekannt ist, kann die Abweichung von der wahren Position leicht ermittelt werden. Diese Daten werden dann anderen Benutzern zur Verfügung gestellt, damit diese ihre eigene Position ebenfalls korrigieren können.

Aus dem Konzept ergibt sich, daß DGPS natürlich nur für einen begrenzten Raum eingesetzt werden kann. Typisch für Local Differential GPS (LDGPS) sind Entfernungen bis zu 150 Kilometer um den Referenzpunkt. In *Abb. 6.36* ist das Konzept von DGPS grafisch dargestellt.

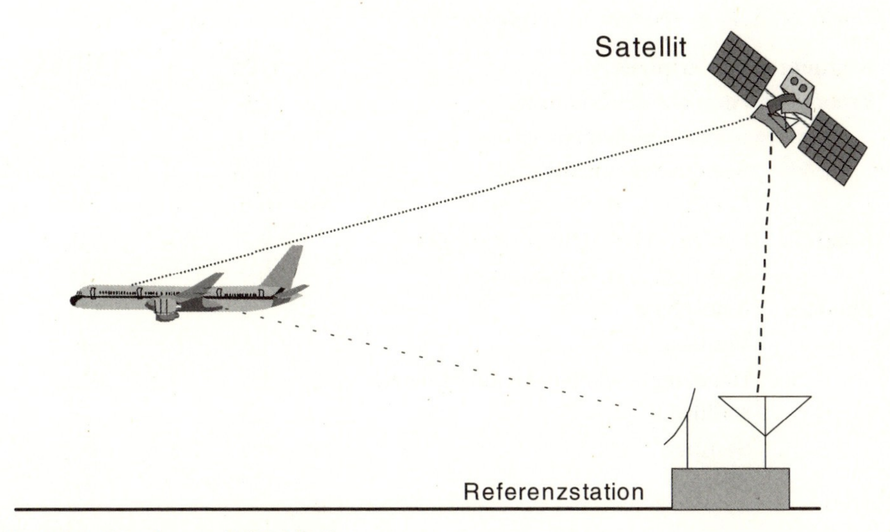

Abb. 6.36: Prinzip von DGPS [35]

Die Korrektur von GPS-Navigationsdaten beruht darauf, daß für nahe beieinander liegende Punkte derselbe Fehler auftreten wird. Diese Annahme ist dann nicht mehr richtig, wenn Pseudolite und Nutzer weit voneinander entfernt sind. So würden sich zum Beispiel für die Fehler in der Ionosphäre und Troposphäre für den Pseudolite und den Standpunkt des Benutzers unterschiedliche Werte ergeben.

Ein zweiter einschränkender Faktor ist das verwendete Kommunikationsmittel. Flugzeuge benutzen Frequenzen, die in den VHF-Bereich fallen. Dadurch wird die Wirksamkeit von DGPS auf die Reichweite dieser Funkwellen begrenzt. Im Bereich der Küstennavigation in den USA werden mittlere Frequenzen benutzt. Daraus ergibt sich eine Reichweite von etwa 400 Kilometern.

Fragen wir uns nun, wie sich die Genauigkeit der Positionsbestimmung beim Einsatz von DGPS gegenüber GPS verbessert. Wir dürfen auch nicht vergessen, daß für DGPS ein zusätzlicher Aufwand notwendig ist, sowohl bei der Infrastruktur als auch im Empfänger. Es müssen auf der einen Seite Pseudolites errichtet und unterhalten werden, auf der anderen Seite muß der Empfänger zusätzlich mit einem Radioempfänger ausgerüstet sein.

Doch bleiben wir zunächst bei der Verbesserung der Navigationsdaten. Sie sind in *Tabelle 6.16* gezeigt.

Tabelle 6.16: Fehlerbudget im Vergleich [35]

Segment	Fehlerquelle	GPS	LDGPS
Erdorbit	Atomuhr des Satelliten	3,0	0
	Bahnabweichungen	1,0	0
	Selective Availability	32,3	0
	Sonstige, z. B. Strahlung	0,5	0
Kontrolle	Fehler bei der Bahnvoraussage	4,2	0
	Sonstige, z. B. Steuerdüsen	0,9	0
Benutzer	Ionosphäre	5,0	0
	Troposphäre	1,5	0
	Unzulänglichkeiten des Empfängers	1,5	2,1
	Multipath	2,5	2,5
	Sonstige	0,5	0,5
	Summe	33,3	3,3

Die Auswirkungen der S/A-Funktion kann durch einen Pseudolite natürlich vollständig herausgefiltert werden, und auch Fehlereffekte durch die Ionosphäre und Troposphäre lassen sich beseitigen. Was letztlich bleibt, sind Fehler wie Multipath und Unzulänglichkeiten des Empfängers. Ob Multipath bei den ins Auge gefaßten Applikationen wirklich eine große Rolle spielen wird, kann man bezweifeln. In der Nähe von Flughäfen sind hohe Gebäude sowieso verboten, und auch im Bereich der Küstenschiffahrt wird dieser Aspekt keine überragende Rolle spielen.

Bei der Korrektur der Position des Benutzers, also etwa eines Flugzeugs im Landeanflug, kommen generell zwei Methoden zum Einsatz: Zum einen kann im Pseudolite die Position mittels der empfangenen Signale kalkuliert werden. Daraus wird die Differenz zu der wahren geographischen Länge, Breite und Höhe berechnet und diese Korrekturen werden den Empfängern des Systems mittels Funk zur Verfügung gestellt. Bei der zweiten Methode werden nicht die Positionsdaten korrigiert, sondern die Pseudoranges der Satelliten. Dieses Verfahren soll im folgenden näher untersucht werden.

Damit dieses Verfahren funktioniert, muß die Position des Pseudolite im Earth-Centered, Earth Fixed Koordinatensystem exakt vermessen sein. Wenn x_m, y_m und z_m die Position der Referenzstation darstellen und x_i, y_i und z_i die Position des i-ten Satelliten, dann läßt sich die Entfernung vom Satelliten zur Referenzstation mit der folgenden Gleichung beschreiben:

$$R_m^i = \sqrt{(x_i - x_m)^2 + (y_i - y_m)^2 + (z_i - z_m)^2} \qquad [6.34]$$

In der Referenzstation wird dann die Pseudorange zum i-ten Satelliten kalkuliert. Dafür gilt die folgende Gleichung:

$$p_m^i = R_m^i + \varepsilon_{m,Space} + \varepsilon_{m,Control} + \varepsilon_{m,User} + c\delta t_m \qquad [6.36]$$

wobei

ε Pseudorange-Fehler für die Satelliten im Orbit, das Kontrollsegment und beim Nutzer

δt_m Abweichung der Uhr im Empfänger von der Systemzeit

In der Referenzstation wird die Messung der Pseudorange mit den Daten zur geometrischen Entfernung korreliert. Daraus ergibt sich Gleichung 6.37.

$$\Delta p_m^i = p_m^i - R_m^i = \varepsilon_{m,Space} + \varepsilon_{m,Control} + \varepsilon_{m,User} + c\delta t_m \qquad [6.37]$$

Diese Korrekturdaten werden dem Empfänger übermittelt, der sich zum Beispiel an Bord eines Verkehrsflugzeugs befindet. Dort wird die Differenz mit den Berechnungen dieses Empfängers zur Pseudorange für denselben i-ten Satelliten gebildet.

$$p_u^i - \Delta p_m^i = R_u^i + \varepsilon_{u,Space} + \varepsilon_{u,Control} + \varepsilon_{u,User} + c\delta t_u - \left(\varepsilon_{u,Space} + \varepsilon_{u,Control} + \varepsilon_{u,User} + c\delta t_m\right)$$

[6.38]

In vielen Fällen werden sich die Korrekturen im Empfänger des Benutzers und die durch die Software im Pseudolite errechneten Werte fast decken. Dies gilt allerdings nicht für die Komponenten, die durch Multipath und Fehler im Empfänger verursacht wurden. Die korrigierte Pseudorange kann dann wie folgt ausgedrückt werden:

$$p^i_{u,corr} = R^i_u + \varepsilon^{'}_u + c\delta t_{combined} \quad [6.39]$$

wobei

$\varepsilon^{'}_u$ Verbleibende Fehler im Benutzersegment

$\delta t_{combined}$ Kombinierter Clock Offset

Wenn man nun Gleichung 6.39 in kartesischen Koordinaten schreibt, dann ergibt sich die folgende Darstellung:

$$p^i_{u,corr} = \sqrt{(x_i - x_u)^2 + (y_i - y_u)^2 + (z_i - z_u)^2} + \varepsilon^{'}_u + c\delta t_{combined} \quad [6.40]$$

Im Empfänger des Benutzers können nun diese Berechnungen für vier oder mehr Satelliten durchgeführt werden. Damit läßt sich die Position des Flugzeugs oder Fahrzeugs nach dem bereits bekannten Verfahren bestimmen.

Weil die Korrekturdaten eines Pseudolites zu bestimmten Zeiten gefunkt werden, sich die Satelliten im Erdorbit aber ständig bewegen, wirkt sich dies auch auf die Berechnung der jeweiligen Pseudorange aus, d.h. die ermittelte Korrektur ist exakt nur für den Zeitpunkt t_m gültig, für den sie errechnet wurde. Diese Größe stellt sich so dar:

$$\Delta p^i_m(t_m) = -\lfloor p^i_m(t_m) - R^i_m(t_m) \rfloor \quad [6.41]$$

Um es dem Empfänger an Bord eines Fahrzeugs zu ermöglichen, die Korrektur für die Zeitverzögerung durchzuführen, wird von der Software im Pseudolite auch die Verzögerung der Pseudorange errechnet und übermittelt. Der Empfänger wendet diese Korrektur dann auf seine eigene Messung zum Zeitpunkt t an. Damit gilt:

$$\Delta p^i_m(t) = \Delta p^i_m(t_m) + \Delta p^i_m(t_m) \cdot (t - t_m) \quad [6.42]$$

Die korrigierte Pseudorange an der Position des Benutzers stellt sich dann wie folgt dar:

$$p^i_{corr}(t) = p^i(t) + \Delta p^i_m(t) \quad [6.43]$$

Mit Hilfe der übermittelten Korrekturdaten ist der Empfänger an Bord eines Flugzeugs, eines Autos oder auch eines Schiffes in der Lage, die Positionsbestimmung noch zu verbessern. Ein Problem könnte sich dann ergeben, wenn die S/A-Funktion im Global Positioning System aktiviert wurde. Damit variiert der Fehler mit der Zeit. Um dieses Problem zu umgehen, sollte die Nachricht des Pseudolites alle zwei Sekunden gesendet werden. Damit kann der damit ausgelöste Fehler in einem Bereich von unter einem Zentimeter gehalten werden.

Kommen wir nun zu einem Thema, das wir bisher ausgespart haben, nämlich dem Format der Nachrichten eines Pseudolites. Damit die Empfänger mit den Daten einer Referenzstation etwas anfangen können, müssen diese einem bestimmten Protokoll folgen. Es sind eine ganze Reihe solcher Protokolle vorgeschlagen worden, aber größere Bedeutung haben nur die Protokolle des *Radio Technical Commission for Maritime Services* (RTCM) *Study Committee* 104 (SC104) erlangt. Diese Protokolle werden auch im internationalen Rahmen akzeptiert und angewandt.

Zur Übermittlung der Korrekturdaten eines Pseudolites werden nach RTCM SC104 Datenworte eingesetzt, die verschiedene Inhalte haben können, aber alle einheitlich dreißig Bits lang sind. *Abb. 6.37* zeigt das erste und zweite dieser Datenworte.

1 2 3 4 5 6 7 8 9 10 11 12 13 14 15 16 17 18 19 20 21 22 23 24 25 26 27 28 29 30

PREAMBLE	Nachrichtentyp FRAME ID (MSB … LSB)	STATION ID	Parität	WORT 1

1 2 3 4 5 6 7 8 9 10 11 12 13 14 15 16 17 18 19 20 21 22 23 24 25 26 27 28 29 30

Modifizierter Z-COUNT	SEQ' NR.	Länge FRAME	o.k.?	Parität	WORT 2

Abb. 6.37: Die ersten zwei Datenworte nach RTCM SC104 [37]

Die Präambel von Wort 1 besteht aus einem acht Bit langen Datenwort, das der Identifizierung dient. Darauf folgt der sogenannte *Frame ID*, mit dessen Hilfe die folgenden Datenworte und ihr Inhalt richtig interpretiert werden können. Es existieren 64 verschiedene Möglichkeiten, den Inhalt eines Datenworts auszulegen. Die nächsten zwölf Bits dienen dazu, die Referenzstation oder den Pseudolite einwandfrei zu identifizieren. Die Bits 25 bis 30 sind in allen Datenworten zu finden und stellen Paritätsbits dar, dienen also zur Überprüfung der Integrität der Daten.

Die ersten dreizehn Bits in Wort 2 stellen einen modifizierten Z-Count dar und dienen als zeitliche Referenzdaten. Die nächsten drei Bits bilden einen Zähler und sollen sicherstellen, daß die Datenworte beim Empfänger in der richtigen Reihenfolge bearbeitet werden. Die Bits 17 bis 21 stellen die Länge der

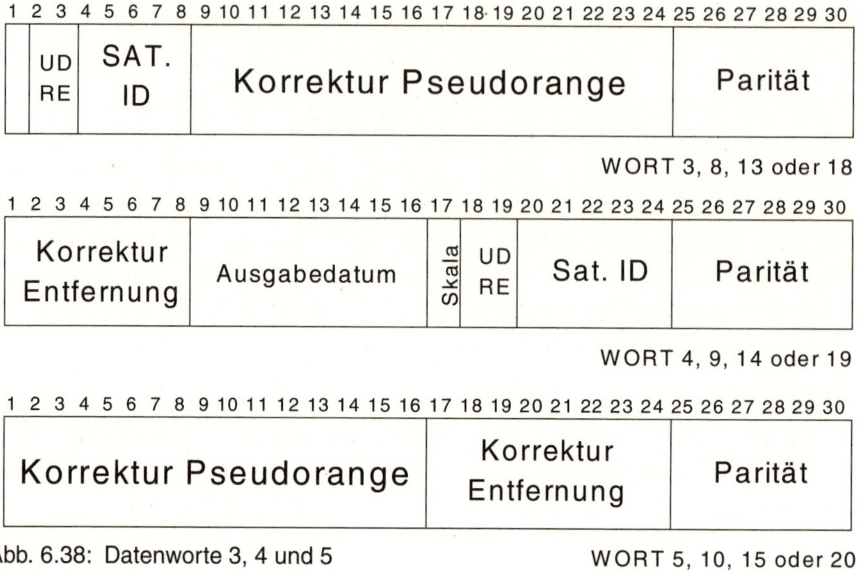

Bits 1	2–3	4–8	9–24	25–30
	UDRE	SAT. ID	Korrektur Pseudorange	Parität

WORT 3, 8, 13 oder 18

Bits 1–8	9–16	17	18–19	20–24	25–30
Korrektur Entfernung	Ausgabedatum	Skala	UDRE	Sat. ID	Parität

WORT 4, 9, 14 oder 19

Bits 1–16	17–24	25–30
Korrektur Pseudorange	Korrektur Entfernung	Parität

Abb. 6.38: Datenworte 3, 4 und 5

WORT 5, 10, 15 oder 20

gesamten Nachricht dar. Diese Aufgabe ist notwendig, weil unterschiedlich viele Worte verwendet werden können, um einen Daten-Frame zu formen. Die Bits 22 bis 24 firmieren im Englischen unter *Station Health* und sind eine Information darüber, ob der Pseudolite funktionsfähig ist.

Kommen wir damit zu den weiteren Worten. Sie sind in *Abb. 6.38* dargestellt.

Wort 3 beginnt mit einem Bit, das als eine Art Skalenfaktor für die nachfolgenden Daten dient. Daraufhin folgt der *User Differential Range Error* (UDRE). Der dritte Teil des Datenworts enthält die Identifikation des Satelliten, auf den sich die Korrekturdaten beziehen. Dem folgt die Korrektur der Pseudorange sowie die Paritätsbits.

Der Skalenfaktor kann zwei Zustände einnehmen: Entweder 0,02 Meter für die Korrektur der Pseudorange und 0,002 m/s für die Range Rate Korrektur, oder 0,32 Meter für die Pseudorange-Korrektur und 0,032 m/s für die Range Rate Korrektur. Der zwei Bit lange *User Differential Range Error* gibt einen Hinweis auf die Güte der Korrektur der Pseudorange, wie sie von der Software des Pseudolite errechnet wird. Für den UDRE-Faktor sind die folgenden Werte vorgesehen (siehe *Tabelle 6.17*).

Abb. 6.39 zeigt die restlichen Datenworte, nämlich Wort 6 und 7, sowie den Typ der in ihnen enthaltenen Werte.

Tabelle 6.17: Standardabweichung UDRE [35]

Wert (Binär)	**Bereich der erwarteten Abweichung**
11	8 m < UDRE σ
10	4 m < UDRE $\sigma \leq$ 8 m
01	1 m < UDRE $\sigma \leq$ 4 m
00	UDRE $\sigma \leq$ 1m

1 2 3 4 5 6 7 8	9	10 11 12 13 14 15 16	17 18 19 20 21 22 23 24	25 26 27 28 29 30
Ausgabe-datum	Skala	Sat. ID	Korrektur Pseudorange	Parität

WORT 6, 11, 16 oder 21

1 2 3 4 5 6 7 8	9 10 11 12 13 14 15 16	17 18 19 20 21 22 23 24	25 26 27 28 29 30
Korrektur Pseudorange	Korrektur Entfernung	Ausgabedatum	Parität

Abb. 6.39: Datenworte 6 und 7 nach RTCM-104

WORT 6, 11, 16 oder 21

Wichtig für die Unterscheidung der Worte beim Empfänger ist vor allem der ID-Frame, der den Typ der jeweiligen Nachricht kennzeichnet und damit zur richtigen Einordnung durch das Programm im Empfänger führt. In *Tabelle 6.18* sind alle 64 möglichen Daten-Typen mit ihrer Bedeutung aufgeführt.

Nicht alle Nachrichten sind gleich wichtig, und manche davon befinden sich noch im Versuchsstadium oder bleiben vorerst reserviert. Die wichtigsten Typen sollen allerdings kurz erläutert werden.

- Typ 3 ist definiert als die Daten des Pseudolite im ECEF-Koordinatensystem.
- Typ 5 enthält Informationen zur Funktionsfähigkeit eines GPS-Satelliten.
- Typ 7 ist im Bereich der Küstennavigation in den USA von Bedeutung. Darin sind Informationen zu einem Netzwerk von Leuchttürmen und Navigationspunkten vorhanden, die es entlang der gesamten US-Küste gibt. Die Nachricht in Typ 7 reicht in der Regel aus, um den nächsten Bezugspunkt finden zu können.
- Typ 8 bezieht sich auf Almanach-Daten des verwendeten Pseudolite.
- Typ 9 entspricht in seinem Format Typ 1, allerdings enthalten solche Nachrichten nur Daten für ein Subset aller sichtbaren Satelliten, nämlich drei oder weniger. Dieser Typ wurde eingeführt, um bei sich schnell ändernden Werten wie S/A die Korrektur rasch durchführen zu können.

Tabelle 6.18: Nachrichten-Typen von Pseudolites [35]

Typ	Status	Bedeutung
1	Definiert	Pseudorange-Korrekturen für C/A-Code
2	Definiert	Korrekturen für Pseudorange für den Gebrauch bei veralteten Parametern für den Satellitenorbit
3	Definiert	Koordinaten des Pseudolite
4	Veraltet	Wird nicht länger gebraucht; durch Typ 18 und 21 ersetzt
5	Definiert	Informationen zur Funktionalität der Satelliten (Health)
6	Definiert	Fülldaten (alternierend binär 1 und 0)
7	Definiert	Informationen zum Funksignal
8	Versuchsweise	Almanach-Daten zum Pseudolite
9	Definiert	Pseudorange-Korrektur für eine Untermenge von Satelliten; 3 Satelliten oder weniger
10	Reserviert	Für P-Code vorgesehen
11	Reserviert	Für Korrekturen auf der Frequenz L2 als C/A-Code
12	Reserviert	Stationsparameter des Pseudolite
13	Versuchsweise	Parameter der Übertragungsstation
14	Reserviert	Zusätzliche Informationen für Landvermesser
15	Reserviert	Korrekturen wegen der Ionosphäre und Troposphäre
16	Definiert	Nachrichten im ASCII-Format für ein Display
17	Versuchsweise	Almanach mit Bahndaten
18	Versuchsweise	Nicht-korrellierte Phasen-Messungen der Trägerfrequenz
19	Versuchsweise	Nicht-korrellierte Messungen der Pseudorange für Landvermessung
20	Versuchsweise	Korrekturen zu Messungen der Trägerfrequenz
21	Versuchsweise	Korrekturen zu Messungen der Pseudorange
22 bis 58	-	Nicht definiert
59	Versuchsweise	Nur für Pseudolite
60 bis 63	Reserviert	Nachrichten für eine Reihe von Zwecken

- Typ 10 ist nur im militärischen Bereich für den P-Code von Bedeutung.
- Typ 11 ist für den Fall vorgesehen, daß die Frequenz L2 für die Nutzung durch zivile Betreiber von GPS-Empfängern freigegeben wird.
- Typ 13 enthält die Position des Pseudolite, der die Korrekturdaten sendet.
- Typ 14 ist lediglich im Bereich der Landvermessung interessant.

Es bleibt zu fragen, welche Genauigkeit der Positionsbestimmung mit Hilfe eines Local Differential Global Positioning System erreicht werden kann. Man sollte dabei immer im Auge behalten, daß die Implementierung eines bestimmten Systems stets auch die Wahl für eine bestimmte Methode mit sich bringt. Das Signal mit den zusätzlichen Daten von Pseudolites ist weltweit nicht einheitlich geregelt. Es kann zum Beispiel in Deutschland über einen Mittelwellensender zur Verfügung gestellt werden, in Österreich über UKW. In Norwegen kann es wieder ganz anders sein. Das führt dazu, daß ein GPS-Empfänger mit einem zusätzlichen Radioempfänger vielleicht in der deutschen Ostsee brauchbar ist, in Norwegens Fjorden aber keinen Zusatznutzen bringt.

In der Bundesrepublik Deutschland ist Differential GPS durch einen Langwellensender der Telekom [41] in Mainflingen realisiert worden. Diese Dienstleistung nennt sich *Accurate Positioning by Low Frequency* (ALF). Der Sender ist im gesamten Bundesgebiet und in den deutschen Küstengewässern zu empfangen.

Wir groß ist nun der Gewinn beim Einsatz von LDGPS? Sehen Sie dazu *Tabelle 6.19.*

Tabelle 6.19: Genauigkeit bei LDGPS [37]

Fehlerquelle	**Fehler [m]**
Bahnabweichungen	0,0
Atomuhr des Satelliten	0,7
Ionosphäre	0,5
Troposphäre	0,5
Multipath	1,4
Unzulänglichkeiten des Empfängers	0,2
Fehler im Pseudolite	0,4
Vertikale Abweichung	2,5
Horizontale Abweichung	2,0

Wenn man davon ausgeht, daß im Bereich von Flughäfen die Fehlerquelle Multipath keine große Rolle spielt, dürften sich die oben genannten Werte sogar noch leicht verbessern. Damit stellt DGPS in vielen Fällen eine sehr gute Möglichkeit dar, die Präzision der Positionsbestimmung mit überschaubaren Kosten zu verbessern.

6.14 Die russische Konkurrenz: Glonass

Bei Glonass handelt es sich um ein russisches Konkurrenzprodukt zum Global Positioning System. Es basiert auf Funksignalen wie GPS, dient der Navigation zu Lande, in der Luft und auf hoher See und ermöglicht es einem Benutzer, seine Position, Geschwindigkeit und die aktuelle Zeit zu bestimmen. In seinen Funktionen, wie es sich gegenüber dem Endbenutzer darstellt, ist Glonass weitgehend mit GPS identisch. Dennoch wurden für einige Komponenten andere technische Lösungen gefunden. Die Konstellation des Systems besteht aus 21 Satelliten und drei aktiven Ersatzsatelliten. Das Kontrollsegment besteht aus einer Reihe von Stationen, die über ganz Russland verteilt sind, das System kontrollieren und Daten zur Bahnkontrolle für die Satelliten zur Verfügung stellen. Jeder Satellit funkt Signale auf zwei Frequenzen im L-Band. Für militärische Nutzer stehen eine Reihe von Empfängern zur Verfügung. Obwohl es auch Empfänger für den zivilen Bereich gibt, sind diese jedoch außerhalb der Sowjetunion (oder ihrer Nachfolgestaaten) schwer zu bekommen.

6.14.1 Funktioneller Überblick

Das Programm wurde auf Veranlassung des sowjetischen Verteidigungsministeriums gestartet und wird weiterhin von dieser Behörde unterhalten. Das ursprüngliche Ziel bestand darin, die Navigation auf hoher See zu unterstützen. Es gab ein Vorläuferprogramm mit der Bezeichnung Cicada. Bei diesen Satelliten beruhte die Positionsbestimmung auf der Messung der Dopplerdifferenz. Cicada bestand nur aus wenigen Satelliten, war nicht dauernd verfügbar und konnte nur für Fahrzeuge eingesetzt werden, die sich relativ langsam bewegten.

Der erste Satellit des System wurde am 12. Oktober 1982 gestartet. Bis Januar 1984 stand eine erste Konstellation von vier Satelliten für Testzwecke zur Verfügung. In der Regel verfährt man in Rußland so, daß gleichzeitig drei Satelliten mit einer Trägerrakete vom Typ Proton SL-12 von Kasachstan aus gestartet werden. Bis März 1995 erfolgten 23 Starts für das Programm. Dadurch wurden insgesamt 59 Glonass-Satelliten in den erdnahen Orbit befördert.

Der Westen erfuhr offiziell erstmals im Mai 1988 von dem Programm. Die Vorstellung erfolgte bei einer Tagung der International Civil Aviation Organisation (ICAO), in der es um das Future Air Navigation System (FANS) ging. Die ICAO ist eine Unterorganisation der UNO, die sich mit dem Flugverkehr im internationalen Rahmen befaßt. Bei einem weiteren Treffen der ICAO im September 1991 wurde der Begriff Global Navigation Satellite System (GNSS) geprägt. Unter diesem Sammelbegriff reiht man Systeme wie GPS und Glonass, aber auch ergänzende Systeme wie WAAS oder das INMARSAT Overlay ein.

Bis 1991 hatten die Russen ein System mit zehn bis zwölf Satelliten im All. Es folgte eine intensive Testphase. Im September 1993 erklärte Präsident Boris Yeltsin Glonass dann als funktionsfähig und machte es zu einem Teil der russischen Streitkräfte. Weitere Starts erfolgten im Jahr 1994 und 1995, um auf die volle Konstellation von 24 Satelliten zu kommen.

6.14.2 Satellitenkonstellation und Orbits

Die 24 Satelliten von Glonass bewegen sich in drei Orbits, wobei sich in jeder Bahn acht Satelliten befinden werden. Die Bahnen sind um 120 Grad gegeneinander versetzt. Wenn man von 21 Satelliten ausgeht, sind für den Beobachter vier Satelliten 97 Prozent der Zeit sichtbar. Geht man hingegen von 24 Satelliten aus, sind mit einer Wahrscheinlichkeit von 99 Prozent ständig fünf Satelliten sichtbar. Im russischen Verteidigungsministerium scheint man der Ansicht zu sein, daß 21 Satelliten für die meisten Zwecke der Navigation durchaus ausreichend sind. Diese 21 aktiven Satelliten werden von den Controllern am Boden nach den Messdaten aller Satelliten festgelegt. Diese Daten werden in größeren Zeitabständen überprüft, und gegebenenfalls können 21 andere Satelliten als aktiv erklärt werden. Es gab auch einen Vorschlag, die Zahl der Satelliten auf 27 zu erhöhen und mit 24 aktiven Satelliten zu arbeiten.

Falls Satelliten ausfallen und im All keine Ersatzsatelliten mehr zur Verfügung stehen, muß ein Raketenstart erfolgen, mit dem weitere drei Satelliten in den erdnahen Orbit geschossen werden. Jeder Glonass-Satellit fliegt in einer Höhe von 19100 Kilometern auf einer kreisförmigen Bahn. Diese Bahn ist gegenüber dem Äquator um 64,8 Grad geneigt, und die Zeit für eine Umrundung der Erde beträgt elf Stunden und 15 Minuten.

Abb. 6.40 zeigt die vollständige Konstellation von 24 Glonass-Satelliten, wenn man ihre Bahnen auf eine Ebene projiziert.

Auch bei dem russischen Programm gab es eine Reihe von Serien für die Satelliten des Systems. Die erste Serie hatte eine Lebensdauer des Designs von ein bis zwei Jahren, während für den neueren Typ IIc eine Lebensdauer von drei Jahren angegeben wird.

Jeder Glonass-Satellit sendet in zwei Frequenzbereichen, die mit L1 und L2 bezeichnet werden. Für die einzelne Frequenz gilt:

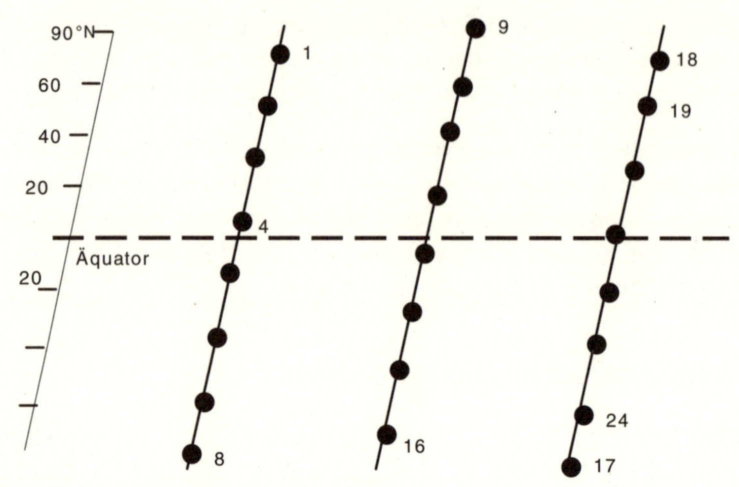

Abb. 6.40: Bahn der Glonass-Satelliten [38]

$$f = \left(178 + \frac{K}{16}\right) \cdot Z\ [MHz] \qquad [6.44]$$

wobei

K: Kanal, eine ganze Zahl im Bereich von -7 bis +12

Z: Für L1: 9; für L2: 7

Der Abstand zwischen den einzelnen Kanälen liegt für die Frequenz L1 bei 0,5625 MHz, für L2 bei 0,4375 MHz. Zunächst war die Konstante K eine ganze Zahl im Bereich zwischen 0 und 24. Weil sich aber einige Interferenzen im Bereich der Radioastronomie ergeben haben, ist dies wieder geändert worden. Deshalb gilt die folgende Festlegung:

- Bis 1998: $0 \leq K \leq 12$
- Von 1998 bis 2005: $-7 \leq K \leq 12$
- Nach 2005: $-7 \leq K \leq 4$

Das Resultat dieser Änderungen wird sein, daß die Glonass-Frequenzen nicht mehr in dem Band liegen, das von den Radioastronomen benutzt wird. Zuletzt werden nur zwölf Werte von *K* zur Verfügung stehen, obwohl es mindestens 24 Satelliten geben wird. Dieses Problem soll dadurch gelöst werden, daß Satelliten auf entgegengesetzten Seiten der Erde die gleiche *K*-Nummer teilen müssen. Weil ein Empfänger auf der Erde nie gleichzeitig beide Satelliten sehen wird, erscheint dieser Vorschlag als eine tragfähige Lösung.

Bei Glonass existieren wie beim GPS zwei Frequenzen, eine für den militärischen Bereich und eine zweite für zivile Nutzer. Für den C/A-Code gilt:

- Code-Rate: 0,511 Mchips/s
- Codelänge: 511 Bits
- Wiederholungsrate: 1 Millisekunde

Auch bei Glonass ist das Signal für den Benutzer im zivilen Bereich relativ kurz und erlaubt so eine rasche Einstellung auf den Sender. Der P-Code bleibt dem Militär vorbehalten, und von diesen Dienststellen sind keine Informationen darüber verfügbar. Dennoch erlaubt eine Analyse vorhandener Quellen ein paar Schlüsse. Für den P-Code gelten die folgenden Werte:

- Code-Rate: 5,11 Mchips/s
- Codelänge: 33 554 432 Bits
- Wiederholungsrate: 1 Sekunde

Auch bei dem russischen System kann der P-Code viel leichter gefunden werden, wenn man zunächst den C/A-Code empfangen kann. Dann ist es leichter für den Empfänger, sich auf den viel längeren P-Code zu synchronisieren. Zum Inhalt der Navigationsdaten gehören:

1. Synchronisationsbits
2. Zeitintervall des Satelliten (Epoche)
3. Bits zur Fehlerkorrektur
4. Informationen zum Status eines Satelliten (Health)
5. Alter der gesendeten Daten
6. Reservierte Worte

In Zukunft sollen in den Navigationsdaten von Glonass-Satelliten auch Informationen enthalten sein, um sowohl Glonass als auch GPS parallel benutzen zu können. Solche Informationen müssen deshalb Angaben zu der jeweiligen Systemzeit enthalten. Geplant ist auch, die Unterschiede zwischen WGS-84 und dem russischen Koordinatensystem PZ-90 herauszuarbeiten und zu veröffentlichen.

6.14.3 Genauigkeit der Positionsbestimmung

Ein Benutzer, der unvoreingenommen an die Auswahl eines Navigationssystems herangeht, wird natürlich fragen, ob GPS oder Glonass besser für seine Zwecke geeignet ist. Als Kriterium zur Beantwortung dieser Frage wird er wissen wollen, welches der beiden Systeme eine präzisere Positionsbestimmung erlaubt.

Bei Messungen in den Jahren 1992 und 1993, als sich Glonass in gutem operationellen Zustand befand, wurde für dieses System eine Abweichung von der wahren Position von rund zehn Metern gemessen. Verglichen damit lag GPS – für den gleichen Standort – mit eingeschalteten S/A bei 25 bis 27 Metern, und ohne die S/A-Funktion bei etwa sieben Metern.

In *Tabelle 6.20* sind diese Messergebnisse vollständig dargestellt.

Tabelle 6.20: Vergleich von GLONASS und GPS [38]

System	**Horizontaler Fehler**		**Vertikaler Fehler, 95%**
	50%	95%	
GPS, ohne S/A	7 m	18 m	34 m
GPS, mit S/A	27 m	72 m	135 m
GLONASS	10 m	26 m	45 m
GPS und GLONASS	9 m	20 m	38 m

Ein großer Vorteil von Glonass ist natürlich, daß bei dem System keine S/A-Funktion implementiert wurde. Allerdings hätten im Ernstfall die Betreiber durchaus Möglichkeiten, den Empfang der Signale zu erschweren, etwa durch die Wahl einer anderen Frequenz.

Gemeinsam ist Glonass und GPS, daß beide Systeme nur sehr eingeschränkt die Möglichkeit besitzen, die Benutzer in Echtzeit auf falsche Daten, ausgefallene oder beschädigte Satelliten hinzuweisen. Ein nicht zu übersehender Nachteil ist, daß für Glonass auf dem Markt keine handlichen und preiswerten Glonass-Empfänger vorhanden sind. Wer allerdings sowohl Navigationssignale von GPS als auch Glonass in einem Gerät auswerten kann, der ist in der Lage, die Präzision der Positionsbestimmung noch zu verbessern.

6.15 Zukünftige Entwicklungen

Der Blick in die Zukunft ist immer schwierig, aber einige Entwicklungen zeichnen sich bereits ab. Dazu gehört die stärkere zivile Beteiligung und Kontrolle des Global Positioning System, Initiativen der Europäischen Union auf diesem Gebiet und ein stärkeres Eindringen von GPS in der zivilen Luftfahrt.

In diesem abschließenden Kapitel zu GPS lohnt es sich auch, einen Blick auf das Global Positioning System zu werfen, wie es sich Mitte 1998 darstellt. *Tabelle 6.21* enthält Angaben zu den aktiven Satelliten des Systems und ihrem Zustand.

Tabelle 6.21: GPS-Satelliten im August 1998 [42]

Orbit	Nr.	Clock	Start	In Dienst gestellt	Orbit	Bemerkungen
				Block II		
14	14	Cs	14-FEB-89	15-APR-89	E1	
13	02	Cs	10-JUN-89	10-AUG-89	B3	
16	16	Cs	18-AUG-89	14-SEP-89	E5	
19	19	Rb	21-OCT-89	23-NOV-89	A4	
17	17	Cs	11-DEC-89	06-JAN-90	D3	
18	18	Cs	24-JAN-90	12-FEB-90	F3	
20	20		26-MAR-90			A
21	21	Cs	02-AUG-90	22-AUG-90	E2	
15	15	Cs	01-OCT-90	15-OCT-90	D2	
				Block IIA		
23	23	Cs	26-NOV-90	10-DEC-90	E4	
24	24	Rb	04-JUL-91	30-Aug-91	D1	
25	25	Cs	23-FEB-92	24-MAR-92	A2	
28	28			10-APR-92		B
26	26	Rb	07-JUL-92	23-JUL-92	F2	C
27	27	Cs	09-SEP-92	30-SEP-92	A3	
32	01	Cs	22-NOV-92	11-DEC-92	F1	
29	29	Rb	18-DEC-92	05-JAN-93	F4	
22	22	Cs	03-FEB-93	04-APR-93	B1	
31	31	Cs	03-MAR-93	13-APR-93	C3	
37	07	Cs	13-MAY-93	12-JUN-93	C4	
39	09	Cs	26-JUN-93	20-JUL-93	A1	
35	05	Cs	30-AUG-93	28-SEP-93	B4	
34	04	Cs	26-OCT-93	22-NOV-93	D4	D
36	06	Cs	10-MAR-94	28-MAR-94	C1	
33	03	Cs	28-MAR-96	09-APR-96	C2	
40	10	Cs	16-JUL-96	15-AUG-96	E3	
30	30	Cs	12-JUN-96	01-OCT-96	B2	
38	08	Rb	06-NOV-97	18-DEC-97	A5	
				Block IIR		
42	12		17-JAN-97			E

In *Tabelle 6.22* sind die Gründe aufgelistet, warum ein Satellit ersetzt wurde oder eine Änderung der Konstellation vorgenommen werden mußte.

Tabelle 6.22: Gründe für Ausfälle [41]

Bemerkung	**Vorfall**
A	Space Vehicle Nr. 20 ist seit dem 10. Mai 1996 beschädigt und wurde am 13. Dezember 1996 außer Dienst gestellt.
B	Space Vehicle Nr. 28 wurde am 15. August 1997 aus den Almanachdaten aller Satelliten entfernt.
C	Space Vehicle Nr. 26 ist weiterhin funktionsfähig, allerdings wurde auf die Rubidium-Atomuhr umgeschaltet.
D	Die neuen, von Kernco hergestellten, Cäsium-Atomuhren werden in Space Vehicle Nr. 30 und 34 eingesetzt.
E	Space Vehicle Nr. 42 wurde am 17. Januar 1997 bei einem Fehlstart der Trägerrakete auf der Startrampe zerstört.

Damit haben sich die Satelliten des Systems, trotz relativ anfälliger Komponenten wie der Atomuhren, gut behauptet. Für die Block-IIA-Satelliten war eine Lebensdauer [37] von sechs Jahren geplant, doch bisher liegt die durchschnittliche Lebensdauer dieser Serie bei 8,45 Jahren. Für die Block-IIR-Satelliten wird für die Lebensdauer zehn Jahre angegeben, während die neueren Block-IIF-Satelliten sogar auf 12,7 Jahre kommen sollen.

Weil die tatsächliche Lebensdauer der Satelliten höher ist als zunächst erwartet und zudem Ersatzsatelliten in genügender Menge bereitstehen, sind in Bezug auf die Betriebsfähigkeit des Systems keine Hindernisse zu erkennen.

6.15.1 GPS unter ziviler Kontrolle

Von potentiellen Anwendern des Global Positioning System wird immer wieder die Befürchtung geäußert, daß eines Tages das Signal ausbleiben könnte und sie dann ihren Betrieb, der zu diesem Zeitpunkt voll auf GPS angewiesen wäre, praktisch einstellen könnten. Sorgen dieser Art sind verständlich, aber es ist nicht sehr wahrscheinlich, daß ein solcher Falle jemals eintreten wird.

Der zunehmenden Bedeutung von GPS im kommerziellen Bereich wurde vom Weißen Haus in Washington dadurch Rechnung getragen, daß die Fortentwicklung des Systems nun von einem Gremium betrieben wird, in dem das Verteidigungsministerium (DoD) und das Handelsministerium (DoT) gleiche Rechte haben. Dieses *Interagency GPS Executive Board* (IGEB) hatte nicht gerade einen sehr guten Start. Beinahe wäre ihm eine Frequenz für GPS aberkannt worden. Auch ist dieses Gremium dadurch eingeschränkt, daß es keine eigenen finanziellen Mittel besitzt. Das Handelsministerium hat nicht so viele Mittel wie das DoD, und das Verteidigungsministerium denkt natürlich nicht daran, aus seinem ohnehin schrumpfenden Haushalt Neuentwicklungen für GPS im zivilen Bereich zu finanzieren.

Eine Möglichkeit, dieses Dilemma zu lösen, könnte darin bestehen, für GPS eine zivile Behörde ähnlich der NASA zu gründen, die dann für alle Systeme verantwortlich ist, die auf GPS beruhen, also Weiterentwicklungen im Satelliten-Segment, das DGPS der Küstenwache und WAAS. Eine solche Lösung würde es auch leichter machen, sich mit den Europäern über die Weiterentwicklung des Systems zu einigen.

Positiv ist auch, daß sich sowohl das Weiße Haus, also die US-Regierung, als auch der Kongreß für GPS ausgesprochen haben. Weil der Kongreß letztlich die Gelder bewilligt, und in den USA durchaus verschiedene Parteien in Regierung und Kongreß das Sagen haben können, ist dies ein wichtiger Gesichtspunkt für das Fortbestehen von GPS als ein kostenloser Service.

Diese Unterstützung von GPS spiegelt sich auch in der Gesetzgebung der beiden Häuser des Kongresses wieder (Gesetz H.R. 1702 und S.R. 1473, Sektion 104, Förderung des GPS-Standards). Der entsprechende Text lautet in der Übersetzung:

Beschluß: Der Kongreß stellt fest, daß das Global Positioning System, einschließlich der Satelliten, Signalausrüstung, Bodenstationen, Datenverbindungen und der damit verbundenen Kommando- und Kontrollstruktur, ein essentielles Element der zivilen, wissenschaftlichen und militärischen Entwicklung im Bereich des Weltraums geworden ist. Das nicht zuletzt deswegen, weil in den USA eine Industrie entstanden ist, die Geräte für GPS fertigt und verwandte Dienstleistungen anbietet.

Internationale Zusammenarbeit: Um das Global Positioning System weiterhin zu unterstützen und seine Entwicklung zu fördern, zur nationalen Sicherheit beizutragen, die öffentliche Sicherheit zu unterstützen sowie zur Förderung der wissenschaftlichen und kommerziellen Interessen der Vereinigten Staaten beizutragen, ermuntert der Kongreß den Präsidenten:

1. *sicherzustellen, daß das Global Positioning System ohne Unterbrechungen auf weltweiter Basis ohne Benutzergebühren zur Verfügung steht,*
2. *internationale Abkommen mit ausländischen Regierungen abzuschließen mit dem Ziel a) das Global Positioning System zu einem internationalen*

Standard zu machen b) alle Hindernisse zu beseitigen, die einer weltweiten Anwendung von GPS im Wege stehen würden.

Man kann diese Worte durchaus so verstehen, daß den überwiegend amerikanischen Herstellern von GPS-Empfängern kein Stein in den Weg gelegt werden soll, um ihren kommerziellen Erfolg auf dem Weltmarkt sicherzustellen. So weit der Verbraucher dadurch die Dienstleistung kostenlos bekommt, ist dagegen kaum etwas einzuwenden.

Mittlerweile ist auch eine Entscheidung über die Freigabe der L2-Frequenz für zivile Nutzer und eine weitere zivile Frequenz gefallen. Die Luftaufsichtsbehörde FAA hat sich innerhalb der Verwaltung mit ihrem Argument durchgesetzt, daß die Luftfahrt so wichtig ist, daß ihr ein eigenes Signal auf einer eigenen Frequenz zusteht.

Die neue Frequenz wird auf 1176 MHz liegen. Das ist deswegen nicht unproblematisch, weil dieser Frequenzbereich bereits vergeben ist, und zwar für das *Joint Tactical Information Distribution System* (JTIDS). Dieses militärische System soll gegen Störungen immun sein. Die dazu benutzte Technik ist Frequency Hopping. Das heißt mit anderen Worten, daß ein Sender innerhalb sehr kurzer Zeit zwischen 51 Frequenzen hin und herspringt. Im Bereich der NATO ist ein kompatibles System in der Entwicklung, das sich *Multifunctional Information Distribution System* (MIDS) nennt.

Derzeit ist nicht ganz klar, wie der Konflikt zwischen der neuen Frequenz und JTIDS sowie MIDS gelöst werden kann. Das Weiße Haus hat jedenfalls verfügt, daß das US-Handelsministerium fünfzig Prozent der Kosten tragen muß, wenn bei dem militärischen System Änderungen oder Erweiterungen notwendig sind.

Der Zeitplan sieht derzeit so aus: Das zweite zivile Signal auf 1227 MHz wird mit dem ersten Satelliten von Block IIF zur Verfügung stehen. Das dritte zivile Signal, also die Frequenz für den Flugverkehr auf 1176 MHz, wird erst mit dem siebten Satelliten der Serie IIF beginnen. Das würde bedeuten, daß die zusätzlichen Signale ab 2005 zur Verfügung stehen. Damit stellt sich die Lage für den Benutzer ab Mitte des nächsten Jahrzehnts so dar (siehe *Tabelle 6.23*).

Wie die Frequenz L2 für zivile Benutzer verfügbar gemacht werden soll, steht in den Einzelheiten noch nicht fest. Schließlich kann sich auch das DoD nicht leisten, die Investitionen in militärische GPS-Empfänger einfach abzuschreiben. Deshalb kann es durchaus sein, daß sich zivile und militärische Nutzer den Inhalt der Nachricht auf dieser Frequenz werden teilen müssen. Die technischen Möglichkeiten für dieses Verfahren scheinen gegeben zu sein.

Tabelle 6.23: GPS-Frequenzen in der Zukunft

Frequenz	Kommentar
L1: 1575,42 MHz	Die bisher bereits verfügbare zivile Frequenz, die alle GPS-Empfänger ohne Einschränkungen benutzen können.
L2: 1227,6 MHz	Die bisherige militärische Frequenz, die bisher nur sehr eingeschränkt ausgenutzt werden kann. Sie steht ab 2005 für alle Benutzer von GPS zur Verfügung.
L3: 1381,05 MHz	Die zur Autonavigation eingesetzte Frequenz von GPS-Satelliten. Sie ist nur im Orbit von Belang.
L4: 1176 MHz	Die dritte zivile Frequenz, hauptsächlich für den Flugverkehr vorgesehen. Das ist eine neue Frequenz, und dafür sind Änderungen in den Satelliten notwendig. L4 steht ab Mitte 2005 zur Verfügung.

Das Jahr 2005 sollte als ein grober Anhaltspunkt für die Einführung des Service angesehen werden. Wenn es Schwierigkeiten mit der Technik oder der Bewilligung der Gelder gibt, wenn die vorhandenen Satelliten länger leben als vorhergesagt, dann kann sich dieser Termin auch um ein paar Jahre hinausschieben.

Wie schnell drei Frequenzen im zivilen Bereich zur Verfügung stehen, dürfte auch davon abhängen, ob sich Europa dazu aufraffen kann, ein eigenes Global Navigation Satellite System (GNSS) auf die Beine zu stellen. Offenbar hat es die US-Regierung abgelehnt, GPS unter eine gemeinsame Leitung mit den Europäern zu stellen. Für den Benutzer des Systems dürften bei drei Frequenzen eine Genauigkeit der Positionsbestimmung im Raum stehen, die im Zentimeterbereich liegt.

6.15.2 Ein europäisches GPS?

Was im Bereich der Europäischen Union (EU) bisher beschlossen ist, läuft auf eine Erweiterung im Sinne von WAAS hinaus. Ein derartiges System läßt sich mit begrenztem finanziellen Aufwand realisieren. Teurer wird es, wenn ein vollständiges Global Navigation Satellite System (GNSS) entwickelt und installiert werden soll.

Am 10. Februar 1999 hat die Europäische Kommission einen Bericht veröffentlicht, in dem die Entwicklung eines GNSS namens *Galileo* vorgeschlagen wird. Die Kosten dafür werden mit 2,2 bis 2,9 Milliarden Euro beziffert. Das System würde auf dem bereits in der Entwicklung befindlichen Wide Area Augmentation System (WAAS) der Europäischen Union mit der Bezeichnung EGNOS/GNSS-1 aufbauen. Eine russische Beteiligung ist vorgesehen.

Um die Entwicklung zu finanzieren, stehen in Europa derzeit offensichtlich nicht genügend öffentliche Mittel zur Verfügung. Der Vorschlag der EU geht deshalb dahin, GNSS-2 als eine Partnerschaft zwischen Regierungen und Industrie zu realisieren. Es ist vorgesehen, die Signale von GNSS-2 kostenlos zur Verfügung zu stellen, bei höheren Anforderungen an die Genauigkeit der Positionsbestimmung allerdings eine geringe Gebühr zu erheben.

Wenn wir die Lage realistisch einschätzen, dann haben die amerikanischen Hersteller von GPS-Geräten in dieser Technologie einen Erfahrungsvorsprung von 20 Jahren. Das wird schwer einzuholen sein. Auf der anderen Seite haben die Japaner im Automobilbereich vorgemacht, daß preiswerte GPS-Empfänger auch von Unternehmen angeboten werden können, die mit dieser Technologie nicht groß geworden sind. Insofern besteht eine gewisse Hoffnung, daß Europas Industrie an dem Boom partizipieren kann.

Positiv zu werten ist sicherlich, daß die europäischen Regierungen auf diesem Gebiet die Initiative ergreifen. Die Beteiligung Rußlands würde ich – angesichts der Erfahrungen mit Glonass – skeptisch sehen. Allenfalls wären die leistungsstarken russischen Raketen als Trägersysteme von Interesse. Sich dagegen auf die russischen Betriebe beim Bau von Satelliten zu verlassen, hieße sich auf nicht absehbare Engpässe und Terminverzögerungen einzustellen. Das sollte man vermeiden.

Wer immer in diesem Wettstreit um zukünftige Märkte gewinnen mag, der Verbraucher wird auf alle Fälle profitieren, und zwar als Anwender des Global Positioning System.

7 Wettersatelliten

When two Englishmen meet, their first talk is of the weather (Samual Johnson).

Seit Urzeiten haben sich die Menschen mit dem Wetter beschäftigt. Während in einigen Regionen der Erde das Klima relativ gemäßigt ist, kann in anderen Regionen durchaus das eigene Leben von der richtigen Wettervorhersage abhängen. Wenn in Florida ein Hurrikan auf das Festland zustürmt, dann gibt es nichts, was die geballte Kraft dieses tropischen Wirbelsturms aufhalten könnte. In vielen Fällen hilft nur die Flucht in andere Gefilde.

Es lag nahe, zur Wetterbeobachtung und zur Verbesserung der Wettervorhersage Satelliten einzusetzen. Auf ihrer Position im Erdorbit sind Wettersatelliten mit ihren Meßinstrumenten in der Lage, große Teile des Globus zu überblicken. Keine Wetterstation auf der Erde, kein Wetterballon kann das leisten.

7.1 Wetterbeobachtung durch Satelliten

Für Wettersatelliten kommen sowohl polare als auch geostationäre Orbits in Betracht. Während es nur einen geostationären Orbit gibt, sind Tausende von Bahnen über die Pole möglich. In den USA hat man sich, gestützt auf die Erfahrungen mit den ersten Wettersatelliten, auf polare Bahnen mit Höhen zwischen 800 und 900 Kilometern festgelegt.

Die Satelliten dieser Serie firmieren unter der Bezeichnung *Television and Infrared Observational Satellite* (TIROS). In neuerer Zeit wurde das Tiros-N oder ATN-Projekt gestartet. Die in *Tabelle 7.1* aufgelisteten Satelliten gehören zu dieser Serie.

Die Aufgabe der Satelliten dieses Typs besteht in der Wetterbeobachtung. Zu diesem Zweck sind die Satelliten mit den folgenden Meßinstrumenten ausgestattet:

1. Radiometer mit sehr hoher Auflösung: Mit diesem Instrument werden Wolken erfaßt und die Temperatur an der Oberfläche gemessen

Tabelle 7.1: US-Wettersatelliten [2]

Bezeichnung vor dem Start	**Startdatum**	**Bezeichnung im Orbit**	**Status**
NOAA-A	27. Juni 1979	NOAA-6	Am 31. März 1987 abgeschaltet
NOAA-B	29. Mai 1980		Hat seine Bahn nicht erreicht
NOAA-C	23. Juni 1981	NOAA-7	Im Juni 1986 abgeschaltet
NOAA-E	28. März 1983	NOAA-8	Ging im Dezember 1985 verloren
NOAA-F	12. Dezember 1984	NOAA-9	Als Ersatzsatellit vorgesehen, einige Instrumente nicht brauchbar
NOAA-G	17. September 1986	NOAA-10	Wird benutzt, einige Instrumente ausgefallen
NOAA-H	24. September 1988	NOAA-11	Wird benutzt
NOAA-D	14. Mai 1991	NOAA-12	Wird benutzt
NOAA-I	9. August 1993	NOAA-13	Nach dem Start ausgefallen
NOAA-J	Dezember 1994	NOAA-14	
NOAA-K	...		
NOAA-L	...		

2. Spektral-Radiometer im Ultraviolett-Bereich: Mit diesem Meßinstrument wird die Sonneneinstrahlung gemessen sowie die Sonnenenergie, damit der Ozongehalt bestimmt werden kann
3. Meßinstrument zur Bestimmung der Temperatur in verschieden Schichten der Atmosphäre: Mit Hilfe dieses Instruments wird ein Temperaturprofil der Erdatmosphäre erstellt
4. Überwachung des erdnahen Weltraums: Diese Instrumente dienen dazu, die Strahlengürtel der Erde zu überwachen. Aus solchen Meßwerten können Rückschlüsse auf die Intensität der Sonneneinstrahlung gezogen werden, und es kann gegebenenfalls vor Solarstürmen gewarnt werden.

Zur Wettervorhersage ist es wichtig, möglichst viele Daten von den Polarregionen der Erde zu erhalten. Das ist der Hauptgrund für die Bahnen über die Pole. Hinzu kommen Daten von Satelliten in geostationären Bahnen, von Wetterballonen und festen Wetterstationen auf der Erdoberfläche. Die Güte der Wettervorhersage hängt entscheidend davon ab, wie viele Beobachtungen zur Verfügung stehen. In der Meteorologie werden leistungsfähige Rechner vom Typ Cray eingesetzt, um die Fülle dieser Daten zeitgerecht verarbeiten zu können.

In *Tabelle 7.2* sind Informationen zu den Bahnen von TIROS-N-Satelliten aufgezeigt.

Tabelle 7.2: Daten zu TIROS-N [2]

	Orbit in 833 km Höhe	**Orbit in 870 km Höhe**
Neigung der Bahn gegen den Äquator	98,739 Grad	98,899 Grad
Dauer eines Umlaufs	101,58 Minuten	102,37 Minuten
Umläufe pro Tag	14,18	14,07

In Europa ist ein Wettersatellit namens *Meteosat* im Einsatz, der von der European Space Agency (ESA) betrieben wird. Die Wettersatelliten Rußlands heißen METEOR, während Japans Satellit die Bezeichnung *Geostationary Meteorological Satellite* (GMS) trägt. Alle Wettersatelliten haben Videokameras an Bord, so daß die Formierung von Wolkenfeldern gut beobachtet werden kann. Diese Aufnahmen lassen sich dann am Boden nachbearbeiten, etwa mit einem Zeitraffer. Solche Aufnahmen sind gelegentlich im Fernsehen zu sehen.

Noch ist das Wetter auf der Erde nicht mit hundertprozentiger Sicherheit vorherzusehen, doch Wettersatelliten haben dazu beigetragen, diese Vorhersage verläßlicher zu machen.

7.2 Landwirtschaft und Umwelt

In den sechziger Jahren begann man in den USA, sich mit dem Einsatz von Satelliten zur Erdbeobachtung zu befassen. Über das Wetter hinaus wollte man feststellen, wie sich die Vegetation verändert, ob die Früchte auf den Feldern heranwachsen, ob bestimmte Früchte von Schädlingen befallen sind oder ob in bestimmten Weltregionen der Wald weiter zurück gedrängt wird.

Das Militär und die Verantwortlichen im Geheimdienst betrachteten ein Projekt wie Landsat mit Mißtrauen. Sie befürchteten, daß mit den Fotos solcher Systeme auch die Objekte ausgespäht werden könnten, die sie besonders interessierten: Militärische Anlagen, Startrampen von Interkontinentalen Ballistischen Raketen, Flugplätze und Kriegshäfen. Dieses Mißtrauen war nicht ganz unberechtigt, doch kann im Nachhinein gesagt werden, daß für die Erdbeobachtung eine Auflösung genügt, die weit oberhalb der für Militärs interessanten Schwelle liegt.

Der erste Satellit der Serie, Landsat 1, wurde am 23. Juli 1972 gestartet. Er fliegt in einer Höhe von 917 Kilometer und folgt einem polaren Orbit. Der Satellit enthält zwei hauptsächliche Meßsysteme: Video-Kameras und einen multispektralen Scanner. Ein Punkt auf der Erde unter dem Satelliten, praktisch sein Schatten auf der Erde, bewegt sich mit einer Umrundung des Satelliten um 2 875 Kilometer. Am nächsten Tag, oder vierzehn Umdrehungen später, ist der Satellit fast genau wieder über dem Punkt der Erde, wo er einen Tag zuvor bereits war. Der fünfzehnte Orbit liegt 159 Kilometer westlich von Orbit Nummer 1, und Orbit Nummer 252 fällt genau mit Orbit Nummer 1 zusammen. Damit ist der Satellit natürlich sehr gut in der Lage, Veränderungen an der Erdoberfläche zu bestimmen.

Genauer gesagt, das Kontrollzentrum auf der Erde kann verschiedene Images von der gleichen Position übereinander legen und durch Vergleich feststellen, welche Veränderungen in einem bestimmten Zeitraum eingetreten sind. *Tabelle 7.3* zeigt wesentliche Parameter der Bahn von Landsat 1.

Tabelle 7.3: Bahndaten von Landsat 1 [42]

Eigenschaft	**Nominal**	**Nach 1. Korrektur**	**Nach 2. Korrektur**
Höhe der Bahn [km]	917	912	919
Exzentrität	0,0001	0,0005	0,0020
Differenz zwischen Apogee und Perigee [km]	1,6	9	22,7

Das optische System von Landsat besteht aus drei Kameras, die jeweils für eine bestimmte Wellenlänge ausgelegt sind. Später können diese Bilder auf der Erde miteinander kombiniert werden. Der Abstand zwischen den Aufnahmen beträgt 25 Sekunden. Es gibt fünf Reihen von Belichtungszeiten, und der Bereich beginnt bei vier Millisekunden und endet bei 16 Millisekunden. Die Datenübertragung zur Erde erfolgt mit 3,5 MHz. In *Tabelle 7.4* sind die Eigenschaften der Kameras von Landsat aufgelistet.

Tabelle 7.4: Eigenschaften der Kameras von Landsat [42]

Parameter	**Eigenschaft**
Bereich auf dem Boden	185 x 185 km (100 x 100 Nautische Meilen)
Kamera 1	0,48 – 0,57 μm
Kamera 2	0,58 – 0,68 μm
Kamera 3	0,69 – 0,83 μm

Für den multispektralen Scanner von Landsat, das zweite wichtige Meßinstrument, sind die technischen Daten in *Tabelle 7.5* aufgeführt.

Tabelle 7.5: Eigenschaften des Scanners von Landsat [42]

Parameter	**Eigenschaft**
Länge	185 km (100 Nautische Meilen)
Spektralband 4	0,5 – 0,6 μm
Spektralband 5	0,6 – 0,7 μm
Spektralband 6	0,7 – 0,8 μm
Spektralband 7	0,8 – 1,1 μm

Die Daten des Satelliten wurden in der Anfangsphase des Projekts von Bodenstationen in Fairbanks, Alaska, Goldstone, Kalifornien und Greenbelt, Maryland, empfangen und weitergeleitet. Später kamen weitere Bodenstationen hinzu. Die Images von Landsat wurden auch Interessenten außerhalb der USA zur Verfügung gestellt. In *Tabelle 7.6* sind die Gebiete aufgelistet, in denen Daten von Landsat Verwendung fanden.

Tabelle 7.6: Verwendung der Daten von Landsat [42]

Fachbereich	**USA**	**Andere Nationen**	**Gesamt**
Land- und Forstwirtschaft, Vermessung	37	13	50
Kartenherstellung, Vermessung	27	7	34
Suche nach Bodenschätzen, Landreform	40	27	67
Suche nach Wasser	27	15	42
Studien zur Marine, Untersuchung der Ozeane	22	8	30
Meteorologie	2	2	4
Umwelt	24	5	29
Verbesserung von Interpretationstechniken	22	3	25
Sensor-Technologie	4	0	4
Multidisziplinäre Untersuchungen	7	19	26
Summe	212	99	311

Die Auflösung der mit den Images von Landsat hergestellten Bilder liegt bei 80 Metern. Allerdings hängt die Fähigkeit, ein Objekt auf der Erde zu erkennen, stark vom Kontrast ab. Brücken über einem Fluß oder einer Straße in einem grünen Feld lassen sich noch bis zu einer Auflösung von zehn Metern erkennen.

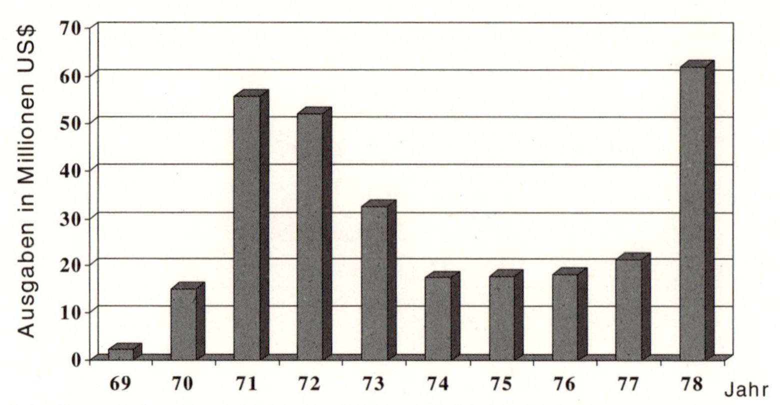

Abb. 7.1: Aufwendungen zur Erderkundung bei der NASA [43]

Man muß feststellen, daß die Erderkundung bei der NASA in den sechziger und siebziger Jahren keine sehr hohe Priorität genoß. Die bemannten Missionen standen eindeutig im Vordergrund. In *Abb. 7.1* sind die Aufwendungen für die Erkundung von Ressourcen auf der Erde für den Zeitraum von 1969 bis 1978 dargestellt.

In Europa besitzt Frankreich einen Satelliten namens SPOT, dessen Images kommerziell vermarktet werden. Unter anderem hat die Europäische Union in Brüssel Satellitenaufnahmen eingesetzt, um das Brachliegen bestimmter Felder, für das Subventionen bezahlt wurden, aus dem Weltraum zu überwachen. Im Bereich des Umweltschutzes ist man mit Satelliten wie SPOT oder Landsat in der Lage, die Einleitung größerer Mengen von Öl in das Meer, in Seen und Flüsse zu erkennen. Der französische Satellit SPOT 4 hat 590 Millionen US$ gekostet und wurde im März 1998 von einer ARIANE IV in seine Umlaufbahn [44] befördert. Die wesentlichen technischen Daten finden sich in *Tabelle 7.7.*

Tabelle 7.7: Eigenschaften von SPOT 4 [44]

Parameter	**Eigenschaft**
Größe des Felds auf der Erde	60 x 60 km
Auflösung	10 – 20 Meter
Masse	2 700 kg
Elektrische Leistung	2 100 W
Orbit	Sonnensynchron, Höhe 822 km

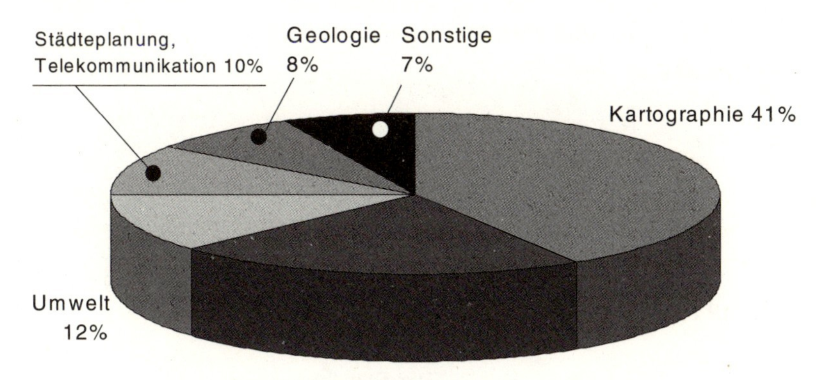

Abb. 7.2: Käufer von SPOT-Daten [45]

Neben den Kameras zur Erfassung von Videodaten hat SPOT 4 Instrumente an Bord, mit denen der Ozongehalt sowie die Dichte von Aerosolen über den Polarregionen der Erde gemessen werden kann. In *Abb. 7.2* ist dargestellt, wie sich die Käufer der Daten von SPOT-Satelliten aufteilen.

In den USA wurde der kommerzielle Markt für Satellitenbilder lange Zeit vernachlässigt, so daß Frankreich mit seinen Satelliten vom Typ SPOT diesen Markt relativ leicht besetzen konnte. In den USA sind derzeit Bemühungen im Gange, diesen Markt zurückzuerobern. Zu den Unternehmen, die in Kürze auf den Markt kommen wollen, gehört Space Images und die Orbital Sciences Corporation. Ihre Satelliten sollen Bilder mit einer Auflösung von einem Meter liefern können.

Die französischen Anbieter scheinen sich allerdings wegen dieser Konkurrenten [45] wenig Sorgen zu machen. Sie argumentieren, daß deren Images nur einen Bereich von 8 x 8 Kilometer auf der Erde abdecken werden. Verglichen mit den 60 x 60 Kilometern von SPOT 4 ist das wenig. Dennoch machen auch die Franzosen Anstrengungen, konkurrenzfähig zu bleiben. Für den SPOT-5-Satelliten, dessen Start für 2001 angekündigt ist, sind Images mit einer Auflösung von 2,5 bis 3 Metern in Aussicht gestellt worden. Dies ist möglich, wenn zwei Images miteinander kombiniert werden.

Die Aufteilung der Kunden für Photos von SPOT nach Weltregionen ist in *Abb. 7.3* dargestellt.

Bemerkenswert an dieser Statistik ist der hohe Umsatzanteil von Käufern in den USA. Hierbei handelt es sich um das US-Verteidigungsministerium. Was die Europäische Union betrifft, so ist im Bereich der Erdbeobachtung bisher

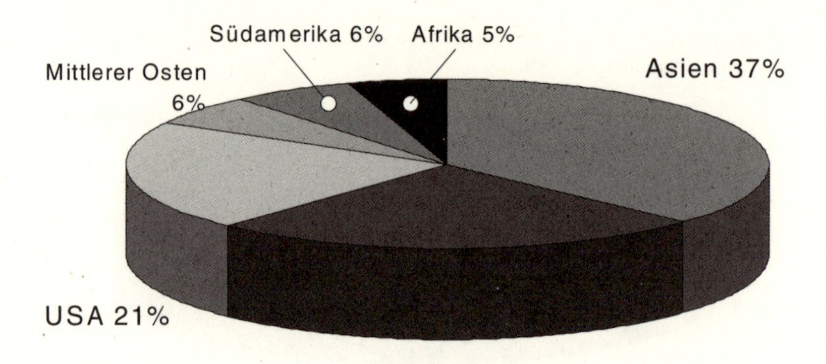

Abb. 7.3: Käufer von SPOT-Images nach Regionen [45]

nichts geschehen, um eigene Kapazitäten zu schaffen. Die Franzosen haben auf diesem Feld anscheinend eine Marktlücke gefunden und konsequent besetzt.

Obwohl die Erstinvestitionen in diese interessante Technologie hoch sein mögen, können die Ergebnisse doch von Fachleuten in vielen Bereichen der Wissenschaft und Technik für ihre Arbeit genutzt werden.

7.3 Rettung aus Seenot

Eine Reihe von Wettersatelliten haben noch eine zweite Funktion, nämlich die Rettung von Schiffbrüchigen aus Seenot. Ein Satellit, der diese zusätzliche Dienstleistung bietet, ist in den USA unter *SARSAT (Search and Rescue Satellite)* bekannt. Im Jahr 1979 haben sich Kanada, die USA und die damalige Sowjetunion auf den Test eines Konzepts verständigt, bei dem amerikanische und russische Satelliten für den Fall der Rettung aus Seenot zusätzliche Kapazitäten erhalten sollten. Dieses System nennt sich Cospas-Sarsat. Gegenwärtig nehmen 23 Nationen an dem Programm [2] teil.

Das System besteht nominell aus je zwei amerikanischen und russischen Satelliten, die entsprechend ausgerüstet sind. Wenn ein Schiff in Seenot gerät, wird ein Sender aktiviert. Das Signal liegt im VHF/UHF-Bereich des Frequenzspektrums in einer sehr gut überwachten Frequenz. Die Positionsbestimmung des Senders erfolgt durch die Auswertung der Dopplerfrequenz. Das ist möglich, weil sich die Satelliten im Vergleich zu einem Schiff sehr schnell bewegen.

Die Daten werden an eine Bodenstation übermittelt, wobei die Frequenz 1544,5 MHz Verwendung findet. Gegenwärtig existieren weltweit rund dreißig Bodenstationen für das Caspas-Sarsat-System.

8 Spionage aus dem All

„Ich möchte nicht zitiert werden, aber wir haben bisher 35 bis 40 Milliarden Dollar für das Raumfahrtprogramm ausgegeben. Sogar wenn nichts weiter dabei herausgekommen wäre als die Photos aus dem Weltraum, wäre das allein das Zehnfache der Kosten wert. Heute Nacht wissen wir mit Sicherheit, wie viele Raketen der Feind hat. Unsere Schätzungen in dieser Richtung lagen weit daneben, wie wir jetzt wissen." (Lyndon B. Johnson, US-Präsident)

Bevor der erdnahe Weltraum eine Plattform für Spionage bot, waren es Flugzeuge, die der Aufklärung dienten. Namen wie U-2, *Blackbird* oder SR71 tauchen auf, jene geheimen Hochleistungsflugzeuge des Kalten Krieges, die mehr als einmal für Schlagzeilen in der Weltpresse sorgten. Doch wie begann das alles?

Flugzeuge und Photographie [46] schienen zwei neue Techniken, wie füreinander gemacht. Im Jahr 1909 begleitete ein Fotograph Wilbur Wright nach Italien. Während der Flieger italienische Offiziere trainierte, machte der Fotograph die ersten Luftaufnahmen. Im 1. Weltkrieg erlebte die Aufklärung durch Photographie einen ersten Höhepunkt. Die USA gingen mit rudimentären Kenntnissen dieser Technik in den Krieg, und am Ende wußten sie mehr darüber als die bisher führenden Briten.

Nach dem Ende des 2. Weltkriegs befanden sich die Vereinigten Staaten in einem Dilemma. Die Sowjetunion war von einem Verbündeten so schnell zu einem Feind geworden, daß die Geheimdienste in keiner Weise darauf vorbereitet waren. Die Landmasse der Sowjetunion war riesig, eine Aufklärung vom Rande dieses Imperiums aus nur schwer möglich. Hinzu kam, daß die Russen mit Spionen meist kurzen Prozeß machten. Sie wurden erschossen. Selbst das amerikanische Botschaftspersonal im Land selbst unterlag großen Beschränkungen: Es kam nie in die Nähe geheimer militärischer Anlagen, und in der Regel blieb eine ganze Horde von KGB-Agenten jedem Angehörigen der US-Botschaft auf den Fersen. Es war also Zeit, sich etwas Neues einfallen zu lassen.

8.1 Aufklärung aus der Luft

Es ist kein Zufall, daß die USA nach dem Krieg Richard Gehlens Geheimdienst, der sich mit den 'fremden Heeren Ost' befaßte, so rasch übernahm. Diese Organisation hatte einfach das Material, das der amerikanische Geheimdienst für das Ausland, die CIA, dringend brauchte. Die ersten Photographien waren denn auch Fotos deutscher Aufklärer aus dem 2. Weltkrieg. Diese Aufnahmen wurden ergänzt durch Fotos von Flugzeugen, die entlang der Grenze des Ostblocks flogen und von dort aus photographierten. Diese Missionen waren in der Zeit des Kalten Kriegs nicht ungefährlich. Über die Jahre verloren mehr als zweihundert Flieger ihr Leben, und rund vierzig Flugzeuge gingen verloren.

Versuche, die Sowjetunion und den Ostblock durch ein Netz von Agenten auszukundschaften, waren in den wenigsten Fällen von Erfolg gekrönt. Es befanden sich zu viele Informanten unter den angeworbenen Spionen, und über kurz oder lang flogen diese Spionagenetze auf. Man wandte sich in den USA nun der Technik zu und versuchte mit Hilfe von Ballonen, das Territorium der Sowjetunion auszukundschaften. Dieses Projekt trug den Namen GENETRIX. Die Ballons hatten Kameras an Bord, wurden in den Jet Stream gebracht und man hoffte, daß sie auf ihrem Weg über die Sowjetunion durch Zufall auch geheime militärische Installationen finden – und ablichten – würden.

GENETRIX war ein Reinfall. Die Russen schossen einen Großteil der Ballone ab, und die wenigen, die die Amerikaner wieder bergen konnten, hatten keine militärischen Installationen photographiert. Das einzige, was sich aus dem GENETRIX-Programm als brauchbar erwies, waren die verwendeten Kameras.

Im Jahr 1953 hatte sich die Angst vor den Sowjets in den USA bis fast zur Panik gesteigert. Rußland hatte seine erste Wasserstoffbombe gezündet, und bei jeder Parade zum 1. Mai zog in Moskau eine beeindruckende Truppe mit der modernsten Ausrüstung an den Führern im Kreml vorbei. Dazu donnerte Staffel nach Staffel der modernsten Kampfflugzeuge über die Zuschauer hinweg. Die Russen schienen Hunderte von Kampfflugzeugen zu besitzen.

Die Angehörigen der US-Botschaft in Moskau zählten fleißig Flugzeuge. Was sie nicht wußten: Kaum hatte eine Flugzeugstaffel die Vororte der russischen Hauptstadt erreicht, drehte sie eine Kurve und flog erneut über die Zuschauer auf dem Roten Platz hinweg. Nikita Chruschtschow bluffte, aber der amerikanische Präsident hatte vorerst keine Möglichkeit, die Wahrheit zu erfahren.

In der Zwischenzeit arbeitete man bei Lockheeds *Skunk Works* in Kalifornien fieberhaft daran, diesen Zustand zu ändern. Die U-2 konnte höher fliegen als jede russische Rakete oder jedes russische Flugzeug. Sie war im Grunde unverwundbar.

Das Spionageflugzeug konnte bis über 24 000 Meter hoch fliegen und hatte ausgezeichnete Flugeigenschaften. Auch ohne Triebwerk konnte es noch sehr lange in der Luft bleiben. Als bei einer U-2 im Training über Tennessee das Triebwerk ausfiel, segelte es noch bis Albuquerque in New Mexico. Die U-2 hatte eine Kamera mit großer Brennweite an Bord, und mit nur zwölf Flügen war es möglich, die ganze Landmasse der USA auf Film zu bannen.

Zu ihrem ersten Flug über feindliches Territorium startete die U-2 am 4. Juli 1956 von Wiesbaden. Weil man nach der Devise 'Frechheit siegt' vorging und auf den Überraschungseffekt vertraute, führte dieser Flug gleich über die Städte Moskau und Leningrad, die Kommunen mit der besten Verteidigung in der gesamten Sowjetunion. Der Flug war ein riesiger Erfolg. Präsident Eisenhower wußte innerhalb von ein paar Wochen, daß sein Gegenspieler im Kreml nur bluffte.

Die Drohung durch vermeintlich überlegene russische Bomber wurde allerdings bald durch russische Raketen ersetzt. Der Start von Sputnik am 4. Oktober 1957 sorgte in der amerikanischen Öffentlichkeit für Aufsehen. Wenn die Russen einen Satelliten ins All schicken konnten, hatten sie dann möglicherweise auch mächtige, mit Atomsprengköpfen bestückte ballistische Interkontinentalraketen, gegen die es keinen Schutz gab?

Die Fortschritte in der Raketentechnologie in Rußland führten zu zwei Befürchtungen: Zum einen war zu erwarten, daß die Russen bald in der Lage sein würden, das amerikanische Festland mit Raketen anzugreifen. Zum zweiten begann man daran zu zweifeln, ob die U-2 noch lange gegen Luftabwehrraketen immun sein würde.

Am 1. Mai 1960 startete Gary Powers in einer U-2 von einer Luftwaffenbasis in Pakistan. Sein Auftrag lautete, drei sowjetische Produktionsstätten für Raketen zu photographieren, und zwar in Tyuratam, Sverdlovsk und Plesetsk. Nach Abschluß der Mission sollte er auf einer NATO-Basis in Bodo, Norwegen, landen.

Der Flug über dem ersten Ziel der Aufklärungsmission, Tyuratam, verlief ohne Probleme, aber über Sverdlovsk wurde die U-2 von einer feindlichen Rakete getroffen. Powers überlebte den Absturz, und die Russen nutzten die Gelegenheit, diesen Vorfall weidlich auszuschlachten. Dem Pilot wurde der Prozeß gemacht, und die USA standen am Pranger.

Bei dem folgenden Gipfeltreffen in Paris war Präsident Eisenhower in einer schwierigen Lage. Er versprach Nikita Chruschtschow schließlich, die Spionageflüge mit der U-2 einzustellen. Der eiserne Vorhang war wieder dicht.

Präsident Eisenhower ging ein kalkuliertes Risiko ein. Er wußte, daß sein Land Spionageplattformen in der Entwicklung hatte, die von der Sowjetunion nicht zerstört werden konnten. Doch würden diese Systeme rechtzeitig fertig werden, um den Ausfall der U-2 zu ersetzen?

8.2 Erste Spionagesatelliten

Obwohl es lange Zeit nicht an die Öffentlichkeit drang, begann sich das Pentagon in Washington [43] bereits unmittelbar nach Ende des 2. Weltkriegs für Satelliten zu interessieren. Versuche mit V-2-Raketen, die man aus dem Deutschen Reich mitgenommen hatte, bewiesen die Eignung für Zwecke der Aufklärung vom Weltraum aus. Die Marine fing ebenfalls im Jahr 1945 an, sich für diese Technologie zu interessieren, und die Rand Corporation wurde mit Studien beauftragt.

Die eigentliche Entwicklung begann im Jahr 1955, als die US AIR FORCE von ihren Auftragnehmern Vorschläge für ein 'Strategisches Satellitensystem' anforderte. Lockheed erhielt im Folgejahr einen ersten Auftrag, und der Start von Sputnik durch die Russen sorgte dafür, daß diese Arbeiten hohe Priorität bekamen. Nach den Ergebnissen der vorliegenden Studien boten sich drei Wege an, um Aufklärung aus dem Erdorbit zu betreiben:

1. Mit einer Kamera an Bord des Satelliten Fotos machen, den Film schließlich ausstoßen und bergen.
2. Mit einer konventionellen Filmkamera Aufnahmen machen, dieses Material mit einer Fernsehkamera abtasten und diese Fernsehbilder zur Erde senden.
3. Im Erdorbit mit einer Fernsehkamera Aufnahmen machen und diese zur Erde senden.

Die erste Option wurde zunächst verworfen, weil viel Platz gebraucht wurde, die Zahl der Filmrollen begrenzt war und es unsicher erschien, den Film nach dem Ausstoß aus dem Satelliten zu bergen.

Die zweite Option hatte allerdings auch ihre Tücken. Auch bei diesem Verfahren war das Filmmaterial an Bord des Satelliten nicht in unendlichen Mengen verfügbar. Schlimmer war aber, daß es rund eine Viertelstunde dauern würde, die Fernsehbilder zur Bodenstation zu übermitteln. Weil der Satellit nur zehn Minuten lang in Sichtweite der Bodenstation sein würde, war das eindeutig zu lang.

Die dritte Option erschien zunächst vielversprechend. Schon deswegen, weil man Fernsehbilder in Echtzeit erhalten würde. Dummerweise war das größte Objekt, das der Satellit am Boden sehen würde, dreißig Meter im Durchmesser. Das war für Zwecke der Aufklärung ganz klar ungenügend. Obwohl dieses dritte Verfahren verworfen wurde, war es in anderer Hinsicht brauchbar. Dreißig Meter Auflösung waren für Wettersatelliten gut genug. Aus diesem Ansatz entstanden im Laufe der Zeit die Wettersatelliten vom Typ TIROS.

Schließlich kam man doch auf den ersten Vorschlag zurück. Im Jahr 1958 genehmigte Präsident Eisenhower das Projekt CORONA. Um die Spionagetätigkeit zu tarnen, hießen diese Satelliten offiziell DISCOVERER und dienten der Forschung. Gelegentlich nahm man sogar das ein oder andere wissenschaftliche Experiment an Bord.

Die CORONA-Satelliten wurden in eine elliptische Bahn geschossen, deren höchster Punkt 240 Kilometer über der Erde lag. Der tiefste Punkt der Bahn lag bei 150 Kilometern. Wenn der Satellit eine Bodenkontrollstelle auf der Insel Kodiak in Alaska passierte, empfing er das Kommando zum Ausstoßen der Filmrolle. Dieser Film sollte von einem Flugzeug der AIR FORCE geborgen, nach Washington gebracht und dort entwickelt werden.

Das Ausstoßen und Bergen des Films war viel schwieriger, als man sich das vorgestellt hatte. Die ersten zwölf Versuche mit Satelliten vom Typ DISCOVERER schlugen fehl. DISCOVERER II stieß zwar den Film aus, aber er landete irgendwo in der Nähe der norwegisch-russischen Grenze und wurde vermutlich von den Russen gefunden. Ein weiteres Problem bestand darin, den Film und die Kameraausrüstung im Erdorbit warm zu halten. Dieses Problem löste man schließlich dadurch, indem man die Außenhülle der Raumkapsel mit Folie verkleidete. Sie fing genug Sonnenstrahlung auf, um das Innere der Kapsel zu erwärmen.

Der Erfolg kam mit DISCOVERER XIII am 10. August 1960. Obwohl dieser Satellit keinen Film an Bord hatte, sondern ein Meßinstrument, mit dem das Verfolgen der Kapsel durch das sowjetische RADAR registriert werden konnte, wurde die Kapsel mit den Daten aufgefangen. Eine Woche später wurde die Filmkapsel von DISCOVERER XIV geborgen. Die Kamera bestand immer noch aus jenem Apparat, die damals in dem gescheiterten Ballonprojekt eingesetzt worden war. Der Satellit hatte die russische Luftwaffenbasis

Mys-Schmidta und den Komplex in Plesetsk photographiert; eben jenes Gelände, das Gary Powers überflog, als er abgeschossen wurde. Die Auflösung jener Aufnahmen betrug magere fünfzehn Meter, aber man war glücklich: Der Anfang war gemacht.

Während CORONA gute Fortschritte machte, erwies sich der zweite Ansatz, also das Übermitteln von Fernsehbildern zu einer Bodenstation, als Mißerfolg. Das SAMOS-Projekt lieferte nie Bilder, mit denen die Analysten etwas anfangen konnten. Es wurde 1962 eingestellt, und CORONA entwickelte sich zu dem Programm, auf dem bis heute alle Spionage-Satelliten der USA basieren.

8.3 Physikalische Grundlagen

Bei Spionagesatelliten wird grundsätzlich nicht mit anderer Technik gearbeitet als auf der Erde. Allerdings gibt es spezialisierte Ausrüstung, sehr große Kameras, Filme mit hoher Auflösung und ausgezeichnete Optik. Aber im Grunde funktioniert eine Kamera im Erdorbit nicht anders als auf der Erde. Die grundsätzliche Anordnung ist in *Abb. 8.1* gezeigt.

Für die Aufklärung genügen in vielen Fällen Schwarz-Weiß-Aufnahmen, weil sie alle wesentlichen Einzelheiten enthalten. Obwohl andere Instrumente hinzu gekommen sind, sprechen für die Photographie weiterhin eine ganze Reihe von Gründen.

1. Einfachheit: Kein anderes System ist so einfach wie Photographieren. Der Satellit braucht dazu keine komplizierte elektronische Ausrüstung. Die Technik kommt auf der Erde millionenfach zum Einsatz, der Prozeß wird beherrscht, und Images können leicht gespeichert und wieder gefunden

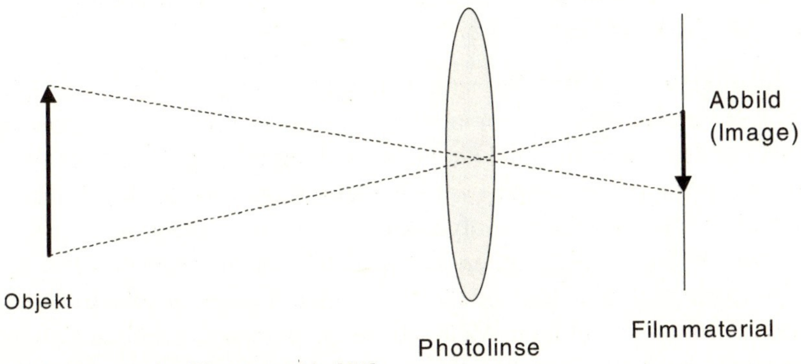

Abb. 8.1: Prinzip der Photographie [46]

werden. Eine Kamera braucht sehr wenig Strom, es gibt wenig Einzelteile, und damit hat das System eine hohe Zuverlässigkeit im Betrieb.

2. Hohe Auflösung: Die kleinste Einheit in einem Film, ein Filmkorn, hat etwa eine Größe von 0,05 Mikron. Obwohl über Kameras, die auf Charged Coupled Devices (CCDs) beruhen, nichts bekannt ist, ist deren Auflösung vermutlich um den Faktor 30 schlechter. Aus diesem Grund ist mit Film immer noch eine bessere Auflösung zu erzielen.
3. Platzbedarf: Eine Kamera benötigt weniger Platz im Satelliten als eine Elektronik, die den gleichen Zweck erfüllt.
4. Kosten: Die Ableitung von Kameras für Spionagesatelliten aus herkömmlicher Technik, wie sie in der privaten Wirtschaft verwendet wird, ist mit geringem finanziellem Aufwand möglich.
5. Leichte Auswertung: Fotos können mit einer Lupe ausgewertet werden. Es ist keine teure Ausrüstung, kein Computer und keine Software, notwendig.

Allerdings gibt es nicht nur Vorteile. Würde man sich für die Aufklärung allein auf Kameras und Filme verlassen, müßte man die folgenden Nachteile in Kauf nehmen:

1. Es dauert lange, um Filme zu entwickeln. Das kann in unserer schnellebigen Zeit ein großer Nachteil sein, gerade im Bereich der Spionage
2. Mit herkömmlichen Kameras werden nur drei Wellenbereiche des Lichts erfaßt, nämlich die Farben blau, grün und rot. Damit eignet sich die Technik zum Beispiel nicht besonders gut, um Bodenschätze aufzuspüren.
3. Photographien eignen sich nicht, oder nur mit Einschränkungen, für die Bearbeitung durch Software.

Im Laufe der Jahre sind, aus den oben genannten Gründen, dann auch Instrumente hinzu gekommen, die als Ergänzung zu Fotos dienen können. An erster Stelle wäre hier der multispektrale Scanner zu nennen, von dem wir bereits bei Landsat gehört haben (siehe *Abb. 8.2*).

Dieses Instrument ist einer Kamera deswegen überlegen, weil damit eine Reihe von Bereichen des elektromagnetischen Spektrums gezielt erfaßt werden können. In unserem Beispiel (siehe Abbildung 8-2) sind das drei Wellenlängen, aber prinzipiell können es auch mehr sein. Das erfaßte Licht wird durch ein Filter und das Prisma aufgespalten und auf Sensoren reflektiert, die Lichtenergie in einem bestimmten Frequenzbereich messen können. Diese Energie wird umgewandelt und letztlich von einem Prozessor erfasst. Der multispektrale Scanner ist damit ein Meßinstrument, dessen Ergebnisse sich leicht für die spätere Auswertung in einem Computer eignen.

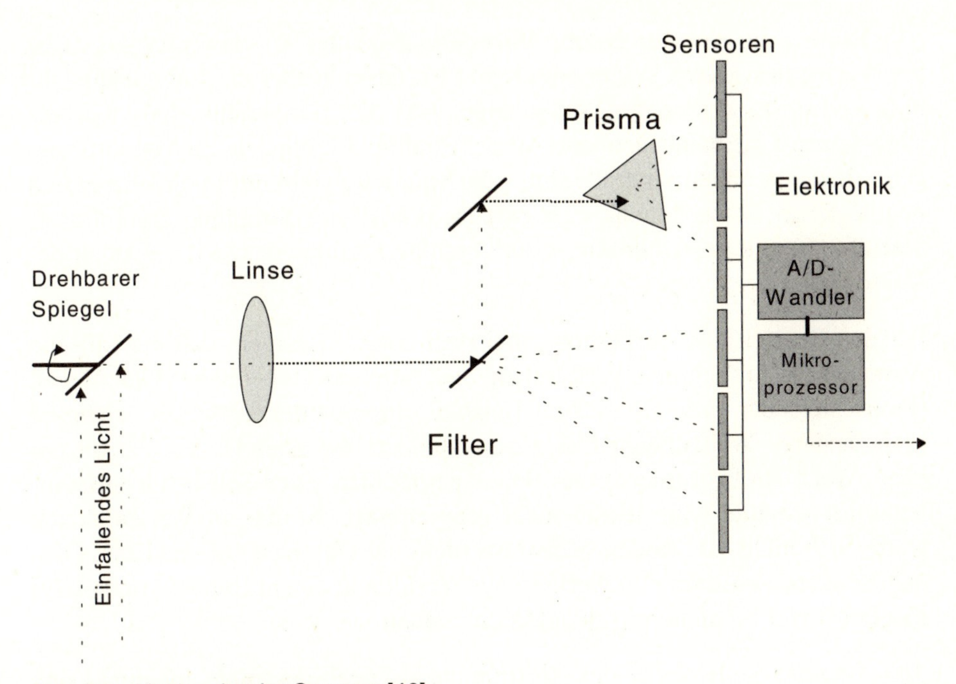

Abb. 8.2: Multispektraler Scanner [46]

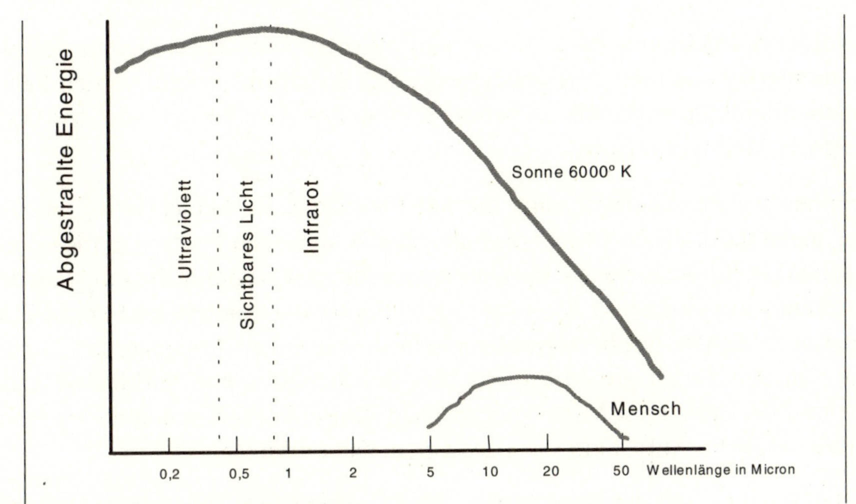

Abb. 8.3: Spektrum des Lichts [46]

Gehen wir nun noch kurz auf die Eigenschaften von Licht ein. Was Menschen sehen, ist eigentlich nur ein sehr kurzer Ausschnitt aus dem Spektrum elektromagnetischer Wellen. Das ist in *Abb. 8.3* zu erkennen.

Alle Körper, die eine Temperatur über dem absoluten Nullpunkt haben, strahlen Wärme aus. Desto heißer ein Objekt ist, desto größer die Energieabstrahlung und desto kürzer die Wellenlänge. Aus der Temperatur eines Körpers kann man auf die hauptsächliche Art der Strahlung schließen, die von ihm ausgeht. In vielen Fällen wird allerdings die Strahlung nicht nur in einem Bereich liegen. Beim Menschen handelt es sich primär um Strahlung im Infrarotbereich; hinzu kommt allerdings eine geringe Strahlenmenge im Bereich der Mikrowellen.

Für den Bereich der Aufklärung muß man berücksichtigen, daß die irdische Atmosphäre Aufnahmen verfälschen oder zumindest behindern kann. Die Ozonschicht der Erde filtert zum Beispiel ultraviolettes Licht aus, während Licht anderer Wellenlänge nahezu ungehindert bis zum Boden vordringen kann. Wenn ein Instrument eines Spionagesatelliten einen Sensor für ultraviolettes Licht hätte, wäre dieser nicht sehr effektiv. In diesem Wellenbereich würde sich nicht viel finden, jedenfalls nicht bei Objekten auf der Erde. Deshalb arbeiten Sensoren von Aufklärungssatelliten in einem Bereich, in dem sie möglichst viel Lichtenergie absorbieren können.

Abb. 8.4 zeigt die Bereiche des elektromagnetischen Spektrums, in dem es sich lohnt, Sensoren anzusetzen, weil die Ausbeute an Lichtenergie relativ hoch ist.

Aus *Abb. 8.4* geht eindeutig hervor, daß mit herkömmlichen Filmen nur ein bestimmter Bereich des elektromagnetischen Spektrums erfaßt werden kann. Es gibt allerdings viel mehr zu sehen, und was es dazu bedarf, sind lediglich geeignete Meßinstrumente.

Kommen wir zu der Auflösung, die mit Photokameras erreichbar ist. Auflösung meint das kleinste Objekt, das mit einer bestimmten Technik gerade noch zu sehen ist. Bei Kameras in Aufklärungssatelliten wird die Auflösung von der Entfernung zur Erde, von der verwendeten Optik der Kamera und vom Filmmaterial abhängen. Bei herkömmlichem Filmmaterial im Amateurbereich geht man von 100 Zeilen pro Millimeter aus, bei Satelliten zur Aufklärung kann man mit 300 Zeilen pro Millimeter rechnen. Damit kommt man auf eine theoretisch mögliche Auflösung von rund einem halben Meter.

In der Praxis wird die erreichte Auflösung schlechter sein, etwa weil die Atmosphäre verschmutzt ist. Eine gute Auflösung ist allerdings nicht alles. Ein Eisbär im Schnee ist deshalb schwer zu sehen, weil er sich nicht vom Hintergrund abhebt. Ein roter Overall im Schnee kann hingegen, etwa nach einer Lawine, die Rettung bedeuten. Der Kontrast ist also eine Größe, die stets zu bedenken ist. Durch multispektrale Scanner kann man die verschiedenen Wel-

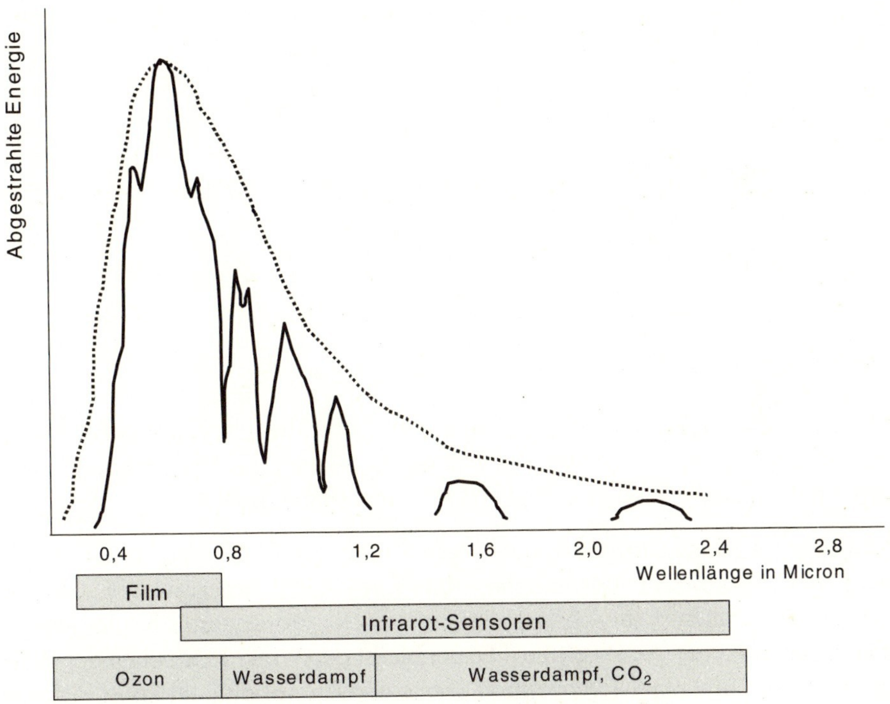

Abb. 8.4: Reflektierte Energie bei bestimmten Wellenlängen [46]

lenbereiche so kombinieren, daß bestimmte Kontraste gut herauskommen. Solche Bilder zeigen zwar oft Falschfarben, aber für die Auswertung stört das nicht.

Das zweite neuartige Instrument an Bord von Aufklärungssatelliten sind *Charged Coupled Devices* (CCDs). Dabei handelt es sich um elektronische Bauteile, die in der Lage sind, Lichtstrahlen direkt in elektrische Energie umzusetzen. CCDs sind nicht nur im Erdorbit zu finden, sondern auch in ganz gewöhnlichen Gebrauchsgegenständen auf der Erde. Elektronische Kameras und Camcorder enthalten Dutzende dieser Bauteile.

In *Abb. 8.5* ist das Funktionsprinzip von Charged Coupled Devices dargestellt.

Während ein herkömmlicher Film rund zwei Prozent der Lichtenergie nutzt, die auf ihn fällt, kann man bei CCDs mit einer Ausbeute bis zu 80 Prozent rechnen. Die Lichtenergie wird in einer Elektronik umgesetzt. Wenn man eine Skala von 0 bis 255 benutzt, kann man zum Beispiel Null für kein Licht nehmen, während der Wert 255 hellsten Sonnenschein darstellt. Natürlich sind andere Skalen durchaus möglich.

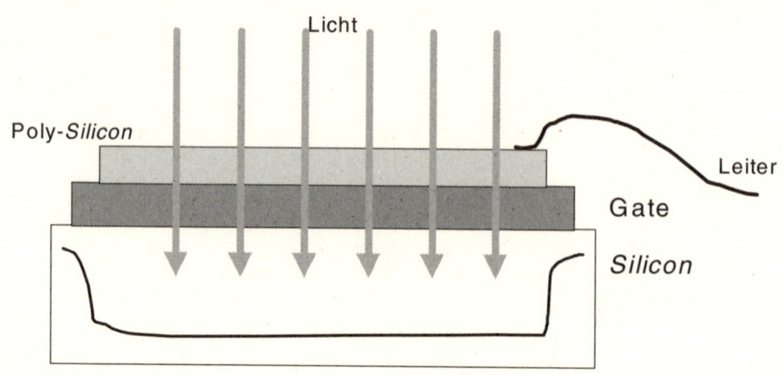

Abb. 8.5: Lichtumwandlung in Charged Coupled Devices [46]

Charged Coupled Devices können sichtbares Licht sowie Infrarotstrahlung gut verarbeiten, versagen allerdings in anderen Bereichen des Spektrums. Deswegen werden nach wie vor multispektrale Scanner gebraucht.

Kommen wir damit zu den Bahnen von Aufklärungssatelliten. In der Regel wird man Tageslicht bevorzugen, um Aufnahmen interessanter Objekte machen zu können. Damit bietet sich ein sonnensynchroner Orbit an. Das ist eine Bahn, die über die Pole führt. Dabei bleibt der Winkel zwischen der Bahn des Satelliten und einer Ebene durch Sonne und Erdmittelpunkt konstant. Man kann es nun so einrichten, daß der Aufklärungssatellit immer zur selben Tageszeit einen bestimmten Punkt der Erde überfliegt. In der Regel sind die frühen Morgenstunden eines Tages besser zur Beobachtung geeignet als der Nachmittag, weil dann die Atmosphäre noch weniger durch Gase und Rauch verunreinigt ist. Bei der Verwendung eines polaren Orbits kann der Satellit allerdings über dem Pol jederzeit in eine andere Bahn einschwenken.

Kehren wir damit zurück zur Geschichte der amerikanischen Aufklärungssatelliten.

8.4 Die Keyhole-Serie

Die US AIR FORCE hatte lange gebraucht, um die Technik zum Auffangen der Filmkapseln zu lernen. Als sie ihre Piloten allerdings erst einmal beherrschte, fing man am Himmel über Hawaii eine ganze Reihe von Filmkapseln ab. DISCOVERER XVII und XVIII brachten exzellentes Filmmaterial [47] zurück. Die Auflösung lag bei etwa 30 Zentimetern. Die Analysten waren sogar in der Lage, die Automarke der Wagen festzustellen, die auf dem Roten Platz in Moskau herumfuhren. Da durfte es keine Schwierigkeiten bereiten,

Raketen vom Typ SS-6 zu erkennen. Man war mit Hilfe der Aufnahmen der Satelliten in der Lage, die Zahl der Abschußrampen für interkontinentale ballistische Raketen (ICBMs) in der Sowjetunion auf zehn bis 14 festzulegen.

Die Agentur, die schon damals das Programm koordinierte und versuchte, die Anforderungen der einzelnen Teilstreitkräfte und der verschiedenen US-Geheimdienste unter einen Hut zu bringen, ist das *National Reconnaissance Office* (NRO). Diese Behörde in Washington war jahrelang so geheim, daß die Regierung ihre Existenz stets bestritt. Erst nach dem Ende des Kalten Krieges trat eine gewisse Lockerung ein. Man schätzt das Budget für Aufklärung und die Geheimdienste der USA für die achtziger Jahre auf 200 Milliarden Dollar. Dem NRO und der Air Force werden davon rund 15 Prozent zugerechnet, also 30,8 Milliarden Dollar.

Das DISCOVERER-Programm mündete schließlich in die Satelliten vom Typ Keyhole. Der dritte Startversuch mit einem Satelliten vom Typ KH-5 war am 18. Mai 1963 erfolgreich. Das Trägersystem, das diesen Satelliten mit einer Tonne Gewicht in den Orbit brachte, war eine Interkontinentalrakete vom Typ Thor. Sie wurde durch drei Booster verstärkt. Auf der Spitze der Thrust-Augmented-Thor (TAT) saß eine Agena-D. Diese Rakete würde den Satelliten auf seine exakte Position im Erdorbit bringen. Mit der Hilfe der Agena-D war der Satellit in der Lage, seine Position rasch zu verändern, und es konnte praktisch jeder Punkt auf der Erde photographiert werden.

Zwischen Februar 1963 und März 1967 wurden insgesamt 46 Satelliten vom Typ KH-5 in den Weltraum geschossen. Ein Aufklärungssatellit dieses Typs blieb durchschnittlich 23 Tage im Raum, obwohl die Lebensdauer einiger Satelliten sehr viel kürzer war. Die Bahn dieser Satelliten war 78,7 Grad gegenüber dem Äquator geneigt, der Perigee lag bei 183 Kilometern, der Apogee bei 391 Kilometern.

Der Nachfolger war KH-6. Dieser Satellit befand sich in der Nase einer Lockheed Agena-D und war damit in der Lage, seine Position nach den Erfordernissen zu verändern. Man kam beim Start mit einer Atlas ohne zusätzliche Booster aus, weil die Satelliten vom Typ KH-6 sehr tief flogen. Der Perigee betrug nur bei 150 Kilometer. Ende 1963 war man sich mit Hilfe der Aufnahmen von KH-6 sicher: Die Russen bauten Silos für Interkontinentale Ballistische Raketen vom Typ SS-7 und SS-8.

Aufklärer der Typen KH-7 und KH-8 hatten, wie Landsat, einen multispektralen Scanner an Bord. Anders aber als bei Landsat, wo lediglich drei Wellenbereiche untersucht wurden, war dieser Scanner in der Lage, die elektromagnetischen Wellen in sieben Bereichen zu untersuchen: Blau, grün, rot, beginnendes Infrarot, Beginn des mittleren Infrarotbands, mittleres Infrarot und Ende des Infrarot-Bands. KH-8 konnte Fotos mit einer Auflösung von sieben bis zehn Zentimetern machen. Die typische Verweildauer eines Satelliten dieses Typs im Orbit betrug 50 bis 80 Tage. Der begrenzende Faktor war offensichtlich der Treibstoff der Raketenstufe.

Die Aufklärung mit Hilfe der Photographie ging weiter, aber mit der Zeit wurde man sich auch der Mängel des Verfahrens bewußt: Es dauerte einfach zu lange, die Filmkapseln zu bergen, die Fotos zu entwickeln und durch Analysten in Washington auswerten zu lassen. Drastisch klar machen kann man sich das mit dem Sechs-Tage-Krieg zwischen Israel und Ägypten: Der ganze Krieg war bereits vorbei, bevor in Washington die ersten Aufnahmen vorlagen.

Diese Situation war unhaltbar geworden, und man ging daran, das Verfahren grundlegend zu verändern. KH-11 brach mit der Tradition der Fotoaufklärung und setzte voll auf Charged Coupled Devices. Diese Aufnahmen bestanden letztlich nur aus Nullen und Einsen, einem Bitstrom, der zur Erde gefunkt werden konnte. Damit war man in der Lage, fast in Echtzeit zu sehen, was sich in Rußland und auf anderen Kriegsschauplätzen tat. KH-11 war eine Schöpfung der CIA und wurde bei TRW gebaut. Das Programm überschritt sein Budget um mehr als eine Milliarde Dollar, und diese Gelder fehlten für andere Entwicklungen.

KH-11 wog 15 Tonnen und wurde auf der Spitze einer Titan 3D von Vandenberg aus in seine Bahn geschossen. Der Satellit schlug einen beinahe vollkommenen polaren Orbit ein. Der tiefste Punkt lag bei 264 Kilometern, der höchste Punkt der Bahn bei 526 Kilometern. Der erste KH-11 blieb volle 770 Tage im Orbit, also mehr als zwei Jahre.

Die genauen Daten über die Leistungsfähigkeit der Aufklärer vom Typ KH-11 sind immer noch geheim. Grundsätzlich läßt sich mit CCDs nicht die hohe Auflösung wie mit einem Film erreichen, aber für die regelmäßige Überwachung bestimmter Installationen ist KH-11 sehr gut geeignet. Die Auflösung der elektronischen Bilder hängt letztlich davon ab, wie gut das Teleskop ist, das sich vor den CCDs befindet. Die Anzeichen sprechen dafür, daß es sehr gut ist. Die US AIR FORCE hat sechs optische Linsen mit einem Durchmesser von 1,8 Metern der Universität von Arizona und dem Smithsonian Museum überlassen. Die Linse vor den CCDs dürfte also etwas größer sein. Man tippt auf rund zwei Meter.

Auch bei der Auflösung ist man auf Schätzungen angewiesen. Fachleute gehen aber von fünf Zentimetern aus. Ein paar Rückschlüsse auf die Leistungsfähigkeit amerikanischer und russischer Spionagesatelliten kann man aus den Abrüstungsverträgen zwischen den USA und der Sowjetunion ziehen. Von Seiten der Geheimdienste hatte man den Unterhändlern im Außenministerium versichert, daß Veränderungen von fünf Prozent an den russischen Raketen vom Typ SS-11 bemerkt werden würden. Eine SS-11 ist 19,5 Meter lang und hat einen Durchmesser von 1,8 Metern. Fünf Prozent davon sind neun Zentimeter.

Dieses Ergebnis stimmt recht gut mit der obigen Schätzung von fünf Zentimetern überein, weil man bei dieser Auflösung sicherlich mit störenden Einflüssen der Atmosphäre rechnen muß. Seit der Inbetriebnahme der Satelliten vom Typ KH-11 folgen die USA offenbar einer Strategie, die man wie folgt formulieren kann: Satelliten vom Typ KH-11 überfliegen regelmäßig Objekte, die von Interesse sind. Werden dann Veränderungen festgestellt oder sind am Boden Aktivitäten im Gange, die man sich nicht erklären kann, wird ein spezialisierter Satellit zur der Stelle gebracht, um weitere Aufnahmen zu machen.

Zu den Satelliten vom Typ Keyhole braucht man natürlich eine Infrastruktur am Boden, um das ganze Material auszuwerten, zu sammeln und zu archivieren. Die Satelliten übermitteln ihre Signale nicht direkt nach Washington, son-

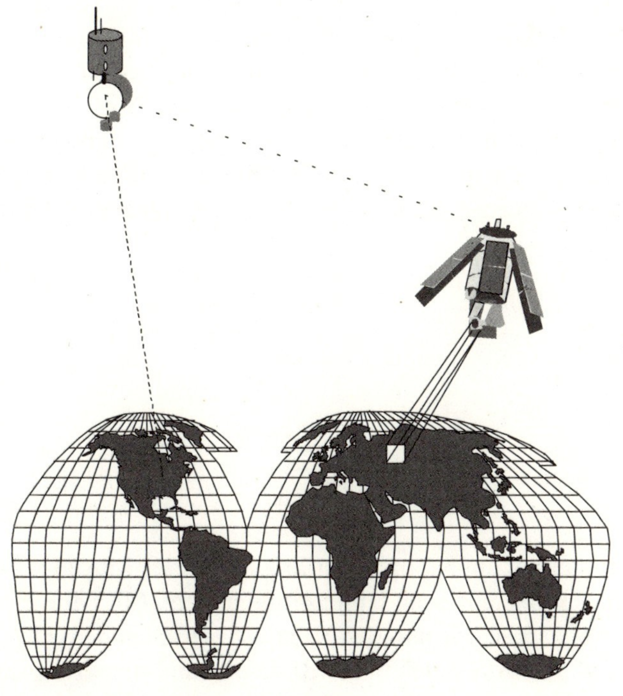

Abb. 8.6: Nachrichtenübermittlung bei KH-11

dern bedienen sich dazu der Dienste eines Kommunikationssatelliten des Pentagon, der hoch über der Bahn von KH-11 steht. Auf diese Weise ist es den Russen kaum möglich, den Datenaustausch zu stören. Dieses Verfahren ist in *Abb. 8.6* dargestellt.

Über Neuentwicklungen im Bereich des Typs Keyhole ist wenig bekannt. Das grundlegende Design des Satelliten scheint sich aber beim Nachfolgemodell KH-12 nicht groß geändert zu haben. Allerdings kann man auch feststellen, daß die Auflösung gut genug ist. Die Späher im All können sehen, was von Interesse ist.

8.5 Digitale Bildauswertung

Während früher als Werkzeug für einen Analysten eine gute Lupe genügte, hielten mit der KH-11 Computer und Software Einzug in dieses Handwerk. Weil die Images des Satelliten aus Punkten bestehen, bei denen man jedem Bildpunkt einen Zahlenwert in einer Skala zwischen 0 bis 255 zuordnen kann, lassen sich diese digitalen Images durch bestimmte Techniken verbessern. Der Wert Null stellt dabei Schwarz dar, der Wert 255 steht für reines Weiß. Dazwischen liegen viele verschiedene Grauwerte.

Die erste dieser Techniken dient dazu, einen Kontrast stärker zu betonen. Wenn zwischen zwei verschiedenen Werten nur ein geringer Helligkeitsunterschied liegt, dann ist das Objekt schwer auszumachen. Mit Hilfe von Software und eines Computers läßt sich das ändern. Wir benutzen in den folgenden Beispielen eine Skala, die von 0 bis 9 reicht. Null ist wieder Schwarz. Nehmen wir an, wir haben einen Bildausschnitt, der die folgenden Werte aufweist (siehe *Tabelle 8.1*).

Tabelle 8.1: Bildausschnitt

6	6	5	6	6
6	6	5	6	6
5	5	5	5	5
6	6	5	6	6
6	6	5	6	6

Es handelt sich hier um ein Kreuz. Allerdings ist dieses Muster sehr schwer zu erkennen, weil es sich kaum vom Hintergrund abhebt. Mit Hilfe eines Computerprogramms verstärken wir nun den Kontrast zwischen dem Objekt und seinem Hintergrund. Nun stellt sich unser Bildausschnitt numerisch so dar (siehe *Tabelle 8.2*).

Tabelle 8.2: Verbesserter Bildausschnitt

9	9	0	9	9
9	9	0	9	9
0	0	0	0	0
9	9	0	9	9
9	9	0	9	9

Mit Hilfe der Computertechnik haben wir nun ein Bild erzielt, in dem wir ein schwarzes Kreuz auf einem weißen Hintergrund sehen. Mit anderen Techniken werden die Kanten eines Objekts betont oder es werden Daten herausgefiltert, die im Moment nicht interessieren.

Ein weiteres Mittel, um bestimmte Objekte klar sehen zu können, ist der gezielte Einsatz bestimmter Frequenzen eines multispektralen Scanners. Im Bereich der Landwirtschaft ist Infrarotlicht wichtig, denn es wird von den Pflanzen gut reflektiert. Wer also am Wachsen von Pflanzen interessiert ist, wird Images mit diesem Spektralband ordern.

8.6 Andere Aufklärungssatelliten

Über die Aufklärung mit Fotos hinaus gibt es natürlich noch andere Möglichkeiten, die Waffensysteme eines potentiellen Gegners auszuforschen. Hier wären an erster Stelle Radarsatelliten zu nennen. Wer einmal Bilder gesehen hat, die mit Hilfe von Radar erzeugt wurden, wird über die Schärfe und den hohen Kontrast gestaunt haben.

Radar beim Einsatz in Aufklärungssatelliten hat die folgenden Vorteile:

1. Radar kann auch in der Nacht eingesetzt werden.
2. Mit Radar kann man Objekte am Boden auch dann beobachten, wenn der Himmel wolkenverhangen ist.
3. Mit Radar kann man Dinge erfahren, die man mit Hilfe von Fotos nicht erkennt: Die Rauhigkeit des Geländes, elektrische und physikalische Eigenschaften der Vegetation sowie Wellenmuster auf den Ozeanen.
4. Mit Radar kann man unter bestimmten Bedingungen, etwa in der Wüste, unter dem Sand verborgene Strukturen erkennen.
5. Mit Radar kann man Entfernungen messen.

All das sind gute Gründe, um auf Radarsatelliten zu setzen. Man erreicht mit solchen Satelliten eine Auflösung von 1 bis 1,5 Meter. Die USA setzen seit einigen Jahren auf Radarsatelliten als Ergänzung zu den Satelliten vom Typ Keyhole. Der gerade im Bau befindliche vierte Satellit dieses Typs soll im Jahr 1999 oder 2000 mit einer Titan 4B von Vandenberg aus in seine Bahn geschossen werden. Für den Satelliten [48] werden Entwicklungskosten von 700 Millionen bis 1 Milliarde US$ angegeben. Die Technologie wird auch verwendet, um auf dem Planeten Venus unter die Wolkendecke schauen zu können.

Abb. 8.7 zeigt die Aufnahme eines Profils auf dem Boden durch einen Radarsatelliten.

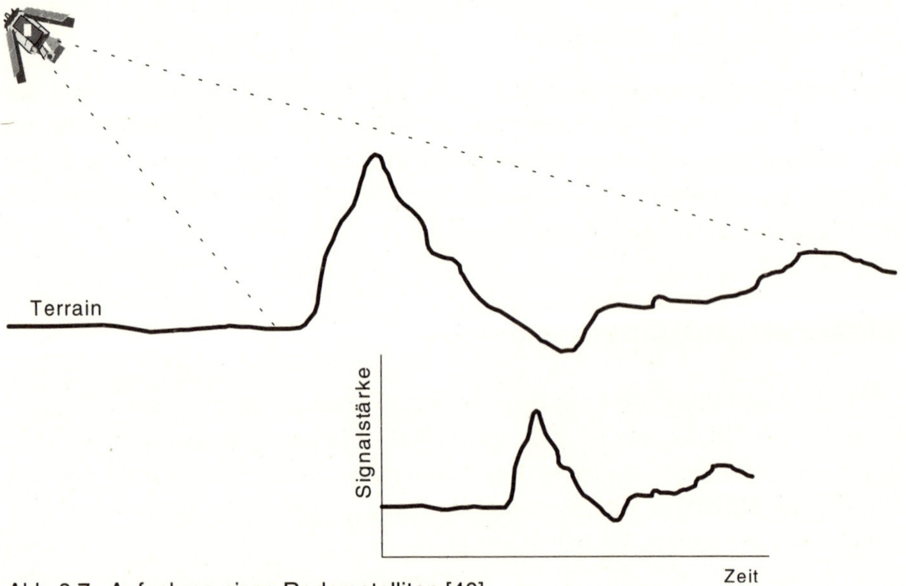

Abb. 8.7: Aufnahme eines Radarsatelliten [46]

Beim Einsatz von Radar wird das reflektierte Signal wichtige Informationen über das untersuchte Objekt liefern. Bei einem Berg oder Hügel wird die dem Satelliten zugewandte Seite ein starkes Echo erzeugen, während von der dem Satelliten abgewandten Seite kein oder nur ein schwaches Echo zurück kommt. Diese Eigenschaft macht sich auch bei Städten vorteilhaft bemerkbar: Die Kanten und Ecken von Gebäuden lassen sich gut erkennen.

Trotz modernster Technik gelingt es den Wissenschaftlern und Technikern auf dem Boden oft, die andere Seite zu täuschen und wichtige Versuche durchzuführen, ohne daß die amerikanischen Geheimdienste und das National Reconnaissance Office das mitbekommen. So auch im folgenden Fall.

Fall 8-1: Ausgetrickst [49,50]

Auf dem indischen Subkontinent besteht eine große Rivalität zwischen Indien und Pakistan. Dieser Streit hält seit Jahren an, und auf bestimmte Gebiete erheben beide Seiten Ansprüche. Indien stützt sich dabei oftmals auf russische Waffentechnik, während Pakistan die USA und China auf seiner Seite zu haben scheint. Natürlich hat das amerikanische Engagement in Pakistan auch damit zu tun, daß man das Land im Krieg in Afghanistan als Basis brauchte.

Am 11. und 13. Mai 1998 führte Indien in seinem Versuchszentrum in Pokran im Nordwesten des Landes an der Grenze zu Pakistan fünf unterirdische Versuche mit Atombomben durch. Die Welt war verblüfft. Kein Geheimdienst hatte eine Vorwarnung gegeben. Wie konnte Indien dieses Vorhaben, trotz der viele Aufklärungssatelliten im All, vor der ganzen Welt geheim halten?

Die Verantwortlichen in Indien bedienten sich einer List. Sie wußten, daß KH-12 ihr Versuchsgelände nur einmal in 24 Stunden überflog, um Aufnahmen zu machen. Dadurch konnten die rund 250 an dem Versuch beteiligten Wissenschaftler zu einem günstigen Zeitpunkt zu dem abgelegenen Gelände gebracht werden. Teil 2 dieser Strategie bestand darin, die Späher am Himmel zu täuschen: Es wurde tonnenweise militärisches Gerät und Ausrüstung zum Stützpunkt Chandipur ganz im Osten des Landes gebracht. Dadurch mußte für die Beobachter in Washington der Eindruck entstehen, die Inder wollten erneut ihre Mittelstreckenrakete namens *Agni* testen. Diese Versuche waren im Jahr 1994 auf Druck der USA eingestellt worden.

Die Strategie hatte Erfolg. Als man in Washington aufmerksam wurde, hatten indische Politiker den erfolgreichen Test ihrer Atombombe bereits öffentlich bekannt gegeben.

Das NRO rechtfertigte sich damit, daß kein Auftrag ihrer Kunden zur Beobachtung des indischen Versuchszentrums Pokhran vorlag. Wo niemand etwas erwartete, schaute folglich weder KH-12 noch der Radarsatellit *Lacrosse* hin.

Ein Satellitentyp, dessen Existenz über Jahrzehnte [51] geheim blieb, sucht nach Objekten in der Sowjetunion, die Strahlung aussenden. In solchen Fällen spricht man im Fachjargon von SIGINT, also *Signal Intelligence*. Der Zweck dieses Satelliten war es also, Radarinstallationen tief im Inneren der Sowjetunion und Rußlands aufzuspüren und ihre Position und ihre Frequenz festzuhalten. Die neue Satellitentechnologie war für diesen Zweck vielversprechend, weil die USA vorher nur Radaranlagen und Flugabwehrstellungen an der Grenze der Sowjetunion hatten orten können.

Der erste Satellit dieses Typs wurde am 22. Juni 1960 gestartet, also ungefähr zwei Wochen vor der Zeit, als es mit den DISCOVERER-Satelliten zum ersten Mal gelang, Bilder von Spionagesatelliten zu bergen. Präsident Eisenhower hatte den Bau des Satelliten am 5. Mai 1960 genehmigt, gerade vier Tage nach dem Abschuß von Gary Powers U-2 über der Sowjetunion. Eisenhower hatte es sich vorbehalten, jeden Flug der U-2 über der sowjetisches Territorium persönlich zu genehmigen, und ähnlich wurde mit dem neuen Satelliten verfahren, als er im Juli 1960 in Betrieb genommen wurde.

Eisenhower erteilte die Genehmigung zum Betrieb des Satelliten bis zum Ende seiner Amtszeit im Januar 1961 nur sehr selten, aber Präsident Kennedy war in dieser Hinsicht großzügiger. Das Nachfolgeprogramm dieser Satellitenserie ist immer noch geheim, aber diese Satelliten haben wesentlich dazu beigetragen, Radar-Installationen tief innerhalb der Sowjetunion zu lokalisieren. Damit wurde die Aufgabe der Planer von strategischen Missionen im Pentagon wesentlich erleichtert.

8.7 Sowjetische Satelliten

Über das Programm von Spionagesatelliten sowjetischer Bauart ist weit weniger bekannt, weil es in Rußland so gut wie keine offen zugängliche Literatur zu dem Thema gibt. Amerikanische Quellen berichten, daß der erste sowjetische Spionagesatellit, Cosmos 148, am 16. März 1967 in seine Bahn geschossen wurde. Es handelte sich um einen Satelliten zum Finden fremder Funksignale (SIGINT). Ein Schwerpunkt der sowjetischen Aufklärung scheint darauf gerichtet zu sein, amerikanische Schiffe und U-Boote auf den Weltmeeren zu orten und zu verfolgen.

Die russischen Wissenschaftler und Ingenieure setzen bei ihren Satelliten oftmals RADAR ein. Das hat, gerade beim Aufspüren von getauchten U-Booten, sicherlich Vorteile. Aber es ist in technischer Hinsicht nicht ohne Probleme. RADAR braucht viel Energie, und die Erzeugung dieser Energie an Bord ist gerade bei tief fliegenden Spionagesatelliten mit Sonnenzellen nicht möglich. Was als Energiequelle bleibt, sind Atomreaktoren.

Fall 8-2: Atomunfall [47]

Bei den Atomreaktoren an Bord der russischen Aufklärungssatelliten scheint es sich um eine Modifikation des Typs *Romashka* zu handeln, der mit angereichertem Uran U-235 betrieben wird. Ein solcher Reaktor erzeugt zehn Kilowatt Leistung.

Schon als der Reaktor für den Satelliten noch im Planungsstadium war, erkannten die russischen Konstrukteure, daß sie ein Problem hatten. Um den Reaktorkern abzuschirmen, benötigten sie eine dicke Bleischicht. Wenn ein Satellit das Ende seiner Lebensdauer erreicht hat, taucht er normalerweise in tiefere Schichten der Atmosphäre ein und verglüht. Auf der Erde kommen so gut wie keine Trümmer eines solchen Satelliten an. Bei dem sowjetischen Radarsatelliten würde das allerdings nicht funktionieren: Die Bleischicht war so dick, daß sie sich in der Erdatmosphäre nicht auflösen würde. Damit bestand die Gefahr, daß radioaktiv strahlendes Material auf der Erde ankommen würde.

Die russischen Ingenieure fanden schließlich eine Lösung für das Problem. Sie bauten den Satelliten in drei Teilen. Am Ende seiner Lebenszeit würden sich diese drei Teile trennen. Zwei davon, die nicht radioaktiv verseuchten, würden auf die Erde fallen und in ihrer Atmosphäre verglühen. Das dritte Teil, der Reaktor des Radarsatelliten, würde hingegen einen eigenen kleinen Raketenmotor bekommen. Dieser Motor würde den Reaktor auf eine höhere Umlaufbahn befördern, auf der er mehr als fünfhundert Jahre bleiben würde. Das war offensichtlich genug Zeit für den Reaktor, um abzukühlen.

Das System schien zu funktionieren. Am 18. September 1977 wurde Kosmos 954 gestartet, ein weiterer Radarsatellit. Er erfüllte seine Aufgabe bis zum 6. Januar 1978. Dann kam er von seiner Bahn ab und taumelte durch das All. Weil der Satellit solche Kapriolen schlug, zögerten die russischen Kontrolleure, seinen Reaktor abzusprengen. Der Reaktorkern war zu dem Zeitpunkt stark verseucht.

Am 24. Januar 1978 wurden die schlimmsten Befürchtungen der russischen Konstrukteure des Radarsatelliten Wirklichkeit. Er stürzte ab, und obwohl ein Großteil des Satelliten in der Atmosphäre verglühte, schützten die Bleiplatten des Reaktors den Kern vor der Zerstörung. Die Reste des Atomreaktors zogen eine radioaktive Spur der Verwüstung durch die kanadische Tundra in der Nähe des Großen Sklavensees.

Dieser Unfall führte dazu, daß für zweieinhalb Jahre kein Satellit dieses Typs mehr gestartet wurde. Die russischen Wissenschaftler arbeiteten an einem neuen Design. In den USA hätte man sicherlich zwei- oder dreifach redundante Systeme vorgesehen, um ein Versagen des Mechanismus zum Starten des Raketenmotors zu verhindern. In der Sowjetunion fand man eine ganz andere, verblüffende Lösung. Man stößt nun bei einem Absturz die Brennstäbe mit dem Plutonium aus. Dieses Material ist voll der Hitze der Erdatmosphäre ausgesetzt und verglüht.

Man konnte in der westlichen Welt das neue Design im Jahr 1983 beobachten. Cosmos 1402 wich von seiner Bahn ab, taumelte und brach in zwei Teile auseinander. Keiner davon wurde in eine höhere Umlaufbahn befördert. Die Reste des Atomreaktors fielen am 23. Januar 1983 in den Indischen Ozean.

Was die Auflösung russischer Spionagesatelliten anbelangt, so sind dazu erst nach Ende des Kalten Krieges Informationen in die Öffentlichkeit gelangt. Dies war schon deswegen unausweichlich, weil inzwischen auch Rußland Fotos kommerziell verwertet. Für die Grobauswertung wird dabei eine Auflösung von zehn Metern [52] genannt, während mit einer zweiten Kamera eine Auflösung zwischen 0,75 und 2,0 Metern versprochen wird.

Man kann durchaus bezweifeln, ob die Leistungsfähigkeit russischer Spionagesatelliten somit bereits ausgeschöpft ist, denn die besten Fotos werden kaum auf dem offenen Markt angeboten werden.

8.8 Satelliten als Mittel der Verifikation

Obwohl die Kosten von Aufklärungssatelliten zuweilen schwindelerregende Höhen erreichen, wären doch Abrüstungsverträge wie SALT I und SALT II ohne sie nicht denkbar. Die USA und Rußland trauen sich weiterhin nicht über den Weg, und ohne eine Möglichkeit, die Einhaltung der Verträge zu überwachen, hätte man sich in Washington nicht zu ihrer Ratifizierung entschlossen.

Überwachung heißt in diesem Sinne Verifikation, und die ist nur möglich mit Satelliten wie KH-11 und seiner Nachfolger. Im Mai 1984 kam es in Severomorsk, den Heimathafen der sowjetischen Nordmeerflotte, zu einer Serie von Explosionen, die in ihrem Ausmaß nie vorher beobachtet worden waren. Zu der Nordmeerflotte gehören 148 Kriegsschiffe und 190 der 371 Unterseeboote der Sowjetunion. Im Zuge der Explosionen in dem Waffenarsenal in Severomorsk wurden die folgenden Waffensysteme zerstört:

- 580 von 900 SA-N1 und SA-N3 Boden-Luft-Raketen
- 320 der 400 vorhandenen SS-N3 und SS-N-12 Raketen, die zur Zerstörung feindlicher Schiffe bestimmt sind
- 80 SS-N-22-Raketen, die Atomsprengköpfe tragen können
- Eine nicht genau zu ermittelnde Menge an SS-N-19 Anti-Ship-Raketen

Bei diesem Unfall im hohen Norden der Sowjetunion kamen mehr als dreihundert Menschen zu Tode. Erstaunlich ist, daß es den Analysten in den USA gelang, aus den Bildern, die schließlich nur noch Einzelteile von Raketen zeigten, genaue Schlüsse auf die Größe des Depots zu ziehen.

In den USA hatte man vorher angenommen, in Severomorsk würden rund zweihundert Raketen lagern. In der Tat waren es aber weit über tausend. Satelliten wie KH-11 sind natürlich auch dann nützlich, wenn es um Ziele in Libyen und im Irak, im Iran oder in Somalia geht. Kein Ort der Erde ist vor den Spähern im Erdorbit sicher.

8.9 Möglichkeiten und Grenzen technischer Systeme

> *„Die Leute im Geheimdienst haben bisher nicht akzeptiert, daß Spionage durch Agenten eine Ergänzung der Aufklärung durch technische Systeme darstellt. Agenten haben die Aufgabe, auf der einen Seite da Erkenntnisse zu liefern, wo technische Systeme nicht vordringen können. Ihre zweite Aufgabe besteht darin, die Ergebnisse der Aufklärung mit technischen Mitteln zu überprüfen. Kurz gesagt, Menschen werden da eingesetzt, wo technische Mittel versagen." (Admiral Stansfield Turner, früherer CIA-Direktor).*

Obwohl die technische Leistungsfähigkeit von Satelliten wie KH-11 oder *Lacrosse* beeindruckend ist, hat man in Organisationen wie dem amerikanischen CIA die Fähigkeiten solcher Systeme lange Zeit überschätzt. Diese Fehleinschätzung der Lage führte dann dazu, daß nach dem Sturz des Schah im Irak fast keine Spione mehr vorhanden waren, die für Berichte aus dem Land selbst zuständig waren. Das Scheitern der Befreiung der Geiseln in der amerikanischen Botschaft in Teheran dürfte auch darauf zurückzuführen zu sein, daß nicht genügend Agenten zur Verfügung standen, die zuverlässige Berichte aus dem Land hätten liefern können.

Aufklärung aus dem erdnahen Orbit hat also da ihre Grenzen, wo es um Wissen geht, das nur von Menschen beschafft werden kann. Kein Satellit kann die Stimmung im Basar von Teheran erkunden, kann den Preis von Brot feststellen. Insofern muß man bei aller Begeisterung für die Technik realistisch bleiben.

Daß Satelliten auch getäuscht werden können, daß man sie überlisten kann, hat der Fall mit den atomaren Tests in Indien eindrucksvoll gezeigt. In Südafrika wurde vom Apartheid-Regime in den siebziger Jahren mit Unterstützung durch Israel ein Programm zur Herstellung von Atombomben durchgeführt, und am Ende wurde eine Atombombe gezündet. Der Lichtblitz dieser Explosion wurde von einem amerikanischen Aufklärungssatelliten, der am Ende seiner Lebensdauer war, aufgezeichnet und gemeldet. Allerdings war man sich unter den Analysten in Washington in diesem Fall nicht sicher, ob es sich nicht doch um eine Fehlfunktion des alternden Satelliten gehandelt haben konnte.

Das Regime in Pretoria bestritt vehement, eine Atombombe zu besitzen, geschweige denn eine solche gezündet zu haben. Das US-Außenministerium gab sich schließlich mit diesen Unschuldsbeteuerungen zufrieden, und die Sache verlief im Sande. Nach der Übernahme der Macht durch Nelson Mandela kam heraus, daß das alte Regime sehr wohl eine Atombombe gezündet hatte. Der Satellit hatte also nicht versagt.

Über Anti-Satelliten, also Satelliten zur Zerstörung von Aufklärungssatelliten, hat man offensichtlich viel nachgedacht, aber das Projekt ist nie bis zu dem Punkt gediehen, wo solche Satelliten tatsächlich gebaut werden sollten. Angesichts von Tausenden von Satelliten im Erdorbit wäre die Aufgabe wohl auch nicht lösbar. So bleiben derartige Satelliten wohl eher das Feld von Science Fiction.

8.10 Zukünftige Entwicklungen

Wenn man eine Forderung an zukünftige Projekte im Bereich der Aufklärung vorhersagen kann, dann ist es die Forderung an die Fähigkeit, Informationen in Echtzeit zur Verfügung zu stellen. Diese Forderung wurde mit der Einführung von KH-11 fast erfüllt. Images können nun zwei Stunden nach ihrer Aufnahme auf dem Tisch des Präsidenten der Vereinigten Staaten liegen.

Was allerdings bisher stark vernachlässigt wurde, ist der Kommandeur im Feld. Er mag zwar auch Satellitenaufnahmen bekommen, aber sie sind in der Regel Wochen alt. Er kann sich daher oft nicht darauf verlassen, ob diese Fotos noch die aktuelle Situation zeigen. Obwohl es ein breites Publikum kaum bemerkt, sind auch bei dem Konflikt im Kosovo Flugzeuge wie AWACS oder *Joint Stars* in der Luft, die sehr hoch fliegen und einen Überblick über das Kampfgeschehen haben. Was von Seiten der Kommandeure gefordert wird, ist bessere Nutzung der Daten von Satelliten wie KH-12 für solche Kampfeinsätze.

Was ist notwendig, um diese Forderung erfüllen zu können? Zum einen müssen bestimmt Datenformate, Frequenzen und viele andere technische Details abgeglichen werden. Zum zweiten müssen Hürden beseitigt werden, die zwischen den verschiedenen US-Geheimdiensten und den Teilstreitkräften existieren. Zum dritten müssen neue Systeme wie unbemannte Aufklärer (UAVs) einbezogen werden, wie sie auch die Bundeswehr in Bosnien bereits einsetzt.

Was sich ebenfalls abzuzeichnen beginnt, ist der verstärkte Einsatz des Space Shuttle für Missionen, bei denen Menschen ihre Vorteile ausspielen können: Ein großes Wissen um Zusammenhänge und eine Flexibilität, die kein technisches System bisher erreicht hat. Warum müssen Satelliten, die eine Milliarde Dollar gekostet haben, nach ein paar Monaten außer Betrieb genommen werden, nur weil kein Treibstoff für Manöver vorhanden ist? Kann nicht das Shuttle hoch fliegen, und die Astronauten betätigen sich als Tankwarte?

Im Bereich der Technik wird die Entwicklung sicherlich weitergehen. Nicht nur auf der Erde werden in Zukunft Telefonate abgehört werden, auch im Erdorbit sitzen bereits die Lauscher. Den technischen Möglichkeiten sind kaum noch Grenzen gesetzt. Es bleibt zu fragen, ob die Menschenwürde [53] und der Schutz der Privatsphäre mit dieser rasanten technischen Entwicklung überhaupt noch mithalten kann.

9 Ausblick

You cannot fight against the future. Time is on our side (W. E. Gladstone).

Wir sind einen weiten Weg gegangen, seit eine polierte Stahlkugel namens *Sputnik* um unseren Globus flog und seine Botschaft an die ganze Welt sandte. Der erdnahe Weltraum scheint sich tatsächlich als der Platz zu etablieren, als den ihn manche Visionäre in den USA sehen wollen: Die neue Grenze. Ein Platz, an dem ein Vermögen verdient werden kann wie seinerseits im Goldrausch in Kalifornien. Aber auch ein Platz, an dem man sein Leben verlieren kann.

Es ist bemerkenswert, mit welcher Geschwindigkeit und Agilität amerikanische Rüstungskonzerne wie Lockheed Martin und Boeing nach dem Ende des Kalten Kriegs gehandelt haben, um sich den Zugriff auf Technologien zu sichern, in denen Rußland einen gewissen Vorsprung hatte. Die Europäer hatten wieder einmal das Nachsehen. Inzwischen gibt es bei Trägersystemen zwei Konsortien, an denen russische Unternehmen beteiligt sind.

Die rasche Verlagerung von Ressourcen in den Bereich Raumfahrt hatte nicht zuletzt wirtschaftliche Gründe. Für den Bereich der Satellitenindustrie rechnet man für den Zeitraum von 1997 bis 2007 mit einem durchschnittlichen jährlichen Wachstum von 17 Prozent.

In *Abb. 9.1* ist das Wachstum dieser Industrie für die nächsten Jahre aufgezeigt.

Lockheed Martin hat vor, eine Mehrheitsbeteiligung an COMSAT [54] zu erwerben. Damit würde dieser Konzern rund achtzehn Prozent von INTELSAT erhalten den größten Betreiber kommerzieller Satelliten. Gegenwärtig besitzt INTELSAT 19 Satelliten. Allein dieses Kaufangebot zeigt, wie wichtig der Weltraum in manchen Konzernzentralen inzwischen genommen wird.

Wir werden noch eine ganze Weile eine starke Beteiligung des Staates in dieser Technologie erleben, besonders in den bemannten Raumfahrt. Vom Standpunkt eines Unternehmers aus ist das allerdings ein Nebenkriegsschauplatz. Das große Geld wird anderswo verdient werden. Hier sind vor allem direkt

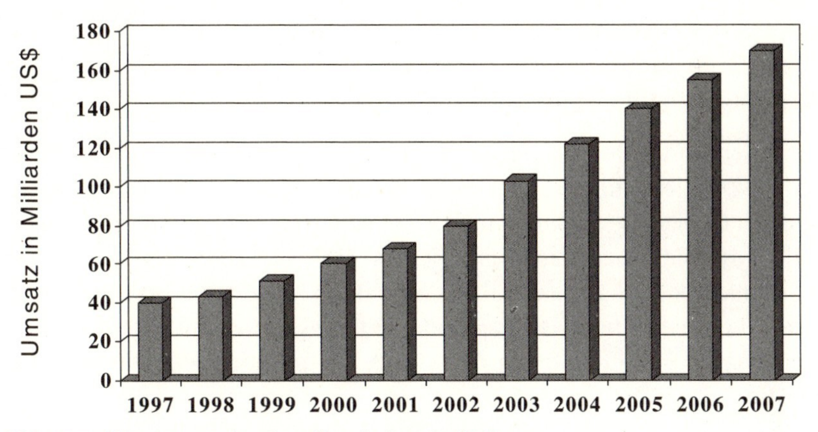

Abb. 9.1: Wachstum der Satellitenindustrie [54]

strahlende Fernsehsatelliten, Programme und der Bereich Kommunikationssatelliten zu nennen. Auch das Global Positioning System wird sich weltweit durchsetzen, und damit sind Umsätze in Millionenhöhe durch den Verkauf entsprechender Geräte verbunden. Wenden wir uns einzelnen Bereichen zu.

9.1 Fernsehprogramme ohne Zahl?

Im Bereich der direkt strahlenden Fernsehsatelliten wird das K_u-Band stärker vordringen. Damit sind in den städtischen Ballungsgebieten kleinere und unauffälligere Antennen möglich. Zweihundert Programme von einem Standort im geostationären Orbit werden die Regel sein.

Ein großer Vorteil des Satellitenfernsehens liegt darin, daß damit von einem Standort aus ein relativ großer und flächenmäßig ausgedehnter Bereich auf der Erde abgedeckt werden kann. Es kommen also auch Programme zum Zug, die nicht unbedingt für ein Massenpublikum gemacht werden, etwa für die Anhänger von Opern oder Briefmarkensammler. Auch der Bildungsbereich hat in diesem Massenmedium vielleicht wieder eine Chance.

Ein Vorteil des satellitengestützten Fernsehens liegt auch darin, daß es nicht vor Grenzen Halt macht. Es ist also ohne weiteres möglich, ein Programm für Menschen albanischer Herkunft zu produzieren, mögen sie nun in Albanien, Mazedonien, im Kosovo oder in Bosnien leben.

Im Bereich der Technik ist zu erwarten, daß sich digitales Fernsehen in der Form von Digital Video Broadcasting durchsetzen wird. Dieser Standard hat die Chance, sich als der internationale Standard für digitales Fernsehen auf der ganzen Welt durchzusetzen. Damit verbunden ist die Möglichkeit zum leichten Austausch von Programmen und ein Potential zur Kostensenkung.

Im Bereich der Fortbildung wird Fernsehen eine zunehmend stärkere Rolle spielen. Das vor allem im Bereich der in vielen Ländern des Globus agierenden Konzerne. Diese Unternehmen müssen es schaffen, trotz kultureller Unterschiede ihre Mitarbeiter auf ein gemeinsames Ziel einzuschwören. Fernsehen ist dazu ein geeignetes Medium. Über den Faktor Motivation hinaus können jedoch auch komplexe technische Inhalte mit diesem Medium transportiert werden, und das viel schneller, als das mit den traditionellen Printmedien möglich wäre.

Fernsehen und Rundfunk aus dem erdnahen Orbit bieten auch Chancen, die Völker der dritten Welt in Afrika, Asien und Lateinamerika stärker an die Industrieländer heranzuführen. Es ist zu hoffen, daß dies nicht nur in der Form von Seifenopern mit belanglosem Inhalt geschieht, sondern, daß Bildungsfernsehen angeboten wird, das eine Hilfe zur Selbsthilfe für die Völker dieser Region darstellt.

9.2 Kommunikationssatelliten

Im Bereich der Kommunikationssatelliten war diese Technologie bisher vor allem dann überlegen, wenn es im Telefondienst um große Entfernungen ging. Für Ferngespräche konkurrieren Kommunikationssatelliten dabei in manchen Bereichen mit Strecken aus Glasfaserkabel. Man sollte allerdings die beiden Technologien nicht immer als Konkurrenten sehen. Der Markt ist so groß, daß beide ihre Berechtigung haben. Unter dem Gesichtspunkt der Sicherheit eines Netzes gegen Ausfälle ist es sogar wünschenswert, nicht nur auf eine Technologie zu setzen.

Kommunikationssatelliten sind gegenüber Netzen aus Glasfaserkabeln sehr viel flexibler, lassen sich für mehr als einen Zweck einsetzen und können im Extremfall auch ihre Position im Erdorbit ändern. Die Anbieter solcher Dienste werden sich verstärkt Kunden zuwenden, die ein gewisses Volumen an Ferngesprächen, an Datenübertragungen anzubieten haben, etwa internationale Konzerne. Für solche Unternehmen sind interne Netzwerke interessant, die den ganzen Globus umspannen.

Im Bereich des Telefonservices wird die Vermittlungsstelle im Erdorbit, wie es IRIDIUM bereits praktiziert, häufiger zu finden sein. Solche Dienste sind ein attraktives Angebot für eine begrenzte Gruppe internationaler Manager, Reisender und Angestellter im Bereich von Organisationen wie der UNO oder der Weltbank. Darüber hinaus darf aber nicht vergessen werden, daß diese Technologie für Entwicklungsländer die Chance bietet, ohne den Umweg über ein landgestütztes Festnetz direkt den Zugang zur Technologie des 21. Jahrhunderts zu gewinnen. Weil in vielen Ländern der dritten Welt die Versorgung mit Telefonen noch im einstelligen Prozentbereich liegt, ist das ein sehr attraktiver Markt.

Die Marktpenetranz folgt bei neuen Technologien meistens einer Glockenkurve. Die ersten Anbieter einer Technologie sind vielfach nicht die Unternehmen, die später die großen Gewinne einfahren. Wenn allerdings große Unternehmen mit einer guten Reputation einsteigen, dann ist das ein Zeichen dafür, daß sie gerade diesen Markt für entwicklungsfähig halten. Insofern ist das Engagement von Firmen wie Boeing und Lockheed Martin auch ein Zeichen dafür, daß sich der Markt zu wandeln beginnt. Firmen wie PanAmSat, ein Pionier des Markts, haben sich bereits unter das Dach von Hughes begeben.

Abb. 9.2 zeigt, wie sich derartige Märkte in der Anfangsphase der Marktdurchdringung in der Regel entwickeln.

Bei einigen Applikationen, etwa im Bereich des Telefonservices über Satelliten, haben wir inzwischen eine kritische Masse erreicht. Andere Bereich stehen erst am Anfang der Entwicklung, zum Beispiel INTERNET-Anbindung via Satellit. Auch interaktive Anwendungen werden noch eine Weile brauchen, bis sie sich durchgesetzt haben.

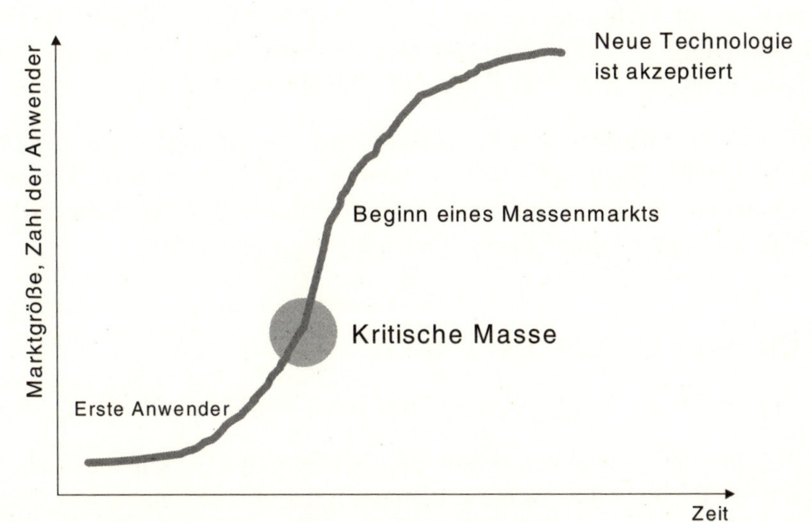

Abb. 9.2: Marketingentwicklung bei neuer Technologie [1]

Der Markt wird nicht zuletzt deswegen behindert, weil der Zugang zum Weltraum noch immer zu teuer ist. Deswegen sind innovative Ansätze in dieser Richtung zu begrüßen, etwa der Einschuß kleiner Nutzlasten in den Erdorbit mit der Hilfe von Flugzeugen, wie es die Orbital Sciences Corporation praktiziert. Der beste Weg in dieser Hinsicht wäre zweifellos der, wie ihn die elektrische Eisenbahn praktiziert: Die Energie nicht mitschleppen, sondern von einem externen Kraftwerk beziehen.

9.3 Navigation

Im Bereich des Global Positioning Systems werden wir erleben, wie dieses System auf breiter Front in Automobile vordringt. Es wird mit den Angeboten von Rettungsdiensten kombiniert werden, und damit kann einem verunglückten Autofahrer in kürzester Zeit geholfen werden.

Im Bereich der Luftfahrt wird GPS dafür sorgen, daß Verkehrsflugzeuge die günstigste Route nehmen können. Sie müssen nicht mehr Luftstrassen folgen, die sie unter Umständen nur auf Umwegen zum Ziel führen. Überhaupt wird Elektronik und Software viel stärker in dem Bereich der Luftraumüberwachung eindringen. Flugzeuge werden generell mit dem Global Positioning System und Inertial Navigation System (INS) ausgerüstet sein, und zusammen werden diese beiden Systeme die Navigation stark vereinfachen.

Bis Ende des nächsten Jahrzehnts werden für den zivilen Nutzer von GPS drei Frequenzen zur Verfügung stehen, und damit rückt die Genauigkeit der Positionsbestimmung im Zentimeterbereich in greifbare Nähe. Flugzeuge werden mit Hilfe von GPS landen, auch bei sehr schlechter Sicht.

Möglicherweise wird GPS auch viel stärker als Navigationssystem im Bereich erdnaher Orbits angewendet werden. Damit stünde ein zweites System zur Verfügung, und Satelliten müßten sich nicht allein auf ihre Sensoren verlassen. Die Zuverlässigkeit könnte damit erheblich gesteigert werden.

9.4 Die neue Grenze: Der Erdorbit

Shoot for the moon ... even if you miss, you'll be among the stars.

Im Bereich der bemannten Raumfahrt, sicherlich ein sehr spektakulärer Bereich, wird man in den nächsten Jahren mit der internationalen Raumstation weiterhin Erfahrungen mit dem Leben und Arbeiten in der Schwerelosigkeit sammeln. Ob man dann direkt zum Mars fliegt oder zunächst eine permanente bemannte Station auf dem Mond einrichtet, als Sprungbrett zum Mars, ist derzeit noch in der Diskussion.

Im Windschatten der bemannten Raumfahrt hat sich allerdings bereits jetzt eine Industrie entwickelt, die in einigen Bereichen schon mit Gewinn arbeitet. SES hat es uns mit ASTRA vorgemacht. Direkt strahlende Fernsehsatelliten werfen Gewinn ab, INTELSAT ist eine Goldgrube für seine Besitzer, und auch im Bereich der Trägersysteme sind Konzerne wie Lockheed Martin und Boeing tätig, die ihren Aktionären eine Dividende schulden.

Wir stehen am Gewinn eines Zeitalters, in dem der erdnahe Weltraum sich der Erschließung öffnet. Nicht länger ist das allein ein Bereich, in dem Regierungen mit hoch subventionierten Projekten tätig sind. Der erdnahe Orbit ist längst ein Feld, in dem kühne Visionäre, wagemutige Unternehmer und risikofreudige Finanziers Erfolge erzielen können. Die Eroberung dieser neuen Grenze wird nicht leicht sein. Wir werden Rückschläge hinnehmen müssen. Doch am Ende winkt der Erfolg.

Anhang

Literaturverzeichnis

[1] Dennis Roddy, *Satellite Communications*, New York, 1996

[2] Bruce C. Elbert, *Introduction to Satellite Communication*, Norwood, MA, 1999

[3] Georg Erwin Thaller, *Verifikation und Validation: Software-Test für Studenten und Praktiker,* Wiesbaden, 1994

[4] Peter Fortescue, John Stark, *Spacecraft Systems Engineering*, Chichester, 1991

[5] Georg Erwin Thaller, *Systems Engineering: High Tech-Systeme entwikkeln und bauen,* Hannover, 1996

[6] Jeffrey Kluger, „A bad day in Space", in *TIME MAGAZINE*, November 3, 1997

[7] Georg Erwin Thaller, *Computersicherheit: Der Schutz von Hard- und Software,* Wiesbaden, 1993

[8] Bruce R. Elbert, *The Satellite Communication Applications Handbook,* Norwood, MA, 1997

[9] Jhong Sam Lee, Leonard E. Miller, *CDMA Engineering Handbook*, Norwood, MA, 1998

[10] Jeffrey Kluger, „Robert Goddard, Rocket Scientist", in *TIME MAGAZINE*, March 29, 1999

[11] Pierre Sparaco, „Board faults Ariane 5 Software", in *Aviation Week & Space Technology*, July 29, 1996

[12] „Softwarefehler für Fehlstart von Ariane 5 verantwortlich", in *SZ*, 24. Juli 1996

[13] „Boeing startet erste Rakete von Ölplattform", in *SZ*, 29. März 1999

[14] Jürgen Grobbin, *Digital-TV für Techniker*, Daun, 1998

[15] Ronald de Bruin, Jan Smits, *Digital Video Broadcasting*, Norwood, 1999

[16] Paul van Rossum, *Satellitenempfang: Fernsehen weltweit*, Aachen, 1992

[17] Michael Fuhr, „ASTRA 1k – der Supersatellit", *in infosat*, März 1998

[18] Dirk Weyel, „EUTELSAT schickt Hot Bird 4 an den Start", in *infosat*, März 1998

[19] Michael Schmittmann, *Rechtspraxis des ASTRA-Satelliten-Direktempfangs in der Bundesrepublik Deutschland*, Eschborn, 1988

[20] Michael Schmittmann, „Mieter haben Recht auf die Schüssel", in *infosat*, September 1997

[21] „Digital-TV ohne Pay-Gebühr und Hörfunk via ADR", in *infosat*, Dezember 1996

[22] Jeff Cohen, „Endspurt für Worldspace", in *infosat*, November 1996

[23] Georg Erwin Thaller, *Software-Dokumente: Funktion, Planung, Erstellung*, Hannover, 1995

[24] Stratis Karamanolis, *Fernseh-Satelliten*, Neubiberg, 1986

[25] Shingo Ohmori, Hiromitsu Wakana, Seiichiro Kawase, *Mobile Satell*ite *Communications*, Norwood, 1988

[26] Bruce A. Smith, „Operational Iridium Constellation in Place", in *Aviation Week & Space Technology*, May 25, 1998

[27] Craig Covault, „First Globalstar Launch to sharpen IRIDIUM Competition", in Aviation Week & Space Technology, February 9, 1998

[28] *Globalstar Communication Magazine*, Volume 6, NOV/DEC 1998

[29] Joseph C. Anselmo, „Boeing wins Ellipso in Satcom Shuffle", in *Aviation Week & Space Technology*, May 11, 1998

[30] Nam P. Nguyen, Pedro A. Buhion, Adi R. Adiwoso, „The Asia Cellular System", in *Proceedings of the International Mobile Satellite Conference 1997*, Pasadena, CA

[31] Barry Miller, „Satellites Free The Mobile Phone", in *IEEE Spectrum*, March 1998

[32] Roger J. Rusch, „Using Mobile Satellites for Fixed or Multimedia Services", in *Proceedings of the International Mobile Satellite Conference 1997*, Pasadena, CA

[33] Scott D. Elliott, Daniel J. Dailey, *Wireless Communications for Intelligent Transportation Systems*, Norwood, 1995

[34] Myron Kayton, Walter R. Fried, *Avionics Navigation Systems*, New York, 1997

[35] Elliott D. Kaplan, *Understanding GPS: Principles and Applications*, Norwood, 1996

[36] Georg Erwin Thaller, *Die Doppel-Null – Das Jahr-2000-Problem, Datumsumstellung in EDV und Unternehmen*, Kaarst, 1997

[37] Parkinson/Spilker, *Global Positioning System: Theory and Applications*, Washington. 1996

[38] The Institute of Navigation, *Global Positioning System*, Volume I to IV, Alexandria, Virginia

[39] Georg Erwin Thaller, *Software Engineering für Echtzeit und Embedded*

Systems, Kaarst, 1997
[40] *Aktuell '99, Harenberg Lexikon der Gegenwart*, Dortmund, 1988
[41] *GPS World Showcase*, August 1998
[42] Nicholas M. Short, Paul D. Lowman, Stanley C, Freden, William A. Finch, *Mission to Earth: Landsat views the World*, Washington, 1976
[43] Pamela E. Mack, *Viewing the Earth*, Cambridge, MA, 1990
[44] Joseph C. Anselmo, „Spot 4 to revive Program, Advance Crop Monitoring“, in *Aviation Week & Space Technology*, March 16, 1998
[45] Joseph C. Anselmo, „Spot Sees Little Threat From 1-Meter Systems“, in *Aviation Week & Space Technology*, March 16, 1998
[46] Harold Hough, *Satellite Surveillance*, Port Townsend, 1991
[47] William E. Burrows, *Deep Black*, New York, 1986
[48] „News breaks“, in *Aviation Week & Space Technology*, March 30, 1998
[49] Douglas Waller, „Why the Sky Spies missed the dessert Blasts“, in *TIME MAGAZINE*, May 25, 1998
[50] „Ein klassisches Ablenkungsmanöver“, in *SZ*, 22. Mai 1998
[51] Philip J. Klass, Joseph C. Anselmo, „NRO Lifts Veil On First Sigint Mission“, in *Aviation Week & Space Technology*, June 22, 1998
[52] Günter Paul, „Die stummen Späher Moskaus“, in *FAZ*, 24. Oktober 1992
[53] Whitfield Diffie, Susan Landau, *Privacy on the Line*, Cambridge, MA, 1998
[54] Antony L. Velocci, „Lockheed Martin Angling For Comsat Acquisition“, in *Aviation Week & Space Technology*, September 28, 1998

Verzeichnis der Akronyme und Abkürzungen

A

ABC	American Broadcasting Corporation
AceS	Asian Cellular Satellite System
ADR	ASTRA Digital Radio
AFSCF	Air Force Satellite Control Facility
ALF	Accurate Positioning by Low Frequency
ARD	Arbeitsgemeinschaft öffentlich-rechtlicher Rundfunkanstalten Deutschlands
AS	Anti-Spoofing
ASCII	American Standard Code for Information Interchange
ASIC	Application Specific Integrated Circuit
AT&T	American Telephone & Telegraph

B

BIPM	Bureau International des Poids de Mesures

C

CA	Conditional Access
CA	Coarse Acquisition
CBS	Columbia Broadcasting System
CCD	Charged Coupled Devices
CD-ROM	Compact Disc Read-only Memory
CDMA	Code Division Multiple Access
CEP	Circular Probable Error
CIA	Central Intelligence Agency
CNN	Cable Network News
COMSAT	Communication Satellite Organisation
CZ	Chang Zeng

D

DAMA	Demand Assignment Multiple Access
DBS	Direct Broadcasting Service
DCT	Digital Compression Technique
DGPS	Differential Global Positioning System
DNSS	Defense Navigation Satellite System
DMA	Defense Mapping Agency
DMRS	Distance Mean Root Square
DoD	Department of Defense
DSP	Digital Signal Processor
DTH	Direct-to-Home (TV)
DVB	Digital Video Broadcasting

E

ECEF	Earth-Centered Earth-Fixed
ECI	Earth-Centered Inertial
EDV	Elektronische Datenverarbeitung
ELDO	European Launcher Development Corporation
ESA	European Space Agency
EU	Europäische Union

F

FAA	Federal Aviation Authority
FANS	Future Air Navigation System

FCC	Federal Communications Commission
FDMA	Frequency Division Multiple Access
FEC	Forward Error Correction
FMECA	Failure Mode Effects and Criticality Analysis

G

GE	General Electric
GEO	Geostationary Orbit
GMS	Geostationary Meteorological Satellite
GMT	Greenwich Mean Time
GNSS	Global Satellite Navigation System
GPS	Global Positioning System
GRI	Group Repetition Interval
GSM	Global System for Mobile Communication
GTO	Geosynchronous Transfer Orbit

H

HBO	Home Box Office
HOW	Handover Word

I

IBS	INTELSAT Business Service
ICAO	International Civil Aviation Organisation
ICBM	Intercontinental Ballistic Missile
ICO	Intermediate Circular Orbit
IERS	International Earth Rotation Service
IF	Intermediate Frequency
IGEB	Interagency GPS Executive Board
ILS	International Launch Service
INS	Inertial Navigation System
INTELSAT	International Telecommunication Satellite Organisation
ISEN	Interactive Satellite Education Network
ISO	International Standards Organisation
ITFS	Instructional Television Fixed Services
ITU	International Telecommunications Union

J

JPEG	Joint Photographic Expert Group
JPL	Jet Propulsion Laboratory
JTIDS	Joint Tactical Information Distribution System

K

KH	Keyhole

L

LDGPS	Local Differential Global Positioning System
LEO	Low Earth Orbit
LM	Langer Marsch
LORAN	Long Range Navigation

M

MEO	Middle Earth Orbit
MIDS	Multifunctional Information Distribution System
MPEG	Motion Picture Expert Group
MS	Master of Science

N

NASA	National Aeronautic and Space Organisation
NATO	North Atlantic Treaty Organisation
NBC	National Broadcasting Corporation
NRO	National Reconnaissance Office
NSA	National Security Agency
NTSC	National Television Standards Commission
NTU	National Technical University

O

OSC	Orbital Sciences Corporation
OTS	Orbital Test Satellite

P

PAL	Phase Alternation by Line
PAM	Payload Assist Module
PAS	PanAm Satellite
PC	Personal Computer
PN	Pseudorandom Noise
PRN	Pseudorandom Noise
PPS	Precise Positioning Service
PROM	Programmable Read-only Memory

Q

QPSK	Quadrature Phase-Shift Keying

R

RADAR	Radio Detecting and Ranging
RAM	Random Access Memory
ROM	Read-only Memory
RTCM	Radio Technical Commission for Maritime Services
RTL	Radio Television Luxemburg

S

SA	Selective Availability
SALT	Strategic Arms Limitaton Talks
SARSAT	Search and Rescue Satellite
SC	Study Committee
SDMA	Space Division Multiple Access
SECAM	Sequence Couleur a Memoire
SEP	Spherical Probable Error
SES	Société Européenne des Satellites
SIGINT	Signal Intelligence
SPE	Solid Polymer Electrolyte
SPS	Standard Positioning Service
STS	Space Transportation System
SVN	Space Vehicle Number
SYNCOM	Synchronous Orbit Communication Satellite

T

TACAN	Tactical Air Navigation
TC&C	Telemetry, Command & Control
TDF	Telediffusion de France
TDMA	Time Division Multiple Access
TEC	Total Electronic Content
TIROS	Television and Infrared Observational Satellite
TV	Television

U

UAV	Unmanned Aerial Vehicle
UDRE	User Differential Range Error
UHF	Ultra-High Frequency
UKW	Ultra-Kurzwelle
UNO	United Nations Organisation
USA	United States of America
UT1	Universal Time 1
UTC	Universal Time Coordinated

V

VHF	Very High Frequency
VOR	VHF Omnidirectional Range

W

WAAS	Wide Area Augmentation System
WGS	World Geodetic System

Z

ZDF	Zweites Deutsches Fernsehen

Glossar

Aloha

Ein in Hawaii zuerst angewandtes Verfahren zum Übertragen von Signalen, das auf Time Division Multiple Access beruht.

Apogee (Apogäum)
Der höchste Punkt der elliptischen Bahn eines Satelliten.

Apogee-Motor
Ein spezieller Raketenmotor, mit dem ein Satellit in eine höhere Umlaufbahn gebracht wird.

ASTRA
Die Satelliten der luxemburgischen Gesellschaft SES.

ASTRA Digital Radio (ADR)
Rundfunk in digitaler Form über einen direkt strahlenden Fernsehsatelliten.

Azimut
Der Winkel, unter dem ein Beobachter auf der Erde einen Satelliten sieht.

Band
Eine Anzahl von Frequenzen zwischen zwei Grenzwerten.

Beam
Die Fläche auf der Erde, die durch die Signale eines Satelliten abgedeckt werden

Blackbird
Eine andere Bezeichnung für das amerikanische Spionageflugzeug SR71.

Brennpunkt einer Parabolantenne
Der Punkt, an dem alle Strahlen, die durch die Satellitenschüssel eingefangen werden, sich treffen.

Brennstoffzelle
Ein Gerät zur Energieerzeugung, zum Beispiel mit Wasserstoff und Sauerstoff. Es entsteht Energie und Wasser als Abfallprodukt.

Carrier
Trägerfrequenz.

Charged Coupled Devices
Elektronische Bauteile, bei denen Licht direkt in Strom umgewandelt werden kann.

Code Division Multiple Access
Ein Verfahren zur Trennung von Sendern, bei dem alle Sender auf der gleichen Frequenz senden können. Die Trennung der übertragenen Inhalte wird durch einen Code erreicht, der den Sender eindeutig identifiziert.

Conditional Access (C/A)
Ein Verfahren, mit dem der Zugriff auf Fernsehprogramme oder einen bestimmten Kanal im Bereich des Pay TV verweigert werden kann, falls der Benutzer keine Zugriffsberechtigung besitzt.

Contingency Plan
Ein Notfallplan. Beim System IRIDIUM existierte zum Beispiel ein derartiger Plan für den Fall, daß ein Trägersystem mit drei Satelliten an Bord beim Start explodierte.

Count-down
Das Verfahren beim Start einer Rakete, bei der abwärts bis Null gezählt wird.

Datenübertragungsrate
Die Zahl der pro Zeiteinheit (in der Regel pro Sekunde) übertragenen Bits.

D2-MAC-Norm
Eine europäische Norm im Bereich des Fernsehens, die sich nicht durchsetzen konnte.

Digital Compression Technique (DCT)
Eine Reihe von Verfahren, mit denen Bilder komprimiert werden können.

DirecPC
Ein Service, bei dem im Zusammenhang mit dem INTERNET große Daten-

mengen über einen Kommunikationssatelliten zu einem einzelnen PC übertragen werden.

DIRECTV
Der Service in den USA, mit dem Direct Video Broadcasting (DVB) in diesem Markt eingeführt wurde.

Direct Broadcasting Services (DBS)
Ein Synonym für direkt strahlende Fernsehsatelliten in den USA.

Direct-to-Home (DTH)
Ein Synonym für direkt strahlende Fernsehsatelliten in den USA.

Downlink
Das Übertragen von Signalen und Inhalten eines Satelliten zu einer Bodenstation oder zu einer Vielzahl von Kunden auf der Erde.

Dual Spin Aircraft
Ein in zwei Achsen stabilisierter Satellit von Hughes.

Early Bird
Der erste Kommunikationssatellit von INTELSAT. Er wurde später in INTELSAT I umbenannt.

EUTELSAT
Ein Konsortium, das aus den wichtigsten europäischen Organisationen im Bereich der Telekommunikation besteht. Der Sitz von EUTELSAT ist in Paris.

Failure Mode Effects and Criticality Analysis
Eine Methode, um die Zuverlässigkeit eines Systems durch Berechnung vorhersagen zu können.

Federal Communications Commission (FCC)
Eine US-Behörde, die unter anderem Lizenzen für Telefonsysteme im erdnahen Orbit vergibt. Ihre Hauptaufgabe ist die Vergabe von Lizenzen im Bereich von Rundfunk und Fernsehen.

Free TV
Fernsehprogramm, das ohne zusätzliche Gebühr zu empfangen ist.

Frequency Division Multiple Access
Ein Verfahren zur Trennung von Sendern, bei dem jedem Sender eine andere Frequenz zugewiesen wird.

Frequency Hopping
Ein Verfahren, das mit Frequency Division Multiple Access arbeitet. Es wird

im militärischen Bereich nach einem bestimmten Algorithmus, der geheim bleibt, sehr häufig die Frequenz gewechselt.

Geostationärer Orbit (GEO)

Ein Orbit, bei dem ein Satellit sich synchron mit der Drehung der Erde bewegt; er steht also für den Beobachter auf der Erde scheinbar still. Die Höhe eines geostationären Orbits beträgt rund 36 000 Kilometer.

Global Positioning System

Das weltumspannende Satellitennavigationssystem des Pentagons.

Global System for Mobile Communication

Ein Standard im Bereich der mobilen Funktelefone, der weltweite Bedeutung erlangt hat.

Greenwich Mean Time (GMT)

Eine von der Universal Time Coordinated (UTC) abgeleitete Zeitskala, die im Bereich des Flugverkehrs verwendet wird. Dort spricht man von Zulu (Z) Time.

Geosynchronous Transfer Orbit (GTO)

Ein Orbit im Bereich geostationärer Satelliten. Der GTO wird gebraucht, um den Satelliten von einem niedrigen Erdorbit (LEO) in den viel höheren geostationären Orbit zu bringen.

Global Navigation Satellite System

Ein Überbegriff zu GPS.

Home Box Office (HBO)

Einer der ersten Programmanbieter im Bereich direkt strahlender Fernsehsatelliten.

Hot Bird

Ein Fernsehsatellit von EUTELSAT.

Inertial Navigation System (INS)

Ein Navigationssystem, das zunächst der Kalibrierung bedarf, dann allerdings für einen bestimmten Zeitraum nicht auf externe Daten zur Positionsbestimmung angewiesen ist. INS ist relativ teuer und wird deshalb vor allem in der Luftfahrt eingesetzt.

INMARSAT

Eine internationale Organisation mit Sitz in London, die sich mit Dienstleistungen im Bereich der Hochseeschiffahrt befaßt.

Intersputnik
Eine Organisation im Ostblock, die sich mit der Übertragung von Daten und Filmbeiträgen mittels Kommunikationssatelliten befaßt.

INTELSAT
Das Konsortium der nationalen Postgesellschaften zum Betrieb von Kommunikationssatelliten.

International Telecommunication Union
Die internationale Organisation in Genf, die Frequenzen vergibt.

Iridium
Das erste weltumspannende satellitengestützte Telefonnetz, bei dem ein Teilnehmer weltweit unter nur einer Telefonnummer erreichbar ist.

Joint Photographic Expert Group
Ein Standard zur Komprimierung unbewegter Bilder und Photos.

Kalman-Filter
Ein Algorithmus, der beim Global Positioning System eine iterative Positionsberechnung ermöglicht.

Lacrosse
Ein amerikanischer Radarsatellit.

Loran
Akronym für Long *Ra*nge *N*avigation. Ein Navigationssystem im Bereich der Küstenschiffahrt.

Low Earth Orbit (LEO)
Ein Orbit, der noch von der Atmosphäre des Planeten beeinflußt wird. Höhe etwa 500 bis 1000 Kilometer.

Modulation
Veränderung der kennzeichnenden Größe einer Trägerfrequenz unter dem Einfluß von elektrischen Impulsen, die das zu übertragende Signal darstellen. Bei dem Signal kann es sich um Sprache, Daten oder Images handeln.

Molniya
Ein russischer Satellit mit ausgesprochen exzentrischer Bahn.

Motion Picture Expert Group
Ein Standard zur Komprimierung bewegter Bilder.

National Technical University
Eine Universität in den USA, die ihre Lehrveranstaltungen nur über Fernsehprogramme anbietet. Sie besitzt keinen Campus.

Omega
Ein weltweit verfügbares Radionavigationssystem, das im Bereich der Hochseeschiffahrt und in der Fliegerei genutzt wird.

Open Skies
Die Politik der USA, mit dem möglichst vielen Unternehmen der Zugang zum Markt im erdnahen Orbit eröffnet werden soll.

Palapa A1
Ein indonesischer Kommunikationssatellit.

Patch-Antennen
Flache Antennen für das Global Positioning System, die auf die Oberflächen von Flugzeugen oder Automobilen geklebt werden.

Pay TV
Fernsehprogramm, bei dem entweder für einen bestimmten Kanal oder für einzelne Sendungen Gebühren erhoben werden.

Perigee (Perigäum)
Der niedrigste oder erdnächste Punkt der elliptischen Bahn eines Satelliten.

Precise Positioning Service
Der Service, der mit der Frequenz L1 für militärische Nutzer des Global Positioning System zur Verfügung gestellt wird.

Prime Time
Die Hauptsendezeit im amerikanischen Fernsehen.

Pseudorandom Noise
Ein im Bereich von Code Division Multiple Access eingesetztes Verfahren, bei dem ein Bitstrom erzeugt wird, der wie zufällig aussieht. Es handelt sich allerdings um eine deterministische Folge von Nullen und Einsen. Einsatz unter anderem beim Global Positioning System (GPS).

Rand Corporation
Eine Denkfabrik *(Think Tank),* die häufig vom US-Verteidigungsministerium mit Aufgaben betraut wird.

Space Division Multiple Access
Ein Verfahren zur Trennung von Sendern, bei dem Störungen durch die räum-

liche Trennung der Sender, ihre begrenzte Leistung oder durch physikalische Gegebenheiten erreicht werden.

Standard Positioning Service
Der Service, der mit der Frequenz L1 für zivile Nutzer des Global Positioning System zur Verfügung gestellt wird.

Teleport
Eine Ansammlung von Sendeanlagen zur Kontrolle einer ganzen Reihe von Satelliten im Erdorbit.

Time Division Multiple Access
Ein Verfahren zur Trennung von Sendern, bei dem jeder Sender nur innerhalb bestimmter Zeitintervalle senden darf.

Transponder
Zusammenziehung der Worte *Trans*mitter-Res*ponder*. Der Transponder ist der Übertragungskanal eines Satelliten, der Signale von einer Bodenstation empfängt und sie so umsetzt, daß sie von Satellitenschüsseln empfangen werden können.

Universal Time Coordinated (UTC)
Eine sehr genaue Zeitskala, die auf Atomuhren beruht.

U-2
Ein amerikanisches Spionageflugzeug, das vor allem in den fünfziger und sechziger Jahren eingesetzt wurde.

Uplink
Das Übertragen von Signalen von einer Bodenstation oder von anderen Geräten auf der Erde zu einem Satelliten im Erdorbit.

WGS-84
Ein Koordinatensystem der amerikanischen Defense Mapping Agency.

Wide Area Augmentation System (WAAS)
Ein System zur Verbesserung der Genauigkeit der Positionsbestimmung beim Global Positioning System.

X-Band
Ein Frequenzband, das in erster Linie vom Militär benutzt wird.

Zulu Time
Identisch mit Greenwich Mean Time

Frequenzen populärer Satellitenprogramme

INTELSAT 704, 66° Ost			
Programm	Sprache	Polarisation	Freq. [GHz]
NTV	Russisch	H	11,606
TNT/NTV	Russisch	H	11,606
INTELSAT 602, 66° Ost			
Skai	Griechisch	H	11,073
SEXXX Channel Europe	Griechisch	H	11,098
INTELSAT 604, 60° Ost			
Telekanal Rossija	Russisch	V	11,135
Kultura	Russisch	V	11,135
Telekanal Rossija	Russisch	V	11,135
Fashion TV	Russisch	V	11,515
NTV+Muzyka	Russisch	V	11,515
TURKSAT 1C, 42° Ost			
Prima	Türkisch	V	10,986
Galaxy TV	Türkisch	H	11,047
Fun TV	Türkisch	H	11,047
Masaj TV	Türkisch	V	11,068
Marmara TV	Türkisch	H	11,088
Flash TV	Türkisch	V	11,129
TURKSAT 1B, 31° Ost			
Cey TV	Türkisch	H	10,973
BTV	Türkisch	H	10,982
Kanal 9	Türkisch	H	10,987
Kanal A	Türkisch	H	10,993
Superkanal	Türkisch	H	11,013
Best TV	Türkisch	H	11,027
INTELSAT 707, 1° West			
Cartoon Network	Verschiedene	V	11,001
TV3 Norge	Norwegisch	H	11,096
TV3 Danmark	Dänisch	V	11,475
CNN INTERNATIONAL	Englisch	H	11,485
BBC Prime	Englisch	H	11,680
AMOS, 4° West			
IBA Channel 1	Estnisch	V	10,968
Twoja TV	Polnisch	H	11,344
Babylon blue	Englisch	H	11,344
ME TV	Arabisch	V	11,554

TELECOM 2B/2D, 5° West			
Metropole 6	Französisch	V	12,522
France 2	Französisch	V	12,564
ARTE	Französisch	V	12,606
TF-1	Französisch	V	12,690
NILESAT 101, 7° West			
Jamahirya SAT Channel	Arabisch	V	11,977
TELECOM 2A, 8° West			
FRAU Tel TEST	Französisch	V	12,522
Cine Classics	Französisch	V	12,606
INTELSAT 605, 27,5° West			
SIS	Englisch	H	11,591
HISPASAT 1A/B, 30° West			
Canal + Espana	Spanisch	H	12,711
INTELSAT 603, 34,5° West			
Muslim TV	Verschiedene	V	11,007
KOPERNIKUS 2, 28,5° Ost			
SAT.1 Österreich	Deutsch	H	11,622
SAT.1 Schweiz	Deutsch	H	11,643
NBC Europe	Englisch	H	11,667
Eros TV	Französisch	H	11,676
RTL	Deutsch	H	11,688
VT4	Holländisch	V	12,506
ASTRA 2A, Sirius 3, 28,2° Ost			
CNN International	Englisch	V	12,051
Sky News	Englisch	H	12,070
BBC Parliament	Englisch	H	12,148
KOPERNIKUS 3, 23,5° Ost			
ARD	Deutsch	H	11,500
Hessen Fernsehen	Deutsch	H	11,500
SW SR	Deutsch	H	11,500
WDR	Deutsch	H	11,500
N3	Deutsch	H	11,500
Bayerischer Rundfunk	Deutsch	H	11,500
BR-Alpha	Deutsch	H	11,500
CNN Deutschland	Dt./Englisch	H	11,610
MDR	Deutsch	H	11,616
ORF SAT	Deutsch	H	12,693
KINDERKANAL	Deutsch	H	12,693

ZDF	Deutsch	H	12,693
ZDF Infobox	Deutsch	H	12,693
3 SAT	Deutsch	H	12,693
Phoenix	Deutsch	H	12,693
ASTRA 1E, 19,2° Ost			
Travel	Englisch	H	11,836
PRO SIEBEN Österreich	Deutsch	V	12,051
PRO SIEBEN Schweiz	Deutsch	V	12,051
Kabel 1 Österreich	Deutsch	V	12,051
Kabel 1 Schweiz	Deutsch	V	12,051
ASTRA 1G, 19,2° Ost			
SAT.1	Deutsch	V	12,552
ASTRA INFO 1	Deutsch	V	12,552
ASTRA INFO 2	Deutsch	V	12,552
ARD	Deutsch	H	12,604
ASTRA 1F, 19,2° Ost			
Home Order TV	Deutsch	H	12,148
RTL	Deutsch	H	12,188
RTL 2 Schweiz	Deutsch	H	12,188
VOX	Deutsch	H	12,188
Super RTL	Deutsch	H	12,188
CNBC-NBC	Englisch	V	12,285
RAIUNO	Italienisch	V	12,363
PRO SIEBEN	Deutsch	V	12,480
DSF	Deutsch	V	12,480
EUTELSAT W2, 16° Ost			
Telemarkt	Italienisch	H	11,007
TV10	Holländisch	H	11,043
EUTELSAT, Hot Bird 1 bis 5, 13° Ost			
Krisma	Italienisch	V	10,719
Channel 7	Europe	H	10,722
Quantum 24	Dt./Englisch	H	10,722
QVC	Germany	H	11,055
NBC Germany	Englisch	H	11,055
Bloomberg TV	Deutsch	H	11,642
VIVA	Deutsch	V	12,111
DBP Telekom Business	Deutsch	V	12,264
Tele 24 Switzerland	Deutsch	V	12,380

EUTELSAT II-F4 M, 7° Ost			
Reuters Fin.Tv	Englisch	V	12,724
SIRIUS 1 – 2, 5,2° Ost			
TV 8 Sweden	Schwedisch	V	12,245
National Geo Channel	Englisch	H	12,303
THOR 1 – 3, 0,8° West			
TV Norge	Norwegisch	V	12,247
Nova Nickelodeon SF	Englisch	V	12,456
INTELSAT 707, 1° West			
Nelonen	Finnisch	H	10,960
AMOS, 4° West			
Kiew MTC	Russisch	H	12,274
TELECOM 2B/2D, 5° West			
Tele 24 Switzerland	Deutsch	V	11,670
NILESAT 101, 7° West			
ERTU EDUCATIONAL 1..6	Arabisch	V	11,747
INTELSAT 605, 27,5° West			
Canal+	Holland	H	11,475
Discovery Channel	Englisch	V	11,661
HISPASAT 1A/B, 30° West			
TV Cabo	Portugiesisch	H	11,517
ORION 1F, 37,5° West			
Knowledge TV	Englisch	H	11,554
PANAMSAT 3R, 43° West			
Fox Sports World	Englisch	H	12,568
PANAMSAT 1, 45° West			
CBS	Englisch	H	11,642
Dow Jones TV	Englisch	H	11,642

Die vorhandenen Programme sind nicht vollständig aufgelistet. Aufgenommen wurden vor allem Sender, die ihr Programm auf Deutsch oder Englisch verbreiten.

Normen und Standards

Standard	Kurz-zeichen	Bereich	Veröffentlicht
ETS 300 421, EN 300 421	DVB-S	Norm für Digital Video Broadcasting im Frequenzbereich von 11 bis 12 GHZ	Dez. 1994 und Aug. 1997
ETS 300 429, EN 300 429	DVB-C	Das System für die Anwendung von DVB im Bereich der Kabelnetze, mit 8 MHz Kanälen	Dez. 1994
ETS 300 473, EN 300 473	DVB-CS	Der Standard für die Satellitenschüsseln	Mai 1995 bis Aug. 1997
ETS 300 744, EN 300 744	DVB-T	Die Anwendung des digitalen Fernsehens auf terrestrische Sendeanlagen mit Kanälen von 7 – 8 MHz	Aug. 1997
ETS 300 748, EN 300 748	DVB-MS	Multipoint-Verteilungssystem für Frequenzen über 10 GHz, kompatibel mit DVB-S	Okt. 1996, Aug. 1997
ETS 300 468, prEN 300 468	DVB-SI	Das System zur Konfiguration der Set Top Box auf dem Fernsehgerät	Jan. 1997
ETS 300 472, EN 300 472	DVB-TXT	Teletext für das digitale Fernsehen	Mai 1995, Aug. 1997
ETS 300 743	DVB-SUB	Das System zur Übermittlung zusätzlicher Informationen im Fernsehbild, etwa Untertitel oder Laufbänder	Sept. 1997
TS101 197-1	DVB-SIM	Das Verfahren zur Verschlüsselung (Simulcrypt) im Bereich Pay TV	Juni 1997
EN 50221	DVB-CI	Die Spezifikation für das gemeinsame Interface bei Conditional Access	Febr. 1997
ETS 300 802	DVB-NIP	Die Spezifikation für interaktive Dienstleistungen im Bereich DVB	Nov. 1997
PrETS 300 800	DVB-RCC	Die Spezifikation für interaktive Dienste im Bereich Kabelfernsehen	In Bearbeitung
ETS 300 801	DVB-RCT	Die Spezifikation für interaktive Dienste im Bereich ISDN	Aug. 1997

Sachverzeichnis

E

F

G

H

I

U

V

W

X

Z